计 算 机 系 列 教 材

# C语言程序设计基础

主　编　郑军红
副主编　陈　君
参　编　胡　岚　胡　雯　俞　鹏
　　　　高金兰　王　颖

WUHAN UNIVERSITY PRESS
武汉大学出版社

图书在版编目(CIP)数据

C语言程序设计基础/郑军红主编 .—武汉:武汉大学出版社,2011. 1
(2024.8 重印)
计算机系列教材
ISBN 978-7-307-08491-9

Ⅰ.C… Ⅱ.郑… Ⅲ. C语言—程序设计—高等学校—教材 Ⅳ.TP312

中国版本图书馆 CIP 数据核字(2011)第 009311 号

责任编辑:王金龙 责任校对:黄添生 版式设计:支 笛

出版发行:**武汉大学出版社** (430072 武昌 珞珈山)
(电子邮箱:cbs22@ whu.edu.cn 网址:www.wdp.com.cn)
印刷:湖北云景数字印刷有限公司
开本:787×1092 1/16 印张:19.25 字数:486 千字
版次:2011 年 1 月第 1 版 2024 年 8 月第 5 次印刷
ISBN 978-7-307-08491-9/TP · 386 定价:48.00 元

# 前　言

C 语言是当今软件开发领域里广泛使用的计算机语言之一。C 语言概念简洁，数据类型丰富，运算符多样，表达方式灵活，程序结构性和可移植性好，既可以有效描述算法，又可以直接对硬件进行操作，适合编写系统程序和应用程序。目前，国内高等院校理工科专业大多开设了这门课程，C 语言已经成为教育部指定的全国计算机二级考试科目之一。

C 语言程序设计是一门实践性很强的课程，它包含理论学习、编程方法和程序调试三个方面的内容。要学好 C 语言程序设计，必须从这三个方面着手。根据当前的形势和教学需要，从 C 语言实际教学出发，我们编写了这本《C 语言程序设计基础》教材，希望本书能为广大读者提供有益的帮助。

本书全面介绍了 C 语言的基本概念、基本语法、数据类型、程序结构及计算机高级语言程序设计的方法和常规算法。全书共分 12 章，其中第 1 章、第 2 章和第 3 章介绍了 C 语言的基础知识，第 4 章介绍了结构化程序设计方法，第 5 章介绍了 C 语言函数的应用，第 6 章、第 7 章、第 8 章详细介绍了 C 语言中特殊的数据类型及其应用（主要有数组、指针、结构体、共用体和链表），第 9 章和第 10 章分别介绍了位运算和文件操作，第 11 章介绍了 C 语言程序综合设计的基本知识，第 12 章从实际教学出发，介绍了课程设计。

本书既考虑到国家计算机二级考试大纲要求，又结合了具体的程序设计综合要求，语言简洁，通俗易懂，内容翔实，由浅入深，采用了许多与生活、工作实际相结合的例题和应用小程序，比较适合初学者使用，本书中所有的例题均在 Turbo C2.0 及 Win-TC 中调试通过，可以直接引用。为了帮助读者学习本书，我们另外编写了一本《C 语言程序设计基础实验与综合练习》，作为本书的配套参考书共同出版。

本书可作为普通本科院校、普通高等专科学校的计算机教材，也可作为计算机培训和计算机考试辅导的教学用书，还可作为科技人员或程序开发人员的参考用书。

参与本书编写的人员分工如下：绪论：郑军红、王颖，第 1 章：郑军红，第 2 章：陈君，第 3 章：郑军红，第 4 章：郑军红，第 5 章：郑军红、胡岚，第 6 章：高金兰、胡岚，第 7 章：郑军红、俞鹏，第 8 章：郑军红、俞鹏，第 9 章：胡雯，第 10 章：胡雯，第 11 章：郑军红、王颖，第 12 章：郑军红、陈君，附录：郑军红、胡雯。全书由郑军红修改定稿。

本书在编写过程中，得到了武汉大学出版社的大力支持与帮助，在此表示衷心的感谢！

在编写本书时，作者参考了参考文献中所列举的书籍和其他资料，在此向这些书籍及资料的作者表示诚挚的感谢！

本书肯定有不足之处，竭诚希望得到广大读者的批评指正。

**作　者**

2010 年 12 月

# 前言

[illegible]

# 目　录

# 绪　　论

## 0.1　C 语言的重要地位与学习 C 语言的必要性

### 0.1.1　为什么要学习 C 语言

自 20 世纪 80 年代以来，计算机应用在我们国家得到了极大的发展，涌现出一大批计算机科技人员。特别是近几年，随着计算机的普及和面向对象程序设计语言的出现，计算机应用技术已经渗入到社会中的方方面面，人们的工作、学习、生活越来越离不开计算机，对计算机的依赖越来越强。

在计算机的发展过程中，出现了多种程序设计语言，C 语言就是其中的一种，并且以其鲜明的特色受到了人们的普遍欢迎和使用。现在，C 语言不仅被计算机专业人员所使用，而且还广泛地被计算机应用人员所使用，已经成为世界上应用最广泛的几种计算机语言之一。

C 语言是一种极具生命力的语言，它简单易懂，功能全面，使用灵活方便，移植性好，特别适合编写系统软件，许多原来用汇编语言编写的软件完全可以用 C 语言来编写。可以说，在一定程度上，C 语言比汇编语言更实用。C 语言具有结构化语句，实现了结构化编程，使程序编写变得更容易、更快捷，可以编写出各种类型的程序。

目前，我国大部分高校理工类专业都开设了 C 语言课程。全国计算机等级考试、全国计算机应用技术证书考试（NIT）和全国各地区组织的大学生计算机统一考试都将 C 语言列入了考试范围，所以，学好 C 语言是十分必要的。

### 0.1.2　学习 C 语言的意义

C 语言接近自然语言，容易理解，编写程序比较自由，不仅经常用来编写计算机系统软件和各种应用软件，还可以用来编写各种各样的计算机应用程序来解决日常生产、生活中碰到的各类问题，既节约时间，又提高了工作效率。

C 语言是一种面向过程的程序设计语言，编写程序时，必须对计算机完成某项工作进行仔细分析，详细设计程序的每一个执行步骤，这不仅可以训练我们的思维能力，还可以提高我们分析问题、处理问题、解决问题的能力。

学习 C 语言，不仅要学习理论知识，还要学习程序的编辑、编译、连接、运行等操作，掌握程序的动态调试方法，跟踪程序的运行过程。这可以提高我们的实践动手能力和计算机应用操作能力。通过对 C 语言的学习，可掌握算法的分析和运用、数据的存取和计算，了解计算机程序设计的一般方法和一般过程，为以后的学习、工作打下基础。

计算机程序设计语言的基本知识是相通的，对数据的存取和处理方法基本上是一样的，学好了一门程序设计语言后，再学习其他的程序设计语言，就显得十分简单、易学。学好了

C语言能为日后学好其他的计算机语言奠定良好的基础，特别对以后学习C++语言是大有裨益的。

## 0.2 C语言的发展历程及其特点

### 0.2.1 C语言的发展历程

C语言是在B语言的基础上发展而来的。

在C语言出现以前，主要使用汇编语言来编写计算机操作系统等系统软件（包括UNXI操作系统在内）。由于汇编语言对计算机硬件依赖性强，使用局限性大，程序的可读性和移植性都比较差，许多功能难以实现，不适合实际需要。为了打破这种局面，人们不断寻找一种新的语言来替代。在1960年，产生了一种面向问题的高级语言ALGOL 60，由于ALGOL 60离计算机硬件比较远，不适合用来编写计算机系统程序。1963年，英国的剑桥大学推出了CPL(Combined Programming Language)语言，CPL语言比ALGOL 60语言更接近硬件，但规模比较大，难以实现编写系统程序。1967年，剑桥大学的Matin Richards对CPL语言进行了优化，推出了BCPL(Basic Combined Programming Language)语言，BCPL语言是CPL语言的改良版，尽管其许多地方作了改进，但还是有很大的局限性，不方便使用。1970年，美国贝尔实验室的Ken Thompson以BCPL语言为基础，对其进行进一步简化，设计出了很接近硬件的B语言，并用B语言编写了第一个UNXI操作系统，在PDP-7计算机上使用。但B语言过于简单，功能有限。1972年左右，贝尔实验室的D.M.Ritchie在B语言的基础上设计出了C语言，并用C语言编写了一个UNXI操作系统在PDP-11计算机上使用。C语言既继承了B语言的优点，又克服了B语言的缺点，使用时比较方便，后来C语言又做了多次改进，功能日趋完善，但主要还是在贝尔实验室内部使用，直到1975年以后，C语言的突出优点才引起了人们的普遍关注。1977年，出现了不依赖具体机器的C语言编译文本《可移植C语言编译程序》，C语言得到了迅速推广，后来又出现了各种不同版本的C语言。1983年，美国的标准化协会（ANSI）对已经出现了的各种C语言版本进行了扩充，制定了一套完善的新标准，称为标准C（ANSI C）。1987年，美国的标准化协会又公布了新标准——87 ANSI C。1990年，国际标准化组织ISO（International Standard Organization）开始接受87 ANSI C为ISO C的标准（ISO 9899 1990）。到20世纪90年代，出现了编译系统基础部分相同的不同版本的C语言编译系统， 如Microsoft C、Turbo C、Quick C、Borland C等。

### 0.2.2 C语言的特点

C语言从产生到现在，一直长盛不衰，被人们普遍重视，广泛使用，是因为具有鲜明的特色，其主要特点如下：

（1）语言简洁、紧凑，使用时方便、灵活。C语言一共有32个关键字，9种控制语句。程序书写相当自由，主要用小写字母表示，语法控制不严格，没有严格的格式要求，源程序简练，编辑快捷。

（2）运算符十分丰富。C语言一共有34种运算符，运算类型极为丰富，表达式类型多样化，能实现各种复杂的运算。

（3）数据结构丰富。C语言具有多种数据结构，数据类型有整型、实型、字符型、数组、指针、结构体、共用体等，能实现各种复杂的数据运算（如链表、树、栈等）。

（4）具有结构化控制语句。C 语言实现了程序结构化、模块化，将函数作为程序的模块单位，是一种很好的结构化语言。

（5）C 语言是一种中级语言，能直接访问计算机物理地址，进行位运算，可以直接对硬件进行操作，实现了汇编语言的大部分功能，可以用来直接编写系统软件。

（6）C 语言程序生成目标代码质量高，在编译时可以采用多种模式，程序执行效率高，移植性好，能适应各种型号的计算机和操作系统。

## 0.3 学好 C 语言的正确方法

任何一门课程都有其固有的特点和发展规律，要学好一门课程必须掌握正确的学习方法，方能达到“事半功倍”的效果。要真正学好 C 语言，应从以下几个主要方面着手。

### 0.3.1 端正学习态度，持之以恒

C 语言相对其他计算机语言而言，尽管程序编写比较自由，使用方便灵活，但对程序编写人员的综合素质要求较高，要完全掌握 C 语言的编程技巧。要学好 C 语言，必须坚持长期不懈的学习和训练，在学习过程中要有恒心，切忌“三天打鱼，两天晒网”。

### 0.3.2 全面掌握基本概念，注重理解，灵活运用

C 语言的基本概念很多，不仅要学习各种控制语句、各种运算符、各种数据形式和相关算法，还要学习并掌握常用标准库函数的使用。在学习过程中，应全面掌握这些基本概念的含义及其使用要求和相关作用，加强理解，在理解的基础上灵活使用。C 语言中，要完成某一操作的应用程序可以用许多不同的算法和函数来实现，对于同一个操作可以用许多不同的具体程序段来完成，哪种方法最好，哪种算法最优，需要在编写程序时灵活运用。

### 0.3.3 独立思考，转变观念，学会正确的思考方法

C 语言是一种面向过程的程序设计语言，描述的是完成某个具体操作的步骤，要求我们仔细思考，详尽设计，转变传统观念，学会从计算的角度看待问题，进行有批判性的学习，敢于创新，以发展的观点来对待学习。

### 0.3.4 理论联系实际

我们学习任何一种知识都是为了解决生产、生活中碰到的问题，提高效率，所以，在学习过程中，不能使理论脱离实际，应当使理论与实践相结合。C 语言是一门实践性很强的学科，在学习的过程中，可以利用所学知识，编写一些与生活、学习相关的应用程序来提高程序编写能力，增强学习兴趣。同时，还要加强程序调试实践操作，上机实验调试程序特别重要，只有不断地进行反复操作、调试，才能够熟练地完成程序设计。

# 第1章 C语言程序的一般介绍

C语言作为一种计算机程序设计语言，与其他计算机语言有相同之处，也有不同之处。下面对C语言作一些基本的介绍。

## 1.1 程序与程序设计方法

### 1.1.1 什么是程序

要利用计算机来处理问题，必须事先编写出使计算机按照人们意愿工作的应用程序。所谓程序，就是让计算机完成某项工作的具体详细规定和先后步骤，它是一组计算机指令，每一条指令都使计算机执行一个特定的操作。针对同一个问题编写的程序并不是唯一的，不同的人编写的程序也不完全相同，但任何一个程序都必须包含下述三个方面的内容。

**1. 算法**

算法也称计算方法，是为了解决某个问题而采取的方法和具体步骤。比如去北京旅游，可以事先制定一个详细的旅游路线，先参观什么，后参观什么，列出要参观景点的先后顺序，然后按照这个顺序参观，就是算法。对于同一个问题，可以有不同的算法。就像去北京旅游一样，先参观某个景点或后参观某个景点没有什么区别，只要将旅游路线上的景点参观完就可以了。当然，在旅游中，如果选定了一个合理的路线，可以节省时间，达到最佳的旅游效果。也就是说，尽管解决一个问题的算法有多种，但要考虑到算法的质量，选择合理的算法。

**2. 数据结构**

数据结构是程序设计时的具体数据对象，任何一个程序都离不开具体的数据操作。就像参观某个旅游景点需要花多少钱购买门票，参观完毕需要多少时间一样。

**3. 程序设计语言**

算法必须通过具体的程序设计语言并采用合适的方法来实现，才能够形成程序。可以这样说，算法是程序的灵魂，是解决“做什么”和“怎么做”的问题，一个好的程序必须有一个合理、高效的算法，数据结构是程序要处理的具体对象，语言是描述算法过程的具体工具。

### 1.1.2 程序设计的具体方法

程序设计方法一般分为两大类：面向过程的程序设计方法和面向对象的程序设计方法。

**1. 面向过程的程序设计方法**

面向过程的程序设计方法是将完成某项工作的每一个步骤和具体要求都全盘考虑在内来设计程序，程序主要用于描述完成这项工作所涉及的数据对象和具体操作规则，如先做什么，后做什么，怎么做，如何做。C语言是一种面向过程的程序设计语言。

**2. 面向对象的程序设计方法**

面向对象的程序设计方法是将任何事物都看成一个对象，它们之间通过一定渠道相互联系，对象是活动的、相对独立的，是可以激发的。每个对象都是由数据和操作规则构成的，程序设计时，主要面对一个个对象，所有数据分别属于不同的对象，封装在对象内，只要激发每个对象完成了相对独立的操作功能，整个程序就会自然完成全部操作。可以这样认为，面向对象程序设计注重对象的结果，忽略对象内部的具体过程。Visual C++、Visual Basic 等可视化程序设计语言都是面向对象的程序设计语言。

## 1.2　程序设计的常规开发过程

一般而言，要开发一个完整的、功能齐全的应用程序，不是一两天、一两个人就能顺利完成的。开发任何应用程序，一般都要涉及以下几个过程。

### 1.2.1　需求分析

主要是根据实际需要对程序所涉及的各种问题和具体要求作详细的分析，最终确定程序的功能，建立相应的程序模型和数据模型，写出完整的报告分析来指导具体程序设计。可以这样说，需求分析的基本任务是解决程序“做什么”这个问题。

### 1.2.2　程序设计

程序设计分为两步：总体设计和详细设计。

**1. 总体设计**

总体设计又称为概要设计或初步设计，是将程序所涉及的问题进行分割、离散、细化，选择合理的程序设计方案和实现该方案的进度计划和实施步骤，建立相对独立的程序模块，然后对程序模块进行分析，确定程序的结构。总体设计的基本任务是解决程序“怎么做”这个问题。

**2. 详细设计**

一般在总体设计完成之后进行，主要对程序的各个模块进行具体设计，设计出各个模块相应的数据结构和算法，画出流程图。详细设计的基本任务是解决如何具体地实现程序的进度计划和实施步骤。

### 1.2.3　程序编码

程序编码是对详细设计的进一步具体化，就是将程序详细设计结果翻译成用某种程序设计语言书写的程序。程序编码实质上就是用程序设计语言来描述程序模块的数据结构和算法，编写出逻辑简明清晰、易读好懂的高质量程序模块源代码。

### 1.2.4　调试代码程序

任何一个源程序文件必须经过编译、链接生成可执行文件后，才能执行。一般而言，一个程序要经过多次修改、调试才能够顺利完成。程序的调试过程就是一个纠错过程，通过具体的编译工具来发现程序代码中存在的问题并加以改正完善。图 1-1 是 C 语言程序的编辑调试过程。

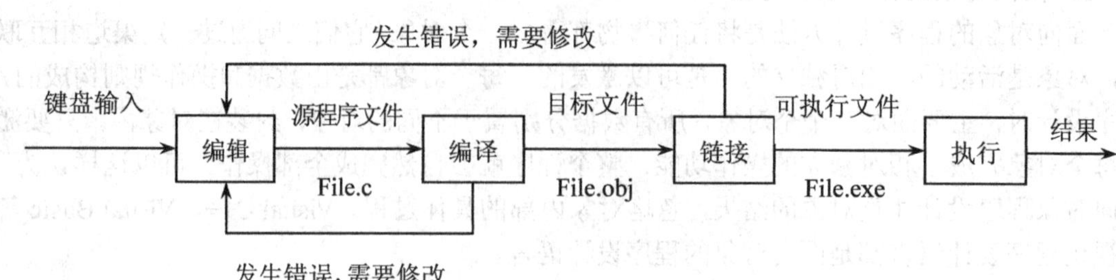


图 1-1　程序的编辑调试过程

### 1.2.5　程序测试、编写程序文档

多次执行程序，对执行过程进行跟踪，对中间产生的数据及最终结果进行详细的分析，找出问题，解决问题。

程序测试完毕后，应编写出程序文档，程序文档一般包含程序的功能介绍、使用环境要求、数据结构说明、操作过程说明、结果使用说明等。

### 1.2.6　程序鉴定

任何一个程序在推广应用前必须经过相关的鉴定，程序鉴定由国家相关的部门或相关人员来完成。

应用程序的一般开发全过程如图 1-2 所示。

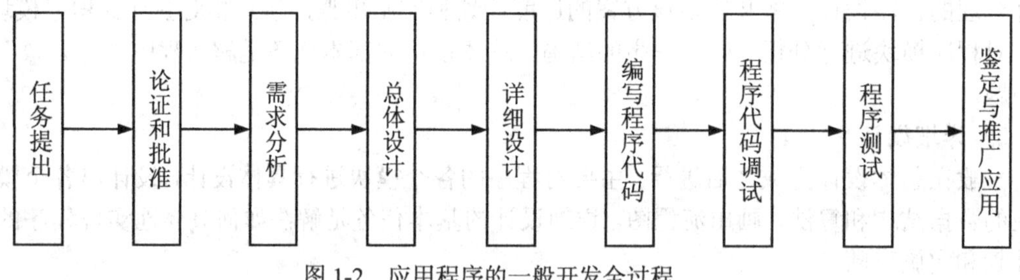


图 1-2　应用程序的一般开发全过程

## 1.3　程序设计语言

### 1.3.1　程序设计语言的基本概念

计算机程序设计语言是人们为了实现与计算机顺利通信而专门设计的一类语言，是人与计算机之间传递信息的“桥梁”，人和计算机都能正确理解它。 计算机程序设计语言是计算机全部指令的集合，每一种语言都规定了各自的语法规则和具体使用含义。人们在了解某种语言后，可以利用这种语言编写出各种各样的计算机应用程序。

### 1.3.2　程序设计语言的发展过程

计算机程序设计语言发展非常迅速，从计算机产生以来，出现了许多不同的程序设计语言。从功能上来分，主要分为三类：机器语言、汇编语言和高级语言。

**1. 机器语言**

机器语言是计算机能直接识别和执行的以二进制代码形式表示的机器指令集合，机器语言的每个指令都是由 0 和 1 组成的序列。机器语言直接面向计算机，虽然能被计算机直接执行、且运行速度快，但指令不直观，不好理解，编程比较困难，容易出错，编写的程序也没有移植性，只能在某个固定型号的机器上使用。机器语言对编程人员的要求也比较高，要求程序设计人员必须熟悉计算机的结构，因此，目前很少直接使用机器语言编程。

**2. 汇编语言**

汇编语言是一种使用助记符号表示机器指令的计算机语言。汇编语言采用助记符号来编写程序，不能被计算机直接执行，必须先通过“汇编程序”编译，才能变成能被计算机直接识别和执行的机器指令。用助记符号编写的程序称为源程序，经过编译后生成的程序称为目标程序。汇编语言是一种低级语言，直接对计算机硬件进行操作，尽管使用起来不方便，比较烦琐，而且要求编程人员熟悉计算机内部结构，但程序占用内存空间少，运行速度快，比较适合用来编写系统软件和过程控制软件。

**3. 高级语言**

高级语言是类似人类自然语言的计算机语言，十分接近人们在日常生活中使用的语言和思维习惯，直观易懂、便于学习，也不需要编程人员去熟悉计算机结构。用高级语言编写的程序不再依赖于计算机硬件，可以移植到各种类型的计算机上运行，比较适合从事应用程序开发设计。同样，高级语言也不能直接被计算机识别和执行，必须先通过“编译程序”生成可以被计算机直接执行的机器指令后才能执行。目前常用的高级语言主要有：Visual Basic 语言、Visual C++语言等。

## 1.4　C 语言程序的基本结构与书写规则

### 1.4.1　C 语言程序的基本结构

下面先介绍两个简单的 C 语言程序。

**例 1.1**

程序如下：

```
#include "stdio.h"
main()
{
 printf("how are you?\n");          /* 直接输出字符串 */
}
```

程序运行结果如下：

```
how are you?
```

**例 1.2**

程序如下：

```
#include "stdio.h"
int max(int x, int y)
{
  int z;
  if( x>y)z=x;
  else z=y;
  return z;
}

main()
{
  int num1,num2;
  printf("Input the first integer number: ");
  scanf("%d", &num1);
  printf("Input the second integer number: ");
  scanf("%d", &num2);
  printf("max=%d\n", max(num1, num2));
}
```

程序运行结果如下：

```
Input the first integer number: 3↙
Input the second integer number: 7↙
max=7
```

从以上例子可以看出：

（1）一个完整的C语言程序，是由一个 main()函数（又称主函数）和若干个其他函数结合而成的，或仅由一个 main()函数构成。C 语言程序离不开函数，函数是构成 C 语言程序的基础。

（2）一个C语言程序，总是从 main()函数开始执行，与 main()函数在程序中所处的位置无关，当 main()函数执行完毕时，整个程序也就执行完毕了。

（3）任何函数都是由说明部分和函数执行部分（函数体）组成的。其一般结构如下：

```
函数类型说明符　函数名（函数参数表）          /* 函数说明部分 */
  {
    说明语句部分；  }
    执行语句部分；  }     /* 函数体*/
  }
```

函数的说明语句部分主要用于说明该函数的名称、类型、属性、参数名和参数类型等。例 1.2 中的函数 max()，其函数说明各部分如下所示：

函数的执行部分（函数体）写在函数说明部分后面的{ }里面，是函数的具体执行部分，主要用于描述该函数的功能和具体操作过程。函数体一般由说明语句和可执行语句两部分构成：说明语句部分放在可执行语句部分的前面，主要对函数体里面所出现的数据结构进行定义说明。可执行语句部分是由一条或若干条执行具体操作的语句构成的。

下面是例 1.2 中 main()函数体的示意图。

```
#include "stdio.h"
main()
{                                                        说明语句  ┐
 int num1,num2;                                                    │
 printf("Input the first integer number: ");          ┐           │
 scanf("%d", &num1);                                   │           │
 printf("Input the second integer number: ");         ├ 执行语句  ├ 函数体
 scanf("%d", &num2);                                   │           │
 printf("max=%d\n", max(num1, num2));                 ┘           │
}                                                                  ┘
```

C 语言系统提供了大量的标准库函数供用户使用。如果在程序中使用了 C 语言标准库函数，则必须在程序的开头用#include 将其相应头文件包含进来。附录 4 列出了 C 语言常用的标准库函数及其相应的头文件，读者可自行查阅。

（4）C 语言没有单独输入语句和输出语句，输入和输出操作都由 C 语言系统提供标准库函数来完成。

### 1.4.2　C 语言程序的书写规则

前面讲了 C 语言程序书写自由，没有十分严格的格式要求，但在编写具体的 C 语言程序时，还是有一些简单的格式要求，主要如下：

（1）程序一般用小写字母书写，个别的标识符可以用大写字母书写。

（2）所有语句都必须以分号"；"结束，即使是函数的最后一条语句也不能例外。

（3）程序的书写格式相当自由，既允许在一行内写几条语句，也允许将一条语句分写成几行。一般而言，如果程序中的某条语句很长，应将其分写在几行上。

例 1.2 中的 main()函数，可改写成下述格式：

```
#include "stdio.h"
main()
{
   int num1,num2;
   printf("Input the first integer number: "); scanf("%d", &num1);
   printf("Input the second integer number: "); scanf("%d", &num2);
```

```
    printf("max=%d\n", max(num1, num2));
}
```

（4）程序中所有的变量必须遵循"先说明，后使用"的原则，必须先说明该变量的类型，然后才能在程序中使用该变量。

例 1.2 中的 main()函数，如果写成如下格式，在编译时就会发生错误。

```
#include "stdio.h"
main()
{
    printf("Input the first integer number: "); scanf("%d", &num1);
    printf("Input the second integer number: "); scanf("%d", &num2);
    printf("max=%d\n", max(num1, num2));
}
```

（5）程序中允许使用注释。可以用/* ……*/对程序中的任何部分作解释。如例 1.1 中所示。

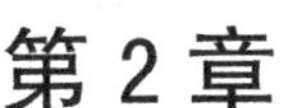

# 第2章 算法与算法描述

算法是指为了解决一个特定的问题所采用的方法和步骤。任何一个计算机程序都包含两个方面的内容：操作对象和操作过程，操作对象是指程序要处理的数据对象（也叫数据结构），包括数据的类型、值和相应组织形式；操作过程是指程序的具体操作实现步骤，也就是算法。瑞士著名的计算机科学家沃思（Niklaus Wirth）提出了这样一个观点：

程序 = 算法 + 数据结构

可以看出，算法是程序的一个重要组成部分，程序离不开算法，事实上算法的设计是程序设计的核心任务之一，是程序设计的灵魂。

比如坐火车从武汉到北京开会，应先买车票，然后准时到车站检票上车，火车到达北京后下车，最后乘公交车到会场，这就是算法。这些步骤都是按一定顺序进行的，缺一不可，次序也不能出错。也就是说，要处理一件事情，应事先考虑好具体的实施步骤，然后按部就班地进行。

对于同一个问题，可以有不同的算法。就像从武汉到北京开会，可以选择坐飞机，坐火车、长途客车或自驾车，不同的人可以综合考虑时间和经济承受能力选取一个合适的行程。在程序设计中，尽管解决一个问题的算法有多种，但要考虑到算法的质量，选择合理的算法。

## 2.1 算法的一般特性

人们通常认为算法就是为了解决某个问题所采用的具体方法。一般而言，算法应当具有以下五个方面的特性。

**1. 有穷性**

任何一个算法的操作步骤应该是有限的，否则将无法得到结果。就像一个人外出会友一样，如果他不停地走，永不停下，那么他将无法在某个具体的地方和朋友交谈。

**2. 确定性**

算法中的每一个步骤应该是确定的，每一步该做什么是事先安排好的，不能随意变化，也不能含糊不清。

**3. 有零个或多个输入**

执行算法时应该与外界有必要的信息交流，有零个或多个数据输入。一个好的算法应当实现“人机对话”，能够直接或间接干预操作。

**4. 有一个或多个输出**

程序执行完毕，都会有具体结果，应当输出这个结果，否则程序执行就没有任何意义。

**5. 有效性**

完整的算法应当面面俱到，每一个步骤都能有效地执行，能得到确定的结果。

## 2.2 简单算法举例

**例 2.1** 求 1×2×3×4×…×20 的值，写出相应算法。

先设定两个变量：一个变量代表被乘数，另一个变量代表乘数，将每一步的乘积放在被乘数变量中。假设 *t* 为被乘数，*i* 为乘数，具体步骤如下：

第一步：使 *t*=1。

第二步：使 *i*=2。

第三步：使 *t*×*i*，乘积结果仍放在变量 *t* 中，可表示为：*t*×*i*=>*t*。

第四步：使 *i* 的值加 1，即 *i*+1=>*i*。

第五步：如果 *i* 的值不大于 20，返回，重新执行第三步，以及后面的第四步、第五步；否则，输出 *t*，算法结束。

**例 2.2** 判定一个大于或等于 3 的正整数是否为素数。

所谓素数，是指除 1 和它本身以外，不能被其他任何整数整除的数。例如，13 是素数，因为它不能被 2，3，4，…，12 整除。

判断一个数 *n*(*n*≥3)是否素数的方法很简单：将 *n* 作为被除数，将 2 到（*n*−1）各个整数轮流作为除数，如果都不能整除，则 *n* 为素数。

算法可表示如下：

第一步：输入 *n* 的值。

第二步：使 *i*=2。

第三步：*n* 除以 *i*,得到余数 *r*。

第四步：如果 *r* 等于 0，表示 *n* 能被 *i* 整除，则打印“*n* 不是素数”，算法结束。否则执行第五步。

第五步：*i*+1=>*i*。

第六步：如果 *i*≤*n*−1,返回执行第三步。否则打印“*n* 是素数”，然后结束。

**例 2.3** 求两个数 *m* 和 *n* 的最大公约数。

求两个数的最大公约数是用“辗转相除法”。将两个数中较大的数作为被除数，较小的数作为除数进行相除求余数，如果余数不为零，就让原来的除数作被除数，余数作除数继续相除求余数……直到余数等于零,最后的一个除数就是这两个数的最大公约数。

第一步：输入 *m*,*n* 的值（*m* 为被除数，*n* 为除数）。

第二步：若 *m*<*n*,则 *m*,*n* 互换。

第三步: *m*/*n* 的余数赋值给 *r*。

第四步: 若 *r* =0,则 *n* 为最大公约数,否则执行第五步。

第五步: *n* 的值赋给 *m* , *r* 的值赋给 *n*，返回执行第三步和第四步，否则结束。

## 2.3 算法的描述方法

算法的表示方法很多，常用的表示方法有：自然语言描述法、流程图描述法、伪代码描述法、计算机语言描述法等。

## 2.3.1　用自然语言描述算法

自然语言是人们在日常生活中进行交流的语言，用自然语言描述算法显得通俗易懂，但文字表述比较烦琐，语义也不太严格，容易出现“歧义性”。用自然语言描述比较复杂的算法，容易造成混淆，很不方便，所以，一般情况下不采用自然语言描述算法。

## 2.3.2　用流程图表示算法

流程图是用一些简单的图框来表示各种算法的具体操作过程，直观形象，易于理解。美国标准化协会 ANSI 规定了一些常用的流程图符号，如图 2-1 所示。

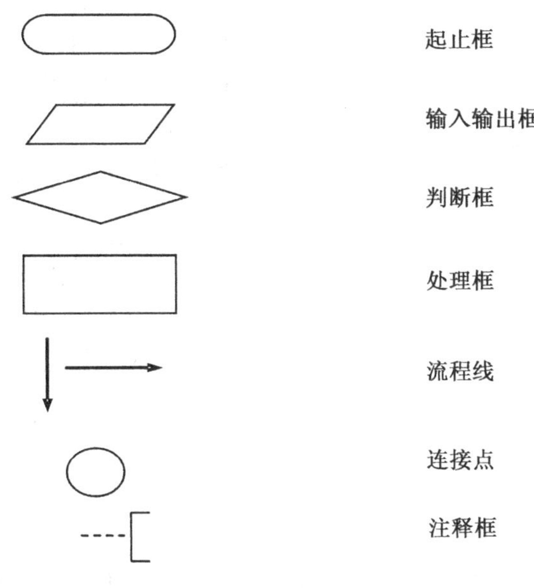


图 2-1　流程图符号

**例 2.4**　求 20!，用流程图表示算法，流程图如图 2-2 所示。

**例 2.5**　判定一个大于或等于 3 的正整数是否为素数，用流程图表示算法，流程图如图 2-3 所示。

## 2.3.3　用伪代码描述算法

用传统流程图描述算法虽然直观，但做起来比较烦琐，要设计一个算法，可能要反复修改多次，因而修改流程图显得比较麻烦。为了设计算法时方便，通常使用伪代码（pseudo code）来描述具体的算法。

伪代码是介于自然语言和计算机语言之间的文字和符号，通常被用来描述算法。伪代码书写方便，格式紧凑，容易理解，便于向计算机语言过渡。用伪代码描述算法并无固定的、严格的语法规则，只需把意思表达清楚就可以了。

例如，打印“x 和 y 这两个数的最大数”的算法可以用伪代码表示如下：

```
if x>y then
    print x
```

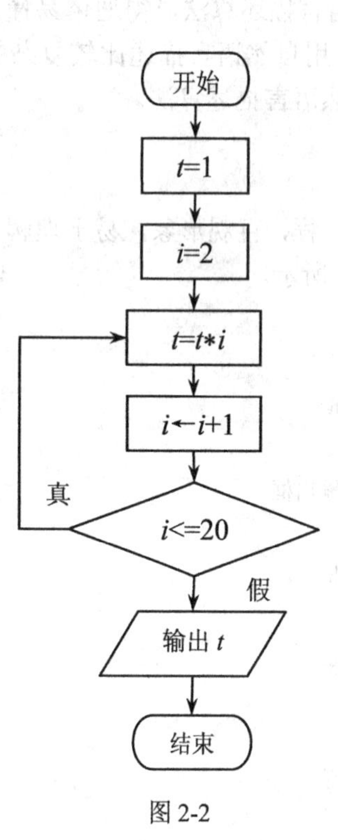


图 2-2

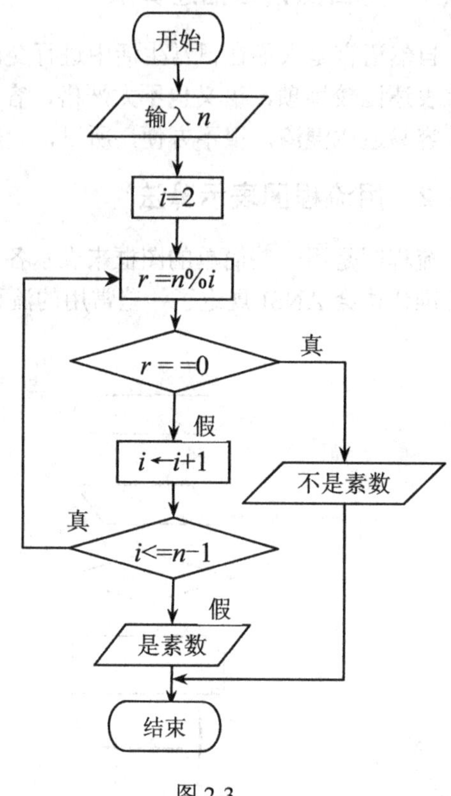


图 2-3

else

print y

上述代码看起来像英语语句，比较直观、清晰易懂。也可以使用汉字伪代码来描述算法，上面的算法可以描述如下：

假如 x 比 y 大

　打印 x

否则

　打印 y

**例 2.6**　求 1×2×3×4×…×20 的值，用伪代码表示的算法如下：

开始

　设置 t 的初值为 1

　设置 i 的初值为 2

　当 i<=20，执行下面操作：

　　使 t=t×i

　　使 i←i+1

　　（循环体到此结束）

　打印 t 的值

结束

也可以写成以下形式：

```
BEGIN:
t=1
i=2
while i<=20
{t=t×i
 i=i+1}
print t
END
```

**例 2.7**　判定一个大于或等于 3 的正整数是否为素数，用伪代码表示的算法如下：

```
BEGIN:
input n
flag=0
i=2
whlie i<=n-1
  if n%i=0 then flag=1
  else i=i+1
  end if
end do
if flag=1 then print（“是素数”）
else print（“不是素数”）
end if
```

**例 2.8**　求两个数 *m* 和 *n* 的最大公约数，用伪代码表示的算法如下：

```
BEGIN:
input m,n
if m<n then swap（m,n）
r=mod(m,n)
while r≠0 do
  m=n
  n=r
  r=mod(m,n)
end do
print n
```

从上面的几个实例可以看出，用伪代码描述算法，格式比较自由，容易表达出设计者的思想，也容易修改。但用伪代码描述算法不如流程图直观，有时会出现逻辑上的错误。

### 2.3.4　用计算机语言表示算法

任何一个算法都可以用不同的计算机程序设计语言来描述，得到程序源代码，经编译链接后直接运行。用计算机语言描述算法必须严格遵循该语言的语法规则。

**例 2.9**　求 1×2×3×4×…×20 的值。

用 C 语言描述算法的程序源代码如下：

```
#include "stdio.h"
main ()
{
float i,t;
t=1;
i=2;
while(i<=20)
{
t=t*i;
i=i+1;
}
printf("%.2f ",t);
}
```

**例 2.10** 判定一个大于或等于 3 的正整数是否为素数，用 C 语言表示。

用 C 语言描述算法的程序源代码如下：

```
#include "stdio.h"
main ()
{
int n,i,r;
scanf("%d",&n);
i=2;
do
{r=n%i;
if(r==0)
    {
      printf("it is not prime number!\n");
      goto loop;
    }
    i=i+1;
 }
while(i<=n-1);
printf("it is prime number!\n");
loop:;
}
```

**例 2.11** 求两个数 *m* 和 *n* 的最大公约数，用 C 语言表示。

用 C 语言描述算法的程序源代码如下：

```
#include "stdio.h"
main ()
{
```

```
int p,r,n,m,temp;
printf("输入任意两个正整数：");
scanf("%d，%d",&m,&n);
if(m<n)
{temp=m;
m=n;
n=temp;
}
 r=m%n;
 while(r!=0)
 {
  m=n;
  n=r;
  r=m%n;
  }
  printf("它们的最大公约数为：%d\n",n);
 }
```

# 第 3 章 C 语言程序设计基础

前面介绍了算法和流程图，对 C 语言程序作了一些一般性的介绍，本章将对 C 语言程序设计作一些基础性的介绍。

## 3.1 C 语言的数据类型

程序处理的对象是数据，而数据的形式是多样的，数据在程序中通常是以某种特定的形式出现的，因此，程序中所有的数据在使用前必须指定其数据类型。

C 语言的数据类型如下：

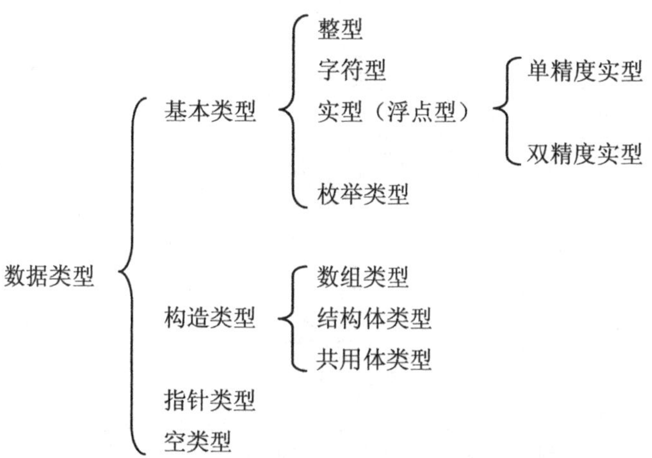


C 语言程序的数据有变量和常量之分，它们分别属于上面的数据类型，还可以利用上面的数据类型构成更复杂的数据结构。

## 3.2 变量和常量

### 3.2.1 变量

在程序运行过程中，其值有可能发生改变的量，称为变量。变量代表内存中的某个存储空间，是存放数据的“容器”，存储供程序使用的数据，变量中存放的数据称为变量的值，在不同的时刻，变量的值可能不同。程序中，一个变量只能存放某一类型的数据，变量在使用前必须先指定类型。

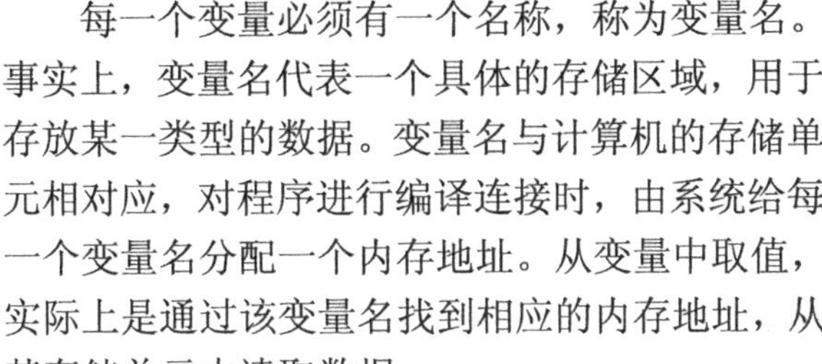

每一个变量必须有一个名称，称为变量名。事实上，变量名代表一个具体的存储区域，用于存放某一类型的数据。变量名与计算机的存储单元相对应，对程序进行编译连接时，由系统给每一个变量名分配一个内存地址。从变量中取值，实际上是通过该变量名找到相应的内存地址，从其存储单元中读取数据。

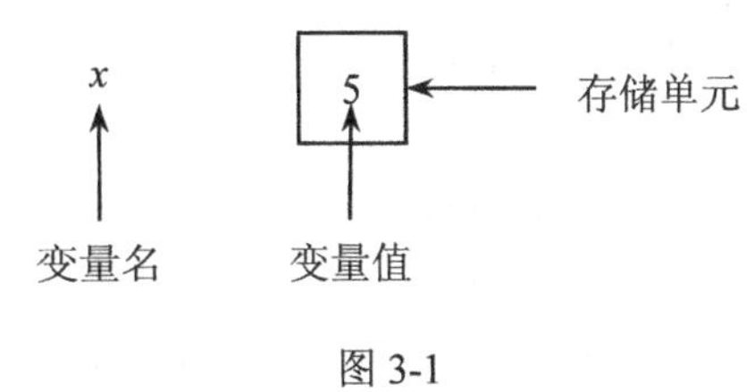


图 3-1

例如：$x$=5，此时 $x$ 就是一个变量。$x$ 的值是有可能发生改变的，可以将 5 赋给 $x$，也可以将其他的数值赋给 $x$。其对应关系如图 3-1 所示。

C 语言程序中，变量名、函数名、数组名、类型名等都属于 C 语言的标识符。

标识符的命名规则如下：

由英文字母、数字和下画线构成，且不能以数字开头；最长不能超过 31 个字符；不能与关键字同名。

C 语言规定了 32 个关键字，具体见附录 2。下面列出的是合法的标识符，也是合法的变量名：

max，min，a1，sum，integer1，average，_year，_grade，total，x，y，z

下面是不合法的标识符和变量名：

Int，3min，sum#th，total-ing，&12

**注意：**

大写字母和小写字母被认为是两个不同的字符，因此，sum 和 SUM 就是两个不同的标识符。变量名一般用小写字母表示。

### 3.2.2　常量

常量是和变量相对立的，在程序运行的过程中，其值不可能发生改变的量，称为常量。在程序中出现的具体数值和内存单元的地址都是常量，如：3.14159，&i，5 等。

C 语言程序中，还可以用一个符号或名字来代替一个常量，称为符号常量。符号常量定义的方式主要有如下两种。

**1. 用 const 限定符来定义符号常量**

用 const 可以将一个变量定义为“只读”常量。如：

```
const float PI=3.14159;
```

在程序中，PI 的值将一直是 3.14159，不能发生改变。

**2. 用编译预处理命令#define 来定义符号常量**

C 语言程序中，经常用编译预处理命令#define 指定一个标识符来代替一个字符串。如：

```
#define PI 3.14159
```

在这里，用 PI 来代替字符串 3.14159，即 PI 的值就是 3.14159。

**例 3.1**　符号常量的使用。

程序如下：

```
#include "stdio.h"
#define   PI   3.1415926
main()
```

```
{
    float length,area,r;
    r=10;
    length=PI*r*2;
    area=PI*r*r;
    printf("length=%f,area=%f\n",length,area);
}
```

程序运行结果如下：

length=62.831852,area=314.159271

**注意：**

C 语言规定常量名一般用大写字母表示。

## 3.3 基本数据类型

### 3.3.1 整型数据

**1. 整型常量**

整型常量也叫整常数，有以下三种形式：

（1）十进制整数形式。

由 0，1，2，3，4，5，6，7，8，9 等数字构成。例如：123，5，0，9764，2000 等。

（2）八进制整数形式。

由 0，1，2，3，4，5，6，7 等数字构成，八进制数是以 0 开头的。如：0123，05，0764，0345 等。

（3）十六进制整数形式。

由 0，1，2，3，4，5，6，7，8，9，A，B，C，D，E，F 等数字构成，十六进制数是以 0x 开头的。例如：0x123，0x5，0xab，0x9764 等。

**2. 整型变量**

（1）整型变量的定义。

如果要定义一个整型变量 *x*，且赋值为 5，可以用下面的语句来表示：

```
int x;
x=5;
```

（2）整型数据在内存中存储的形式。

整数在内存中是以二进制补码形式存放的，其中，最高位表示符号，0 为正，1 为负。图 3-2 所示是整数 5 在内存中的实际存放情况。

图 3-2

正数的原码和补码是相同的，负数的原码和补码不相同，负数的补码是其反码加 1。负数的反码是在原码的基础上按位取反，最高位保持不变。图 3-3 显示了−5 的原码、反码和补码之间的关系。

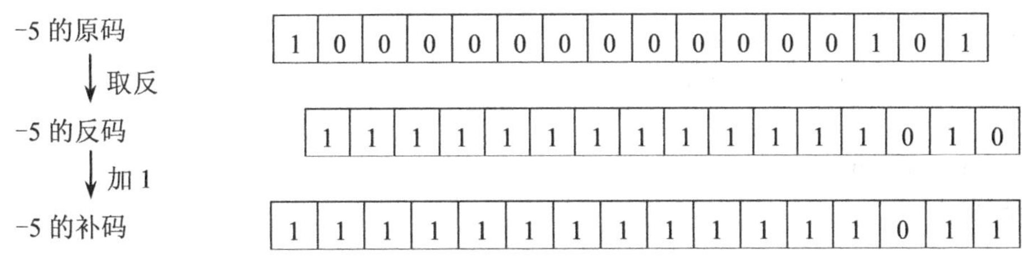


图 3-3

（3）整型变量的分类。

C 语言中有 6 种整型变量，如图 3-4 所示。

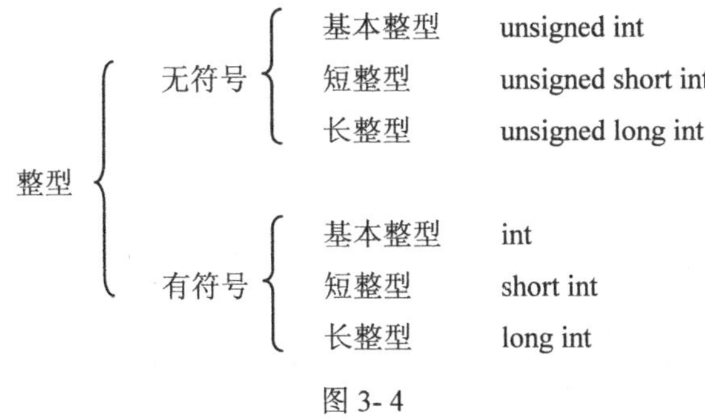


图 3- 4

在微机中，一般以一个机器字存放一个 int 型数据，微机的字长一般为 16 位，故以 16 位存放一个整数，通常情况下，int 型和 short 型为 16 位，long 型为 32 位。表 3-1 列出了 ANSI C 定义的整数类型和取值范围。

表 3-1

| 类　型 | 常用说明方式 | 位数 | 数 值 范 围 | |
|---|---|---|---|---|
| 基本整型 | int | 16 | −32768～32767 | 即 $-2^{15}$～$2^{15}-1$ |
| 无符号基本整型 | unsigned int | 16 | 0～65535 | 即 0～$2^{16}-1$ |
| 短整型 | short | 16 | −32768～32767 | 即 $-2^{15}$～$2^{15}-1$ |
| 无符号短整型 | unsigned short | 16 | 0～65535 | 即 0～$2^{16}-1$ |
| 长整型 | long | 32 | −2147483648～2147483647 | 即 $-2^{31}$～$2^{31}-1$ |
| 无符号长整型 | unsigned long | 32 | 0～4294967295 | 即 0～$2^{32}-1$ |

**注意：**

① 上述 6 种整数类型都有确定的数值范围，在程序中使用某种整数类型数据时，必须先估计数据的大小，要保证数据的值在规定范围内。如果计算的数据超出范围，将会发生"溢出"。例如：一个 int 型变量的最大允许值为 32767，如果加 1，就会发生"溢出"，计算结果不再是 32768。

**例 3.2** 整型数据的溢出（如图 3-5 所示）。

程序如下：

```
#include "stdio.h"
main()
{
 int x,y;
 x=32767;
 y=x+1;
 printf("%d\n",y);
}
```

程序运行结果如下：

-32768

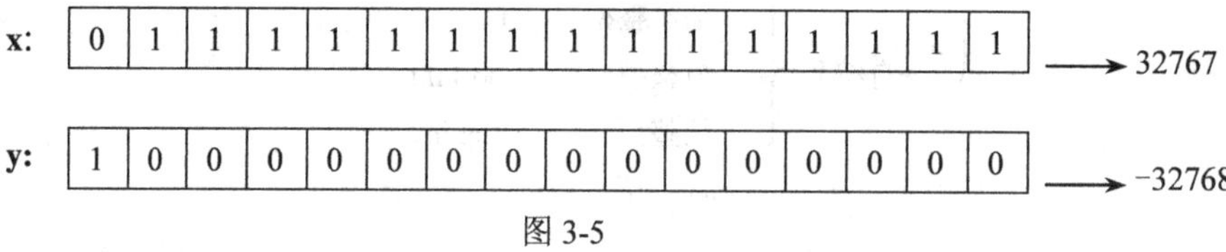


图 3-5

② 无符号整数类型数据的最高位不再表示符号，而是代表具体的数值，故不能将负数赋给一个无符号整数类型变量。

③ 如果在一个整数的后面加上 L 或 l，系统认为该整数是长整型。如果一个整数没有其他特殊说明，系统默认为基本整型。

## 3.3.2 实型数据

**1. 实型常量**

实型常量就是实数，又称为浮点数。C 语言中实数有两种表示形式。

（1）十进制小数形式。

由数字和小数点构成。例如：123.456, 0.5, 3.0 等。用十进制小数形式来表示实数，必须有小数点存在。例如：若将 3.0 写成 3，则会被理解为整数，但 3.0 可简写为 3. ，0.5 可简写为 .5。

（2）指数形式。

由数字、小数点和字母 E（或 e）构成。例如：1.23e4，0.6e5，345e-4 等，它们表示的实数分别是 $1.23\times10^4$，$0.6\times10^5$，$345\times10^{-4}$。用指数形式来表示实数时，E（或 e）之前必

须有数字，并且E（或e）后面的指数必须为整数，例如1.2E5.3，E5，1.2E等都是非法的。当以指数形式输出实数时，在E（或e）前面的数中，小数点左边只有一位非零的数字，如1.28E4，1.32e10等。

**2. 实型变量**

（1）实型数据在内存中的存储形式。

实型数据是按照指数的形式存储的。系统将实型数据分成小数部分和指数部分，分别存放。例如，实数314.159的存储形式如图3-6所示。

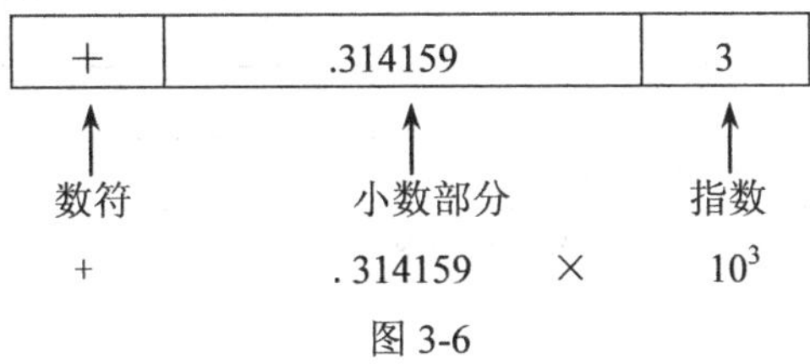


图3-6

（2）实型变量的分类。

C语言中，实型变量分为单精度（float），双精度（double）和长双精度（long double）三类。表3-2列出了这三种不同的实数类型和取值范围。

同样，如果一个实数没有其他特殊说明，系统默认为双精度型，如果在其后面加字母F（或f），系统将按单精度型进行处理。例如：3.14F是单精度型数据，3.14是双精度型数据。

表3-2

| 类 型 | 说明方式 | 位数 | 有效数字 | 精 确 度 | 数值范围 |
|---|---|---|---|---|---|
| 单 精 度 | float | 32 | 6～7 | 小数点后6位 | $10^{-37}$～$10^{38}$ |
| 双 精 度 | double | 64 | 15～16 | 小数点后15位 | $10^{-307}$～$10^{308}$ |
| 长双精度 | long double | 80 | 18～19 | 小数点后18位 | $10^{-4931}$～$10^{4932}$ |

## 3.3.3 字符型数据

**1. 字符常量**

字符是构成源程序的基本元素， C语言字符常量是用单引号括起来的单个字符，在计算机中，字母、标点符号都属于字符常量。如：'A'，'X'，'Z'，'>'等。

字符在计算机中是以其ASCⅡ码值来存储的。每个字符都有对应的ASCⅡ码值。具体详见附录1。

另外，C语言中还有一种特殊形式的字符常量，就是以一个“\”开头的字符序列，称为转义字符（具体如表3-3所示）。

表 3-3

| 字符形式 | 含　义 | ASCⅡ码 |
|---|---|---|
| \n | 换行，将当前位置移到下一行的开头 | 10 |
| \t | 水平制表（跳到下一个 tab 位置） | 9 |
| \b | 退格，将当前位置移到前一列 | 8 |
| \r | 回车，将当前位置移到本行开头 | 13 |
| \f | 换页，将当前位置移到下页开头 | 12 |
| \\ | 反斜杠字符'\' | 92 |
| \' | 单引号字符 | 39 |
| \" | 双引号字符 | 34 |
| \ddd | 1 到 3 位 8 进制数所代表的字符 | |
| \xhh | 1 到 2 位 16 进制数所代表的字符 | |

**例 3.3**　转义字符的应用。

```
#include"stdio.h"
main()
{
 printf("\tchina!\rwelcome\n");
 printf("\"learn \101BC\\n\"\n");
}
```

程序运行结果如下：

welcome china!

"learn ABC\n"

第一个 printf 函数首先执行字符“\t”，光标先跳到下一个 tab 位置，接着输出“china!”字符序列，后面的字符“\r”使光标返回到本行的开头，再输出字符序列“welcome”，最后一个字符“\n”是“换行”，使光标位置移到下一行开头位置。故第一个 printf 函数输出结果是 welcome china!

第二个 printf 函数一开始输出字符“\"”，即输出双引号，后面的字符序列“learn”按原样输出，字符“\101”对应的字符为“A”，字符序列“BC”按原样输出,字符“\\”表示一个反斜杠，字符“n”原样输出，字符“\”“表示一个”，“\n”表示换行，故第二个 printf 函数输出结果是“learn ABC\n”。

**2. 字符变量**

字符变量用来存放单个字符，一个字符变量在某一时刻只能存放一个具体字符。

字符变量定义的一般形式如下：

char　变量名;

例如：char ch1,ch2;

上述定义表示 ch1 和 ch2 为字符型变量，在内存中占 8 个有效二进制位（一个字节）。

**例 3.4** 大小写英文字母的转换。

程序如下：

```
main()
{
 char c1,c2;
 c1='a';c2=98;
 printf("%c %d,%c %d\n",c1,c1,c2,c2);
 c1=c1-32;c2=c2-32;
 printf("%c %d,%c %d\n",c1,c1,c2,c2);
}
```

程序运行结果如下：

```
a 97,b,98
A 65,B 66
```

此程序是将英文字母 a 和 b 转换为 A 和 B。字符常量在程序中可用其对应的 ASCⅡ码值来代替，ASCⅡ码的存储方式和整数一样，故一个字符型数据既可以用字符形式输出，也可以用整数形式输出。同样，字符的 ACSⅡ码值可以进行算术运算。

**3. 字符串常量**

字符串常量是用双引号括起来的一组字符。例如："how are you"、"hello" 等。

字符常量和字符串常量是两个不同的概念，C 语言系统自动在字符串的结尾加一个结束标志符 "\0"，来表示该字符串已经结束。例如字符串"Hello"在内存中的实际形式如下：

| h | e | l | l | o | \0 |
|---|---|---|---|---|---|

在程序中，只能将一个字符常量赋给一个字符变量，绝对不能将一个字符串常量赋给一个字符变量。

### 3.3.4 枚举型数据

所谓"枚举型"数据就是将变量的可能值一一列举出来，变量的值是列举范围中的任意一个值。枚举类型用 enum 来定义。

定义枚举类型的一般形式如下:

enum 枚举类型名 {成员表列};

例如：enum week{sun,mon,tue,wed,thu,fri,sat};其中 sun，mon，…，sat 等称为枚举元素。枚举元素在编译时被当做常量处理，不能对其赋值。

枚举元素作为常量时是有值的，C 语言系统在编译时按先后顺序分别使它们的值为 0，1，2，…，在上面的定义中 sun 的值为 0，mon 的值为 1，…，sat 的值为 6。

定义枚举型变量的一般形式如下：

enum 枚举类型名 变量名；

例如：enum week x，y；这里 x 与 y 就是枚举型变量，x 与 y 的值是枚举元素 sun，mon，tue，wed，thu，fri，sat 中的一个，不可能是其他的值。

### 3.3.5 数据类型长度的测试

C 语言中，不同的数据类型在存储时所占的存储空间和取值范围是不同的，即使是同一个数据类型在不同类型的计算机上存储时，所占的存储空间和取值范围也有所不同，因此，在程序设计时应查阅相关手册，了解所使用的系统中各种类型数据的存储长度和取值范围，或者使用求字节运算符 sizeof( )来求各种类型数据存储时所占的字节数。

sizeof( )的一般格式为：

sizeof（类型名或变量名）;

例如：sizeof (int ); sizeof (float );等。

**例 3.5** 计算 int、float、char 等类型数据的存储长度。

程序如下：

```
#include "stdio.h"
main ()
{
 int x,y,z;
 x=sizeof(int);
 y=sizeof(long double);
 z=sizeof(char);
 printf("%d,%d,%d",x,y,z);
}
```

程序运行结果如下：

2,10,1

### 3.3.6 不同数据类型间的转换和运算

C 语言系统中，整型、实型、字符型等数据可以混合运算。例如：

10+25.7*'D'−1.23E2

此算术表达式是合法的，在计算过程中需要进行类型转换，将不同类型的数据先转换成同一类型的数据，然后进行运算。转换规则如图 3-7 所示。

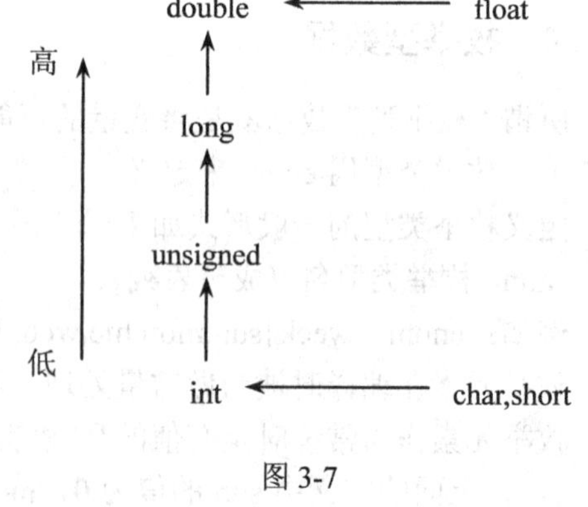

图 3-7

图中的箭头表示转换的方向，当表达式中出现不同类型数据时，系统将自动按照图 3-7 中的高低顺序，由低到高进行类型转换，将不同类型数据转换成同一类型数据。

例如：10+23.5*'A'−1.23E2

系统先将'A'转换成 double 型数 65.0，计算出 23.5*65.0 的值，然后将 10 转换成 double 型数 10.0，得到 10.0+23.5*65.0，最后将 1.23E2 转换为 double 型，计算出 10+23.5*'A'−1.23E2 的值。

# 3.4 常用运算符及其表达式

## 3.4.1 算术运算符与算术表达式

C 语言提供的算术运算符有七种，其功能、结合方式、优先级别如表 3-4 所示。

表 3-4

| 运算符 | 功 能 | 操作数个数 | 结合方式 | 优先级别 | 表达式 |
|---|---|---|---|---|---|
| + | 正 运 算 | 单目 | 从右到左 | 高 | +5 |
| − | 负 运 算 | 单目 | 从右到左 | | −3 |
| * | 乘法运算 | 双目 | 从左到右 | 中 | 6*7 |
| / | 除法运算 | 双目 | 从左到右 | | 5/3 |
| % | 余数运算 | 双目 | 从左到右 | | 5%2 |
| + | 加法运算 | 双目 | 从左到右 | 低 | 3+4 |
| − | 减法运算 | 双目 | 从左到右 | | 8−6 |

**注意：**

① 当两个运算符不处于同一个优先级时，优先级高的运算符先进行运算。例如表达式 3+4*5 的运算过程是：先计算 4*5，得到 20；再计算 3+20，得到 23。

② 当两个运算符处于同一个优先级时，应按照其结合方式来确定运算的先后顺序。例如表达式 6/3*5 的运算过程是：先计算 6/3 得到 2；再计算 2*5 得到 10。

③ 进行除法运算时，除数不能为 0。

④ 如果被除数和除数都为整数，除法运算结果仍为整数。例如表达式 5/2：计算后的结果不是 2.5，而是 2，原因是小数部分直接被舍弃掉了。表达式 5.0/2 的结果才是 2.5。

⑤ %运算符是用来计算一个数除以另一个数后，所剩的余数，要求参与运算的数据必须是整数。例如表达式 7%3 的结果是 1。

## 3.4.2 赋值运算符与赋值表达式

**1. 赋值运算符**

赋值符号“=”就是赋值运算符，作用是将符号右边的数据赋给符号左边的变量，成为此变量的当前值。例如 a=5 就是将整数 5 赋给变量 a，变量 a 的当前值为 5。

赋值运算符是双目运算符，结合方式从右到左，优先级很低，只比逗号运算符高，比其它运算低。

**注意：**

① 一般情况下，赋值运算符左右两边的数据类型应保持一致，否则可能会导致出现错误。

例如：

```
int a;
a=4.2;
```

错误，不能将一个实数赋给一个整型变量。

② 在 C 语言程序中，可以将一个整数赋给一个实型变量。

③ C 语言允许在定义变量时，对变量赋初值。例如：int a=5,b=6;

④ C 语言允许对几个变量同时赋值。

例如：

```
int a,b,c;
a=b=c=4;
```

上述赋值不能写成：int a=b=c=4; 否则，将会出现编译错误。

**2. 复合赋值运算符**

在赋值运算符“=”前面加上其他运算符构成复合赋值运算符。C 语言系统中的复合赋值运算符有以下几个：

+=，-=，*=，/=，%=，<<=，>>=，&=，∧=，|=

前 5 个是复合算术赋值运算符，后 5 个是复合位运算赋值运算符，在这里，只介绍复合算术赋值运算符。

① +=　　a+=3　　等价于　a=a+3

② -=　　a-=3　　等价于　a=a-3

③*=　　a*=3　　等价于　a=a*3

④ /=　　a/=3　　等价于　a=a/3

⑤ %=　　a%=3　　等价于　a=a%3

所有的复合赋值运算符都是双目运算符，其结合方式、优先级和赋值运算符完全一样。

例如：

① 假定 x=10；y=x+=x-=x*=x；则 y 值为 0。其计算步骤如下：

第一步：先执行 x*=x 运算，即 y=x+=x-=x*x；可以计算出 y=x+=x-=100，x=100。

第二步：执行 x-=100 运算，即 y=x+=100-100；可以计算出 y=x+=0，x=0。

第三步：执行 x+=0 运算，即 y=x+0；可以计算出 y=0，x=0。

② 假定 x=10；y=x+=x-=x*x；　则 y 值为-180。

第一步：先执行 x-=x*x 运算，即 y=x+=10-10*10；可以计算出 y=x+=-90，x=-90。

第二步：执行 x+=-90 运算，即 y=(-90)+(-90)；可以计算出 y=-180，x=-180。

### 3.4.3　逗号运算符与逗号表达式

逗号运算符就是一个逗号（,），它用于连接相邻的两个表达式，用逗号连接起来的称为逗号表达式。例如：2*3，4+5，6-7 就是一个逗号表达式。

逗号表达式的一般形式如下：

表达式 1，表达式 2，表达式 3，…，表达式 n

逗号表达式的计算过程是：先计算表达式 1，再计算表达式 2，… ，最后计算表达式 n。整个表达式的值是最后一个表达式 n 的值。例如：逗号表达式 2*3，4+5，6-7 的值为-1。

逗号运算符的优先级最低，在使用逗号运算符时应注意。

例如：

① x=4*6，x*5；假定 x 的初值为 4，求 x 的值。

第一步：x=4*6　→　x=24

第二步：x*5　→　24*5　→ 120

实际上，x 的值为 24。

② x=（4*6，x*5）；假定 x 的初值为 4，求 x 的值。

第一步：4*6 → 24

第二步：x*5 → 4*5 → 20

第三步：x=20

实际上，x 的值为 20。

### 3.4.4 自增、自减运算符及其表达式

++ 是自增运算符，作用是使变量的值增 1。

-- 是自减运算符，作用是使变量的值减 1。

它们都是单目运算符，结合方式从右到左，优先级很高。自增、自减运算符的操作数必须是变量，只有变量才能实现自增运算或自减运算。

例如：下面的表达式是错误的。

++4，5--，++（i+j），++i++，++&i

自增、自减运算符是两个奇特的运算符，既可以放在变量的左面，也可以放在变量的右面，尽管都是增 1 或减 1，但其具体运算过程是不一样的。具体如下：

++i　在使用 i 之前，先使 i 的值增 1

i++　在使用 i 之后，再使 i 的值增 1

--i　在使用 i 之前，先使 i 的值减 1

i--　在使用 i 之后，再使 i 的值减 1

例如：

① 假定 i 的初值为 3，执行 j=++i; 则 i=4;j=4; 等价于 i=i+1;j=i;

② 假定 i 的初值为 3，执行 j=i++; 则 i=4;j=3; 等价于 j=i;i=i+1;

③ 假定 i 的初值为 3，执行 j=--i; 则 i=2;j=2; 等价于 i=i-1;j=i;

④ 假定 i 的初值为 3，执行 j=i--; 则 i=2;j=3; 等价于 j=i;i=i-1;

### 3.4.5 强制类型转换运算符

强制类型转换运算符的一般形式为：

（类型名）（表达式）作用是将表达式转换成所需类型。

例如：

t =（int）（3.5+2.2）；

t 的值为 5。因为 3.5+2.2 结果为 5.7，强制转换时，舍弃其小数部分。

### 3.4.6 关系运算符与关系表达式

关系运算符实际上就是比较运算符，将两个值进行比较，判断比较的结果是否满足给定的条件。如果满足给定的条件，表达式的值为“真”，否则表达式的值为“假”。C 语言提供以下 6 种关系运算符，如表 3-5 所示。

表 3-5

| 运算符 | 功 能 | 操作数个数 | 结合方式 | 优先级别 | 说 明 |
|---|---|---|---|---|---|
| > | 大于 | 双目 | 从左到右 | 高 | 关系运算符的优先级低于算术运算符，高于赋值运算符 |
| < | 小于 | 双目 | 从左到右 | | |
| >= | 大于或等于 | 双目 | 从左到右 | | |
| <= | 小于或等于 | 双目 | 从左到右 | | |
| = = | 等于 | 双目 | 从左到右 | 低 | |
| != | 不等于 | 双目 | 从左到右 | | |

关系表达式的值是一个逻辑值，即“真”和“假”。C 语言规定：判定一个逻辑值时，以非零值表示“真”，以零表示“假”。C 语言系统给出逻辑值时，以 1 表示“真”，以 0 表示“假”。

例如：

① x=5>3；　　则 x 的值为 1。

② y=3= =6；　　则 y 的值为 0。

③ z=3!=6；　　则 z 的值为 1。

### 3.4.7 逻辑运算符与逻辑表达式

C 语言提供的逻辑运算符有 3 种,如表 3-6 所示。

表 3-6

| 运算符 | 功 能 | 操作数个数 | 结合方式 | 优先级别 |
|---|---|---|---|---|
| ! | 逻辑非 | 单目 | 从右到左 | 与++同一个优先级 |
| && | 逻辑与 | 双目 | 从左到右 | 低于关系运算符，高于\|\|运算符 |
| \|\| | 逻辑或 | 双目 | 从左到右 | 低于&& 运算符，高于赋值运算符 |

同样，逻辑表达式的值是一个逻辑值，即“真”或“假”。用 1 或 0 来表示。表 3-7 列出了逻辑运算的“真值表”，用它表示 a 和 b 的不同组合时，各种逻辑运算所得到的值。

表 3-7

| a | b | !a | !b | a&&b | a\|\|b |
|---|---|---|---|---|---|
| 非 0 | 非 0 | 0 | 0 | 1 | 1 |
| 非 0 | 0 | 0 | 1 | 0 | 1 |
| 0 | 非 0 | 1 | 0 | 0 | 1 |
| 0 | 0 | 1 | 1 | 0 | 0 |

**注意：**

① 在计算逻辑表达式时，并不是所有的逻辑运算符都被执行，只是在必须执行下一个逻辑运算符才能求出表达式的值时，才执行该运算符。

② 对于&&运算符，当其左右两边的值都为“真”时，整个表达式的值为“真”，只要其左右两边的值有一个为“假”，整个表达式的值就为“假”。也就是说，只要其左边的表达式为“假”，整个表达式的值就为“假”，其右边表达式不再计算。

例如：

假定 x=y=-1；执行表达式++x&&++y 后，x 的值为 0，y 的值为-1。

③ 对于||运算符，当其左右两边的值都为“假”时，整个表达式的值为“假”，只要其左右两边的值有一个为“真”，整个表达式的值就为“真”。也就是说，只要其左边的表达式为“真”，整个表达式的值就为“真”，其右边表达式不再计算。

例如：

假定 x=y=0；执行表达式++x||++y 后，x 的值为 1，y 的值为 0。

④ 逻辑运算符两侧的操作数，除可以是 0 和非 0 的整数外，也可以是其他任何类型的数据，如实型、字符型等。

## 3.5　数据的输入输出

C 语言没有数据输入和数据输出语句，所有数据的输入和输出操作全部由系统提供的标准输入、输出函数来完成。在使用 C 语言提供的标准输入、输出函数时，必须在程序开头用 #include 命令将其相应头文件包含进来。

### 3.5.1　字符数据的输入与输出

**1. 字符输出函数 putchar()**

函数使用形式：putchar(字符变量);

作用：向终端输出设备输出一个字符。

**例 3.6**　输出单个字符。

程序如下：

```
#include "stdio.h"
main()
{
 char x,y;
 x='a';
 y='A';
 putchar(x);
 putchar(y);
}
```

程序运行结果如下：

aA

**注意：**

putchar()函数的头文件为 stdio.h 。

**2. 字符输入函数 getchar()**

函数使用形式：变量名=getchar()；

作用：从终端输入设备输入一个字符。

**例 3.7** 输出单个字符。

程序如下：

```
#include "stdio.h"
main()
{
 char x;
 x=getchar();
 putchar(x);
 }
```

程序运行结果如下：

A↙

A

**注意：**

getchar()函数的头文件为 stdio.h 。

## 3.5.2 数据的格式输入与输出

**1. 格式输出函数 printf()**

函数使用形式：printf（格式控制字符串，输出表列）；

作用：将“输出表列”中的数据按照“格式控制字符串”的要求输出。

例如：

```
    printf("%d,%d",a,b);
```

格式控制字符串包含两部分内容，即格式说明和普通字符。

（1）格式说明：由“%”和格式字符组成。如%d，%f 等。作用是将要输出的数据转换成指定的格式输出。格式说明总是由“%”字符开始的。表 3-8 列出了 printf()函数的格式字符，除了格式字符以外，printf()函数还可以使用附加格式字符，表 3-9 列出了 printf()函数的附加格式字符，附加格式字符放在格式字符与%之间。

（2）普通字符：按照原样输出字符。

例如:

```
    int a=10;
    b=8;
    printf("a=%d,b=%d",a,b);
```

printf 函数中的“a=”和“b=”是普通字符，按原样输出。输出结果是：a=10,b=8

（3）在格式控制字符串中，可以使用转义字符（详见表 3-3）。

（4）格式控制字符串通常用小写字母书写，并且要用双引号标注。格式控制字符必须与输出表列一一对应，输出表列之间用逗号隔开。

表 3-8

| 格式字符 | 作　　用 |
| --- | --- |
| d, i | 以带符号的十进制形式输出整数（正数不输出符号） |
| o | 以无符号的八进制形式输出整数 |
| X，x | 以无符号的十六进制形式输出整数 |
| u | 以无符号的十进制形式输出整数 |
| c | 以字符形式输出单个字符 |
| s | 输出字符串 |
| f | 以小数形式输出实数（保留 6 位小数） |
| E, e | 以指数形式输出实数（保留 5 位小数） |
| G，g | 选用%f 或%e 中宽度较短的一种格式输出实数 |

表 3-9

| 格式字符 | 作　　用 |
| --- | --- |
| L, l | 输出长整型整数，可用在 d，o，x，u 前面 |
| m, n<br>（m,n 为正整数） | m 表示数据输出的最小宽度<br>对实数，表示输出 n 位小数；对字符串，表示截取前 n 个字符 |
| - | 按照左对齐方式输出数据 |
| + | 按照右对齐方式输出数据（系统默认对齐方式为右对齐） |

**例 3.8**　以带符号形式输出整数和实数。

程序如下：

```
#include "stdio.h"
main()
{
 int a=-123;
 float b=123.0;
 printf("%d,%f \n",a,b);
 printf("%9d,%e \n",a,b);
 printf("%9d,%9.2f \n",a,b);
 printf("%-9d,%-9.2f \n",a,b);
}
```

程序运行结果如下:(▪表示空格)

```
-123,123.000000
▪▪▪▪▪-123,1.23000e+02
▪▪▪▪▪-123,▪▪▪123.00
-123▪▪▪▪▪,123.00▪▪▪
```

**例 3.9** 输出长整型整数。

程序如下：

```
#include "stdio.h"
main()
{
 long int a=123456789;
 printf("%ld,%d\n",a,a);
}
```

程序运行结果如下:

123456789,−13035

**注意：**

长整型整数必须使用 L 或 l 附加格式,否则会出错。

**例 3.10** 用不同进制形式输出正整数。

程序如下：

```
#include "stdio.h"
main()
{
 int a=66;
 printf("%d,%o,%x,%c\n",a,a,a,a);
}
```

程序运行结果如下:

66,102,42,B

**例 3.11** 用不同进制形式输出负整数。

程序如下：

```
#include "stdio.h"
main()
{
 int a=-1,b=-2;
 printf("%d,%u,%o,%x\n",a,a,a,a);
 printf("%d,%u,%o,%x\n",b,b,b,b);
}
```

程序运行结果如下:

−1,65535,177777,ffff

−2,65534,177776,fffe

**例 3.12** 输出字符串。

程序如下：

```
#include "stdio.h"
```

```
main()
{
 printf("%s,%5.3s\n","china","china");
}
```

程序运行结果如下:（▪表示空格）

china,▪▪chi

（5）实数输出时，如果要降低小数部分精确度，系统自动按四舍五入的方式进行取舍。

**例 3.13**

程序如下：

```
#include "stdio.h"
main()
{
 float a=12.5646;
 printf("%8.3f,%8.2f \n",a,a);
}
```

程序运行结果如下：（▪表示空格）

▪▪12.565,▪▪▪12.56

（6）如果要输出“%”，应在格式控制字符串中连续使用两个%。

**例 3.14**

程序如下：

```
#include "stdio.h"
main()
{
 float a=12.5646;
 printf("%8.3f %%\n",a);
}
```

程序运行结果如下：（▪表示空格）

▪▪12.565%

（7）如果在%后面紧跟 0，则多余的空位用 0 来填补。

**例 3.15**

程序如下：

```
#include "stdio.h"
main()
{
```

```
 float a=12.5646;
 printf("%09.3f %%\n",a);
}
```

程序运行结果如下：

```
00012.565%
```

（8）如果在%后紧跟*，则输出列表中对应的数据表示后一个数据的输出宽度。

**例 3.16**

```
 #include<stdio.h>
 main()
 {
  int i=1;
  printf("##%*d\n",i,i);
  i++;
  printf("##%*d，%*d\n",i,i,3,4);
  i++;
  printf("##%*d\n",i,i);
 }
```

程序运行结果如下：（▪表示空格）

```
##1
##▪2,▪▪4
##▪▪3
```

**2. 格式输入函数 scanf()**

函数使用形式：scanf（格式控制字符串，变量地址表列）；

作用：按照“格式控制字符串”的要求，输入变量的值。

例如：

```
scanf("%d,%d",&a,&b);
```

&是地址运算符，取变量的地址值。

scanf()函数的格式控制字符串和 printf()函数一样（见表 3-8）。同样，scanf()函数也可以使用附加格式字符，表 3-10 列出了 scanf()函数的附加格式字符。

（1）格式控制字符串中的普通字符按原样输入。

**例 3.17**

程序如下：

```
#include "stdio.h"
main()
{
 int a,b;
```

```
 scanf("a=%d,b=%d",&a,&b);
 printf("a=%d,b=%d",a,b);
}
```

程序运行结果如下：

a=3,b=4↙

a=3,b=4

（2）如果指定了输入数据所占的列数，系统自动按它截取所需数据。

表 3-10

| 格式字符 | 作　　用 |
|---|---|
| l | 输入长整型整数或 double 型实数 |
| h | 输入短整型整数 |
| m(m 为正整数) | 用于指定输入数据所占宽度（列数） |
| * | 表示本输入数据在输入后不赋给相应变量 |

**例 3.18**

程序如下：

```
#include "stdio.h"
main()
{
 int a,b;
 scanf("%3d%3d",&a,&b);
 printf("a=%d,b=%d",a,b);
}
```

程序运行结果如下：

123456789↙

a=123,b=456

（3）在用%c 格式输入单个字符时，空格字符和转义字符都是有效的具体字符。

**例 3.19**

程序如下：

```
#include "stdio.h"
main()
{
 char c1,c2,c3;
 scanf("%c%c%c",&c1,&c2,&c3);
  printf("c1=%c,c2=%c,c3=%c",c1,c2,c3);
```

```
}
```

程序运行结果如下：（▪表示空格）

a▪b▪c↙

c1=a,c2=▪,c3=b

（4）在输入数据时，若遇到空格、回车、跳格（Tab 键），系统认为数据结束；若指定了宽度，则达到宽度后结束；如果遇到非法输入，系统也认为数据结束。

（5）如果在%后紧跟*，表示对应的输入数据在输入后不赋给相应变量。

**例 3.20**

程序如下：

```
#include<stdio.h>
main()
{
 int a,b;
 scanf("%3d%*3d%3d",&a,&b);
 printf("a=%d,b=%d",a,b);
}
```

程序运行结果如下：

123456789↙

a=123,b=789

# 第4章　结构化程序设计

C语言是一种中级语言，具有结构化控制语句，能实现程序设计结构化、规范化，使程序编写变得简单、明了，便于阅读、修改和维护，减少程序出错的机会，提高程序的可靠性，保证程序的质量。

按照程序的执行过程，C语言程序结构分为三种。

（1）顺序结构。按照各语句的先后顺序逐行执行，且每个语句都会被执行到。

（2）选择结构。当满足（或不满足）某个条件时执行某些语句。

（3）循环结构。当满足（或不满足）某个条件时不停地重复执行某些语句。

## 4.1　顺序结构程序设计

### 4.1.1　C语言程序基本语句

C语言程序是由函数构成的，函数包含了说明部分和执行部分，执行部分是由若干执行语句所构成的。在C语言程序中，语句可以分为以下五类。

（1）控制语句：能完成一定的控制功能，C语言中共有9种控制语句。

① if()～else～　（条件选择语句）
② for()～　（多功能循环语句）
③ while()～　（当型循环语句）
④ do～while()　（直到型循环语句）
⑤ go to　（无条件转移语句）
⑥ switch　（多支选择语句）
⑦ continue　（结束本次循环语句）
⑧ break　（执行中止语句）
⑨ return　（函数返回值语句）

（2）函数调用语句：能实现函数的调用功能。

例如：

```
printf("%d",a);
```

（3）表达式语句：由一个表达式加分号构成，能实现数据计算功能。

例如：

```
a=3*b;
```

（4）空语句：由单独的一个分号组成，对程序执行不产生直接影响，没有实际意义。

例如：

;　表示什么也不做，没有实际意义。

（5）复合语句：用{}将若干个语句括起来，形成一个整体，组成一个复合语句。

例如：

```
{
  a=3;
  b=4;
  c=a*b+25;
}
```

C 语言程序离不开以上五类语句，要熟练掌握 C 语言程序，必须先熟练掌握这几类语句。

### 4.1.2 顺序结构程序一般设计方法

程序设计时，一般先对要处理的“事件”进行分析，根据分析的结果写出相应算法，画出流程图，再写出相关的源程序。

在顺序结构程序中，一般包括以下几个部分。

**1. 程序开头的编译预处理命令**

如果在程序中要使用标准函数（又称库函数），除 printf()函数和 scanf()函数外，其他的函数都必须使用编译预处理命令，将其相应的头文件包含进来。

例如：

```
#include "stdio.h"                    /*包含 stdio.h 头文件*/
#include "math.h"                     /*包含 math.h 头文件*/
main()
{
  ⋮
}
```

**2. 顺序结构程序的函数体，由完成具体功能的各个语句构成**

其主要包括：

（1）对变量类型进行说明的语句。在 C 语言程序中，所有的变量在使用前必须“先定义”，必须事先对该变量的类型进行说明，如果某个变量在使用前没有被说明类型，在程序编译时将会出现错误。对变量类型进行说明的语句应当出现在函数体中的最前面。

例如：

```
#include "stdio.h"
#include "math.h"
main()
{
 int a,b,c;                           /*说明变量 a,b,c 为 int 型*/
  ⋮
}
```

（2）对相应变量提供数据的语句。在 C 语言程序中，变量在参加运算前应当有初值，如果没有赋初值，程序在编译时将出现相应警告，运行时，得到错误结果。对相应变量提供数据的语句应当出现在具体运算语句的前面。

例如：

```
#include "stdio.h"
#include "math.h"
main()
{
  int a,b,c;
  scanf("%d,%d",&a,&b);              /*对变量 a,b 提供初值*/
   ⋮
}
```

（3）运算部分。一般由表达式语句或函数调用语句构成，执行具体的运算步骤。

（4）输出部分。由具体的输出函数来完成。

例如：

```
#include "stdio.h"
#include "math.h"
main()
{
  int a,b,c;
  scanf("%d,%d",&a,&b);
  c=sqrt(a*a+b*b);                   /*计算变量 c 的值*/
  printf("c=%d",c);                  /*输出变量 c 的值*/
}
```

一般说来，顺序结构的程序的基本模式如下：

```
编译预处理命令
main()
{
 对变量类型进行说明的语句
 对相应变量提供数据的语句
 执行运算的语句
 输出语句
}
```

**例 4.1**　输入三角形的三条边长，求三角形的周长和面积。

分析：输入三角形的三条边长 a,b,c，且能构成三角形，从学过的数学公式我们知道：

三角形的周长公式为：len=a+b+c

三角形的面积公式为：

$s=\sqrt{sl*(sl-a)*(sl-b)*(sl-c)}$，s1=0.5* (a+b+c)。

程序流程如图 4-1 所示。

程序如下：

```
#include "stdio.h"
#include "math.h"
main()
{
```

```
float a,b,c,s1,len,s;
  printf("Input the a,b,c:");
  scanf("%f,%f,%f ",&a,&b,&c);
  s1=0.5* (a+b+c);
  len=a+b+c;
  s=sqrt(s1*(s1-a)*(s1-b)*(s1-c));
  printf("a=%f,b=%f,c=%f \n",a,b,c);
  printf("len=%f,s=%f \n",len,s);
}
```

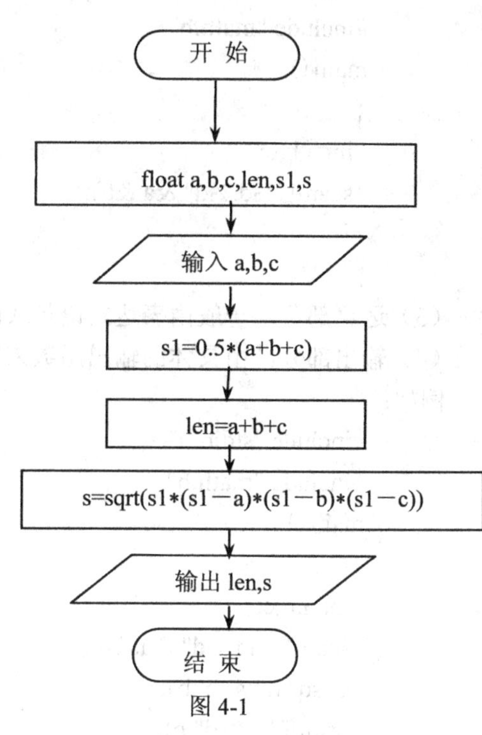

图 4-1

程序运行结果如下：

```
Input the a,b,c:3.0，4.0，5.0↙
a=3.000000,b=4.000000,c=5.000000
len=12.000000,s=6.000000
```

程序中 sqrt()是求平方根函数，使用时必须将其相应头文件“math.h”包含进来,否则，程序在编译链接时将会出错。

**例 4.2** 输入一个摄氏温度，输出它的华氏温度。

温度换算公式为 $f=\frac{9}{5}c+32$

（$f$ 为华氏温度,$c$ 为摄氏温度）

分析：先从键盘上输入一个摄氏温度，再根据温度转换公式得到一个华氏温度，最后输出该华氏温度。

程序流程如图 4-2 所示。

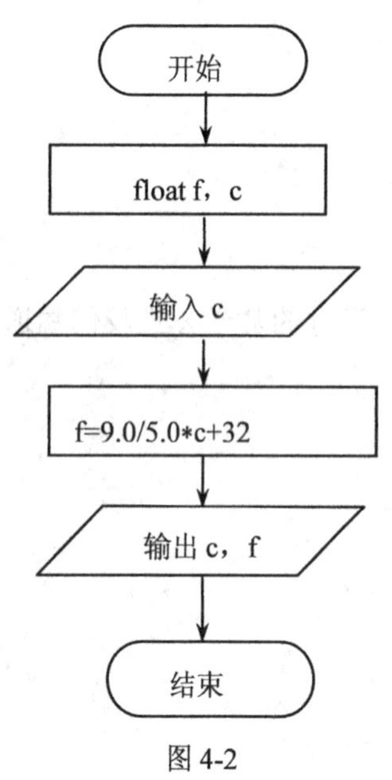

图 4-2

相应程序如下：

```
#include "stdio.h"
main()
{
float f,c;
printf（"请输入一个摄氏温度值："）;
scanf("%f ",&c);
f=9.0/5.0*c+32;
printf（"摄氏温度为：c=%8.2f \n",c）;
printf（"华氏温度为：f=%8.2f \n",f）;
}
```

程序运行结果如下（∎表示空格）：

```
请输入一个摄氏温度值：20.0↙
摄氏温度为：c=∎∎∎20.00
```

华氏温度为：f=▮▮▮68.00

**注意：**

程序中涉及除法运算，为了保证计算结果的正确性和准确性，一般应采用实数形式进行运算。

**例 4.3**　求方程 $ax^2+bx+c=0$ 的实数根。$a$，$b$，$c$ 由键盘输入，$a \neq 0$ 且 $b^2-4ac>0$。

分析：众所周知，一元二次方程式的根为：

$$x_1 = \frac{-b+\sqrt{b^2-4ac}}{2a} \qquad x_2 = \frac{-b-\sqrt{b^2-4ac}}{2a}$$

程序流程如图 4-3 所示。

相应程序如下：

```
#include "stdio.h"
#include "math.h"
main()
{
 float a,b,c,disc,x1,x2;
 printf("Input   a, b, c: ");
 scanf("%f,%f,%f ",&a,&b,&c);
 disc=b*b-4*a*c;
 x1=(-b+sqrt(disc))/(2*a);
 x2=(-b-sqrt(disc))/(2*a);
 printf("\nx1=%6.2f \nx2=%6.2f \n",x1,x2);
}
```

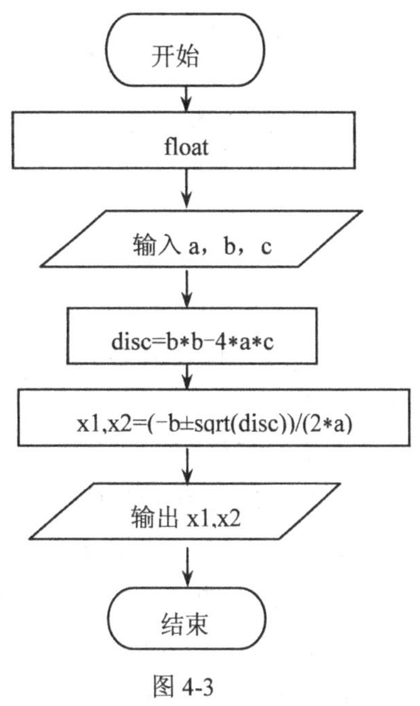

图 4-3

程序运行结果如下：（▮表示空格）

```
Input a,b,c:1,2,1↙
x1=▮-1.00
x2=▮-1.00
```

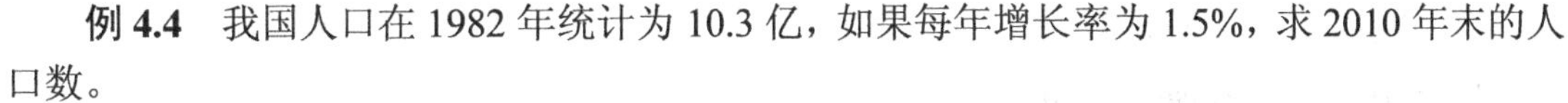

**例 4.4**　我国人口在 1982 年统计为 10.3 亿，如果每年增长率为 1.5%，求 2010 年末的人口数。

计算人口公式为 $p=p_0(1+r)^n$　$p$ 为 $n$ 年后的人口数，$p_0$ 为人口初值，$r$ 为年增长率,$n$ 为年数。

分析：先确定 $p_0$,$r$,$n$ 的值，根据公式 $p=p_0(1+r)^n$ 则可以计算出 $p$ 的值。

流程图如图 4-4 所示。

相应程序如下：

```
#include "stdio.h"
      #include "math.h"
      main()
      {
      float p,p0,n,r;
```

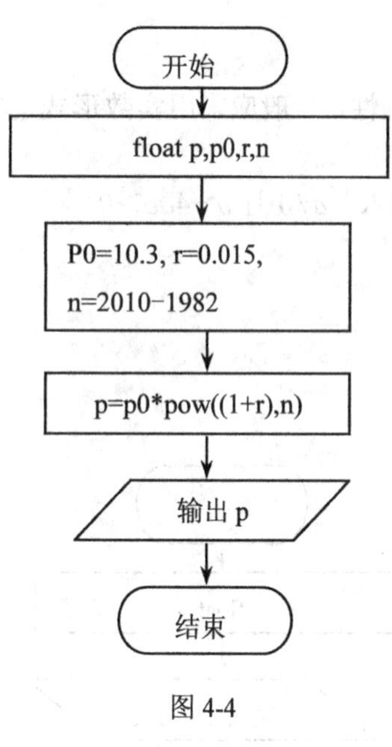


图 4-4

```
p0=10.3;
n=2010-1982;
r=0.015;
p1=p0*pow((1+r),n);
printf("The population of 2010 is:%8.2f",p);
}
```

程序运行结果如下：（▪表示空格）

The population of 2010 is: ▪▪▪15.63

**注意：**

程序第 9 行 pow((1+r),n)表示 $(1+r)^n$，是由 C 语言系统提供的一个标准函数，使用该函数时必须将其相应头文件“math.h”包含进来,否则，程序将会出错。

## 4.2 选择结构程序设计

### 4.2.1 if 语句

if 语句是用来判定所给的条件是否满足，根据判断的结果决定执行何种操作。if 语句有三种形式。

**1. 逻辑 if 语句**

格式：if（表达式）{语句}

功能：只有当括号内表达式的值为“真”时，才能执行后面的操作，并且只能执行一个语句而不能执行若干个语句；如果括号内表达式的值为“假”，将不执行任何操作，其流程如图 4-5 所示。

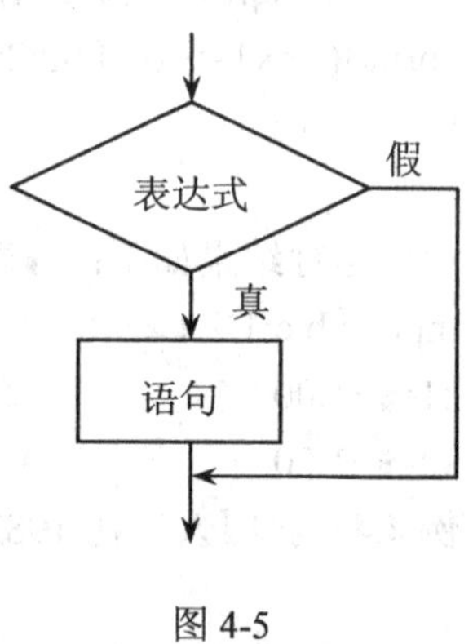


图 4-5

例如：

① if(x＞y) a=x*y;

② if(x＜y) {a=x-y; b=x+y;}

**2. 结构模块 if～else～语句**

格式：if（表达式）{语句 1}

else {语句 2}

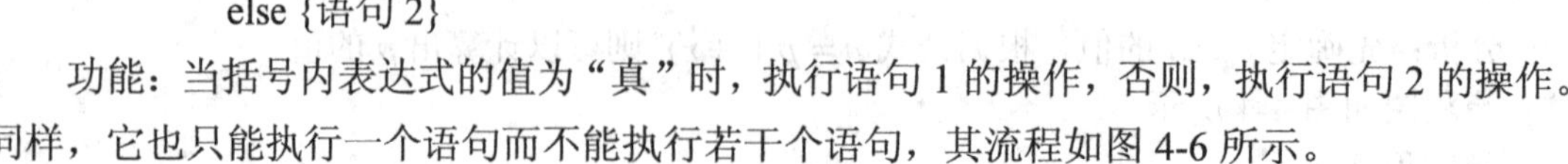
功能：当括号内表达式的值为“真”时，执行语句 1 的操作，否则，执行语句 2 的操作。同样，它也只能执行一个语句而不能执行若干个语句，其流程如图 4-6 所示。

例如：

① if(x>y) a=b;
   else a=c;

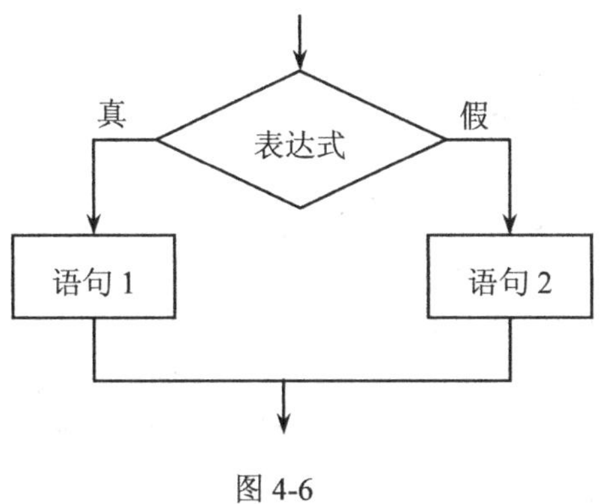


图 4-6

② if(a>b) a=a+b;
　else {t=a;a=b;b=t;}

**3. 结构模块 if～else if～语句**

格式：if（表达式 1）{语句 1}
　　else if（表达式 2）{语句 2}
　　⋮
　　else if（表达式 n）{语句 n}
　　else {语句 n+1}

功能：当表达式 1 的值为“真”时，执行语句 1；如果表达式 1 的值为“假”，再判定表达式 2 是否为“真”。如果表达式 2 的值为“真”，执行语句 2，如果表达式 2 的值为“假”，再判定表达式 3 是否为“真”。如果表达式 3 的值为“真”，执行语句 3。以此类推。如果所有表达式的值都为“假”，则执行语句 n+1。同样，也只能执行一个语句而不能执行若干个语句，其流程如图 4-7 所示。

例如：

① if(x<100) t=0.1;
　else if(x<200) t=0.2;
　else if(x<300) t=0.3;
　else if(x<400) t=0.4;
　else t=0.5;

② if(x>400) {t=0.4; a=1.5;}
　else if(x>300) {t=0.3; a=1.2;}
　else if(x>200) {t=0.2; a=1.0;}
　else if(x>100) {t=0.1; a=0.8;}
　else {t=1.0; a=0.5;}

**注意：**

① 在 if 语句中，括号内的表达式一般为关系表达式或逻辑表达式，如果括号内的表达式为其他表达式，则无法实现选择操作。

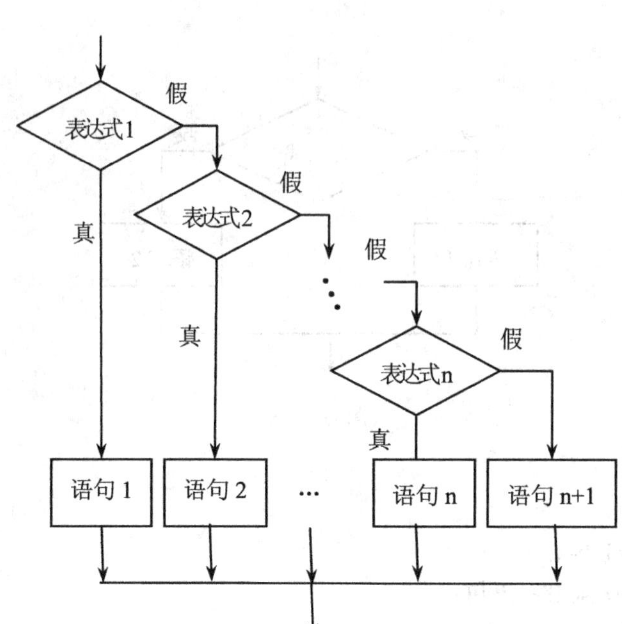


图 4-7

例如：

```
if(2) print("how are you");
```

该语句的输出结果为“how are you”，因为表达式的值为 2，按“真”处理。

如果写成：

```
if('a') print("how are you");
```

输出结果同样为“how are you”，因为表达式的值为字符'a'，仍按“真”处理。

② 在 if 语句中，每次只能执行一个语句或一个选择支，如果要执行多个语句，应当将这些语句用{ }括起来，组成一个复合语句。

③ 在 if 语句中，允许括号内存在赋值表达式。

例如：

```
if((a=b)>0) t=a;
```

表示先将变量 b 的值赋给变量 a，然后判定变量 a 的值是否大于 0。

④ if 语句在程序中相当于一个复合语句。

**例 4.5** 输入三个整数。按顺序从小到大排列。

分析：这个问题比较简单，只需要作三次比较即可，对于类似这样简单的问题，可以直接编写程序，不必事先画出流程图。

程序如下：

```
#include "stdio.h"
main ()
{
 int num1, num2, num3, temp;
 printf("Please input three numbers:");
```

```
 scanf("%d, %d,%d", &num1, &num2, &num3);
 if (num1>num2) {temp=num1; num1=num2; num2=temp;}
 if (num2>num3) {temp=num2; num2=num3; num3=temp;}
 if (num1>num3) {temp=num1; num1=num3; num3=temp;}
 printf("Three numbers after sorted: %d, %d, %d\n", num1, num2, num3);
}
```

程序运行结果如下：

Please input three numbers: 11, 22, 18↙

Three numbers after sorted: 11, 18, 22

**例 4.6**　有一函数：

$$f(x)=\begin{cases}2x-1 & (x<0)\\ 0 & (x=0)\\ x^2+1 & (x>0)\end{cases}$$

编一程序，输入一个 $x$ 值，求 $y$ 值。

分析：这是一个典型的分段函数，根据函数的自变量 $x$ 来确定函数结果。

程序如下：

```
#include "stdio.h"
main()
{
 int x,y;
 printf("please input the data x:");
 scanf("%d",&x);
 if(x<0) y=2*x-1;
 else if(x= =0) y=0;
 else y=x*x+1;
 printf("x=%d,y=%d",x,y);
 }
```

程序运行结果如下：

please input the data x:-1↙

x=-1,y=-3

上述程序也可以写成：

```
#include "stdio.h"
main()
{
 int x,y;
 printf(please input the data"x:");
 scanf("%d",&x);
```

```
if(x<0) y=2*x-1;
if(x= =0) y=0;
if(x>0) y=x*x+1;
printf("x=%d,y=%d",x,y);
}
```

**例 4.7** 输入任意三个整数 num1、num2、num3，求三个数中的最大值。

分析：首先取一个数预置为 max（最大值），然后再用 max 依次与其余的数逐个比较，如果发现有比 max 大的，就用它给 max 重新赋值，比较完所有的数后，max 的值就是最大值（流程图略）。

程序如下：

```
#include "stdio.h"
main()
{
int num1,num2,num3,max;
printf("Please input three numbers:");
scanf("%d,%d,%d",&num1,&num2,&num3);
max=num1;
if (num2>max) max=num2;
if (num3>max) max=num3;
printf("The three numbers are:%d,%d,%d\n",num1,num2,num3);
printf("max=%d\n",max);
}
```

程序运行结果如下：

```
Please input three numbers:11,22,18↙
The three numbers are:11,22,18
max=22
```

**例 4.8** 写一程序，从键盘上输入年份 year（4 位以内十进制正整数），判断其是否为闰年。

分析：符合闰年的条件是：能被 4 整除、但不能被 100 整除，或者能被 400 整除。

程序如下：

```
#include "stdio.h"
main()
{
  int year;
  printf("Please input the year:");
  scanf("%d",&year);
  if((year%4= =0&&year%100!=0)||(year%400= =0))
     printf("%d is a leap year.\n",year);
```

```
  else
    printf("%d is not a leap year.\n",year);
}
```

程序运行结果如下：

2000↙

2000 is a leap year

### 4.2.2　条件运算符与条件表达式

在 C 语言程序中，简单的 if()～else～语句可以用条件表达式语句来代替。例如有以下语句：

```
if(x>y) z=x;
else z=y;
```

可以用下面的条件表达式语句来代替：

```
z=(x>y)?x:y;
```

其中(x>y)?x:y 是一个条件表达式，？：是条件运算符。该表达式的执行过程是：如果 x>y 条件为“真”，则表达式取值 x，否则取值 y。

条件表达式的一般格式如下：

表达式 1？表达式 2：表达式 3

功能：先算表达式 1，若表达式 1 为“真”，则求解表达式 2，此时表达式 2 的值就是整个条件表达式的值。若表达式 1 为“假”，则求解表达式 3，此时表达式 3 的值就是整个条件表达式的值。

例如：

int a=3,b=4;

执行表达式 a>b?++a:++b 后，a 的值为 3,b 的值为 5。

条件运算符是一个三目运算符，要求有三个操作数；结合方式是从右到左；优先级别很低，只比赋值运算符和逗号运算符高。

例如：

① int a=3,b=4;

mmx=a>b?a+1:b+1;

则 mmx 的值为 5。

② int a=3,b=5,c=2,d=3;

mmx=a>b?a:c>d?c:d;

则 mmx 的值为 3。

**注意：**

当多个条件表达式嵌套使用时，一般采用从左到右的顺序解释求解。

例如：

```
main()
{
```

```
  int a=3,b=4,c=5;
  a>b?b>c?++b:c++:++a;
  printf("%d,%d,%d",a,b,c);
}
```

程序输出结果为：4，4，5

**例 4.9** 从键盘上输入一个字符，如果它是大写字母，则把它转换成小写字母输出；否则，直接输出。

程序如下：

```
#include "stdio.h"
main()
{
 char ch;
 printf("Input a character: ");
 scanf("%c",&ch);
 ch=(ch>='A'&&ch<='Z')?(ch+32):ch;
 printf("%c\n",ch);
}
```

程序运行结果如下：

```
Input a character:A↙
a
```

程序中条件表达式 ch=(ch>='A'&&ch<='Z')?(ch+32):ch，其中 32 是小写字母和大写字母 ASCⅡ码的差值（详细内容请参阅附录 1）。

尽管条件表达式能实现一定的选择功能，但不能完全替代一般的 if 语句，只有在 if 语句中内嵌的语句均为简单的赋值语句（即 if 语句的两个分支都为赋值语句）时才能替代。例如下面的 if 语句就无法用一个条件表达式替代。

```
if(x>y) {printf("%d,",++x);y=x+y;}
else printf("%d,",++y);
```

### 4.2.3 switch 语句

switch 语句是一个多分支选择语句，常用来处理多分支选择，其一般形式如下：

```
switch（表达式）
{
  case  常量表达式 1：语句 1；break;
  case  常量表达式 2：语句 2；break;
   ⋮
  case  常量表达式 n：语句 n；break;
  default：语句 n+1；
 }
```

功能：首先算出表达式的值；然后判断该表达式的值是否与某个 case 后面的常量表达

式的值相等，若相等，则执行此 case 后面的语句，当执行到 break 语句时，跳出 switch 语句；若该表达式的值与所有 case 后面的常量表达式的值都不相等，则执行 default 后面的语句。

**例 4.10**　按考查成绩打出分数段。

程序如下：

```
#include "stdio.h"
main()
{
 char grade;
 printf("please input the grade:");
 scanf("%c",&grade);
 switch(grade)
    {
     case 'A':printf("90～100");break;
     case 'B':printf("80～89");break;
     case 'C':printf("70～79");break;
     case 'D':printf("60～69");break;
     case 'E':printf("<60");break;
     default: printf("error\n");
    }
}
```

程序运行结果如下：

A↙

90～100

**注意：**

① switch 后面括号内的表达式一般为普通表达式，可以是 int、char 和枚举型中的一种，不应为关系表达式或逻辑表达式，如果为关系表达式或逻辑表达式，就不能实现多支选择。

② 每个 case 后面常量表达式的值，必须各不相同，否则会出现相互矛盾。同时必须使 case 后面的常量表达式类型和 switch 后面括号内表达式的类型保持一致。

③ case 后面的常量表达式仅起语句标号作用，并不进行条件判断。系统一旦找到相匹配的标号，就从此标号开始执行，不再进行标号判断，因此，必须加上 break 语句来结束 switch 语句的执行。

④ 各 case 及 default 子句出现的先后次序，不影响程序执行结果。

⑤ 多个 case 子句，可共用同一个语句。

例如：

```
        switch(grade)
        {
          case  0:  break;
          case  1: x=1.2; break;
          case  2:
```

```
        case  3:
        case  4: x=2.0; break;
        case  5:
        case  6:
        case  7:
        case  8:
        case  9: x=5.0; break;
        default: x=10.0;
    }
```

⑥ 一个switch语句在C语言程序中相当于一个复合语句。用switch语句实现的多分支结构程序，完全可以用if语句来实现。

**例 4.11** 从键盘上输入一个百分制成绩score，按下列原则输出其等级：score≥90，等级为A；80≤score<90，等级为B；70≤score<80，等级为C；60≤score<70，等级为D；score<60，等级为E。

程序如下：

```
#include "stdio.h"
main()
{
 int   score, grade;
 printf("Input a score(0～100): ");
 scanf("%d", &score);
 grade = score/10;
 switch (grade)
  {
   case 10:
   case 9: printf("grade=A\n"); break;
   case 8: printf("grade=B\n"); break;
   case 7: printf("grade=C\n"); break;
   case 6: printf("grade=D\n"); break;
   case 5:
   case 4:
   case 3:
   case 2:
   case 1:
   case 0: printf("grade=E\n"); break;
   default: printf("The   score   is   out   of   range!\n");
  }
}
```

程序运行结果如下：

Input a score(0~100):86↙

grade=B

**例 4.12** 已知某公司员工的基本工资为 500 元，其每月所接工程的总利润 $p$ 与利润提成的关系如下：

| | |
|---|---|
| $p<1000$ | 没有提成； |
| $1000\leqslant p<2000$ | 提成为总利润的 10%； |
| $2000\leqslant p<5000$ | 提成为总利润的 15%； |
| $5000\leqslant p<10000$ | 提成为总利润的 20%； |
| $p\geqslant 10000$ | 提成为总利润的 25%。 |

编程序计算该公司员工的工资（利润从键盘输入）。

程序如下：

```
#include "stdio.h"
main()
{
   int grade;
   float p,salary=500;
   printf("Input profit p: ");
   scanf("%f ", &p);
   grade=(int)(p/1000);
   switch(grade)
     { case 0:   break;
       case 1: salary=salary+p*0.1; break;
       case 2:
       case 3:
       case 4: salary=salary+p*0.15; break;
       case 5:
       case 6:
       case 7:
       case 8:
       case 9: salary=salary+p*0.2; break;
       default: salary=salary+p*0.25;
     }
  printf("salary=%.2f \n",salary);
}
```

程序运行结果如下：

Input profit p:3698.26↙

salary=1054.74

**例 4.13** 在显示器上显示一个菜单程序的模型。

程序如下：

```
include "stdio.h"
main ()
{
  char ch;
  clrscr ();
  printf("1. 输入记录\n");
  printf("2. 记录列表\n");
  printf("3. 删除记录\n");
  printf("4. 修改记录\n");
  printf("请输入选择:\n");
  ch=getchar( );
  switch(ch)
  {
   case '1: '   {printf("输入记录\n");……; break;}
   case '2':   {printf("记录列表\n");……; break;}
   case '3':   {printf("删除记录\n");……; break;}
   case '4':   {printf("修改记录\n");……; break;}
   default: printf("选择错!\n");
  }
}
```

程序运行结果如下：

```
1. 输入记录
2. 记录列表
3. 删除记录
4. 修改记录
请输入选择:1↙
输入记录
```

### 4.2.4 选择结构的嵌套

在 C 语言程序中，可以在一个选择语句中嵌套一个或多个选择语句。

**1. if 语句的嵌套**

if 语句可以实现多重嵌套，下面就是一个 if 语句的嵌套例子。

例如：

```
if(a<b)
if(c<d)x=1;
else if(a<c)
if(b<d)x=2;
else x=3;
else x=6;
```

```
        else x=7;
```

上述程序段可以写成下述形式：

```
if(a<b)
  {if(c<d)
    x=1;
   else
   {if(a<c)
   {if(b<d) x=2;
   else x=3;}
    else   x=6;}}
else x=7;
```

这是一个 if 语句的三重嵌套。假定 a=1，b=3，c=5，d=4，执行该程序段后 x 的值为 2。

一般而言，确定 if 语句的嵌套次序的方法如下：

① else 只能与其前面最近的 if 配对。

② 每个 else 只能配对一次。配对后的 if()～else～相当于一个复合语句。

**2. switch 语句的嵌套**

switch 语句也可以实现多重嵌套，看下面例子。

```
#include "stdio.h"
main()
{
 int x=1,y=0;
 switch(x)
 {case 1:
      switch(y)
      {case 0: printf("**1**\n");break;
       case 1: printf("**2**\n");break;
       }
 case 2: printf("**3**\n"); }
}
```

该程序运行结果如下：

```
**1**
**3**
```

上面的程序就是一个 switch 语句嵌套，还可以写成下面的形式。

```
#include "stdio.h"
main()
{int x=1,y=0;
 switch(x)
 {case 1:{switch(y)
                {case 0: printf("**1**\n");break;
```

```
                case 1: printf("**2**\n");break;}
            }
    case 2: printf("**3**\n"); }
  }
```

当然，也可以在 if 语句和 switch 语句之间实现相互嵌套，即在 if 语句中嵌套 switch 语句，或在 switch 语句中嵌套 if 语句。

### 4.2.5 应用实例

**例 4.14** 求一元二次方程 $ax^2+bx+c=0$ 的根。

分析：求解上述方程的根有以下几种可能：

① $a=b=0$ 方程不成立。

② $a=0,b\neq0$ 为一次方程，根 $x=-c/b$。

③ $a\neq0$，

如果 $b^2-4ac>0$，方程有两个不等实根。

如果 $b^2-4ac=0$，方程有两个相等实根。

如果 $b^2-4ac<0$，方程有两个共轭虚根。

程序如下：

```
#include "stdio.h"
#include "math.h"
main()
{
 float a,b,c,x1,x2,delta,rel,ima;
 printf("Input the a,b,c:");
 scanf("%f,%f,%f",&a,&b,&c);
 if(fabs(a)<=1e-6&&fabs(b)<=1e-6)
    printf("the equation is not exist!\n");
 if(fabs(a)<=1e-6&&fabs(b)>1e-6)
   { printf("this is a simple equation!");
     x1=-c/b;
     printf("the simple equation root:x=%8.4f\n",x1);
   }
if(fabs(a)>1e-6)
   { printf("this is a quadratic equation! ");
     delta=b*b-4.0*a*c;
     if(delta>1e-6)
          {printf("has two real roots:\n");
           x1=(-b+sqrt(delta))/(2.0*a);
           x2=(-b-sqrt(delta))/(2.0*a);
           printf("x1=%8.4f,    x2=%8.4f ",x1,x2);
          }
```

```
    if(fabs(delta)<=1e-6)
            {printf("has two equal real roots:\n");
             x1=x2=(-b)/(2.0*a);
             printf("x1=%8.4f,    x2=%8.4f ",x1,x2);
            }
    if(delta<-1e-6)
            {printf("has two complex roots:\n");
             rel=(-b)/(2.0*a);
             ima=sqrt(-delta)/(2.0*a);
             printf("x1=%8.4f+%8.4fi，  ",rel,ima);
             printf("x2=%8.4f-%8.4fi",rel,ima);
             }
  }
}
```

程序运行结果如下：（▮表示空格）

Input the a,b,c: 1,2,1↙

this is a quadratic equation! has two equal real roots:

x1=▮-1.0000,  x2=▮-1.0000

**例 4.15** 在某商场购物时，当顾客消费到一定费用时，便进行整体打折处理。

假设消费量:$s \geqslant 100$ 元时，  打 95 折，

$s \geqslant 300$ 元时，  打 90 折，

$s \geqslant 500$ 元时，  打 80 折，

$s \geqslant 1000$ 元时，打 75 折，

$s \geqslant 3000$ 元时，打 70 折。

编一个程序，实现上述实际费用计算处理。

分析：假定实际消费额为 $s$，应付费用为 $y$，那么对应关系可以写成：

$100>s$,  $y=s$;

$300>s\geqslant 100$，  $y=0.95s$;

$500>s\geqslant 300$，  $y=0.9s$;

$1000>s\geqslant 500$，  $y=0.8s$;

$3000>s\geqslant 1000$，$y=0.75s$;

$s\geqslant 3000$，$y=0.7s$；

程序如下：

```
#include "stdio.h"
main()
{
 float s,y;
 printf("please input the first sale:");
 scanf("%f ",&s);
```

```
 if(s<100) y=s;
 else if(s<300) y=0.95*s;
 else if(s<500) y=0.9*s;
 else if(s<1000) y=0.8*s;
 else if(s<3000) y=0.75*s;
 else y=0.7*s;
 printf("the proceeds of sale is: %8.2f￥\n",y);
}
```

程序运行结果如下：(∎表示空格)

please input the first sale:150.0↙

the proceeds of sale is: ∎∎142.50￥

**例 4.16** 计算税款。设当月收入超过 800 元，超过的部分按 3%交税，当月收入超过 1200 元，超过的部分按 5%交税，当月收入超过 2000 元，超过的部分按 8%交税，当月收入超过 3000 元，超过的部分按 10%交税，当月收入超过 5000 元，超过的部分按 20%交税。输入月收入 $x$，计算应交税款 $y$。

分析：根据本题意图，可以得出 $x$ 与 $y$ 的对应关系如下：

$x \leqslant 800$, $y=x$;

$800 < x \leqslant 1200$, $y=(x-800)\times 3\%$

$1200 < x \leqslant 2000$, $y=(x-1200)\times 5\%+(1200-800)\times 3\%$;

$2000 < x \leqslant 3000$, $y=(x-2000)\times 8\%+(2000-1200)\times 5\%+(1200-800)\times 3\%$;

$3000 < x \leqslant 5000$, $y=(x-3000)\times 10\%+(3000-2000)\times 8\%+(2000-1200)\times 5\%+(1200-800)\times 3\%$;

$5000 < x$, $y=(x-5000)\times 20\%+(5000-3000)\times 10\%+(3000-2000)\times 8\%+(2000-1200)\times 5\%+(1200-800)\times 3\%$;

程序如下：

```
#include "stdio.h"
main()
{
 float x,y,y1,y2,y3,y4,y5;
 printf("please input the income:");
 scanf("%f ",&x);
 y1=(1200-800)*0.03;
 y2=(2000-1200)*0.05+y1;
 y3=(3000-2000)*0.08+y2;
 y4=(5000-3000)*0.1+y3;
 if(x<=800) y=0;
 else if(x<=1200) y=(x-800)*0.03;
 else if(x<=2000) y=(x-1200)*0.05+y1;
 else if(x<=3000) y=(x-2000)*0.08+y2;
 else if(x<=5000) y=(x-3000)*0.1+y3;
```

```
 else y=(x-5000)*0.2+y4;
 printf("the tax is:%8.2f \n",y);
}
```

程序运行结果如下：(∎表示空格)

please input the income:2800↙

the tax is: ∎∎116.00

此例题也可以采用 switch 语句来编写程序。

## 4.3　循环结构程序设计

循环操作是指重复执行一组指令或一个程序段。一般而言，在程序中存在两种循环：即无条件的循环和有条件的循环。无条件的循环是无休止地执行一组指令或一个程序段，有条件的循环是在满足一定的条件下重复执行一组指令或一个程序段。

在编写计算机应用程序时，经常会碰到循环类型的问题，循环结构作为 C 语言程序的三大结构之一，在程序中起着重要的作用。

### 4.3.1　goto 语句

C 语言程序允许使用 goto 语句来实现无条件转移。goto 语句的一般形式为：

goto　语句标号；

功能：跳转到语句标号所在处执行程序。

语句标号是 C 语言的标识符，由数字、字母、下画线构成，开头不能为数字，不能与关键字同名，最长不得超过 31 个字符。语句标号只起一个标识作用，无其他含义。

例如：

```
goto loop1;
```

**注意：**

goto　语句是一个无条件转移语句，通常与 if 语句合在一起使用，实现有条件的转移。

**例 4.17**　求 1+2+3+…+100 的和。

程序如下：

```
#include "stdio.h"
main()
{
  int i=1,sum=0;
  loop1:sum=sum+i;
  i++;
  if(i<=100) goto loop1;
  printf("%d",sum);
```

}

程序运行结果如下：

5050

**注意：**

程序中如果没有 if(i<=100)，将出现死循环。

goto 语句不仅可以实现循环，还可以提前结束程序的运行。

例如：

```
#include "stdio.h"
#include "conio.h"
main ()
{
    int a,b;
        ⋮
if(a>b)goto loop1;
    loop1:;
  }
```

## 4.3.2 while 语句

while 语句是一种“当型”循环语句，常用来实现“当型”循环结构。

While 语句的一般使用形式为：

while(表达式)

{循环体}

功能：

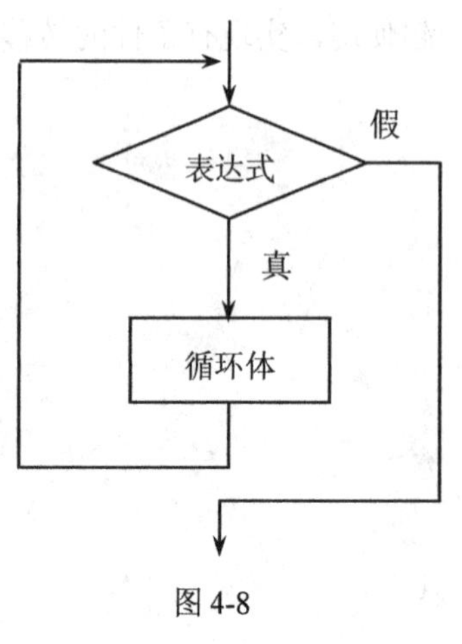

图 4-8

① 计算表达式的值，判断表达式的真假关系.

② 如果表达式的值为“假”，不执行循环体，中止循环，直接执行第③步操作；如果表达式的值为“真”，执行循环体，重复第①步操作。

③ 执行循环体下面的其他语句。

流程如图 4-8 所示。

**例 4.18** 求 1+2+3+…+100 的和。

程序如下：

```
#include "stdio.h"
main ()
{
 int i=1,sum=0;
```

```
 while(i<=100)
    {
     sum=sum+i;
     i++;
    }
 printf("%d",sum);
}
```

程序运行结果如下：

5050

**注意：**

① while 后面的表达式一般为关系表达式或逻辑表达式，也可以为其他表达式，如果为其他表达式，则不能进行完全的真假判定，有可能出现死循环或者不循环。

例如：

```
while(i=100) {sum=sum+i;i++;}
```

是一个死循环，因为表达式 i=100 的值永远为真，循环无法中止。

例如：

```
while(i=0) {sum=sum+i;i++;}
```

不循环，因为表达式 i=0 的值永远为假，不可能执行循环体部分。

② 如果循环体是由多条语句构成的，应用{}将循环体括起来，组合成一个复合语句；如果循环体是一个空语句时，则不执行任何具体操作。

例如：

```
while(i<=100) sum=sum+i;i++;
```

死循环，语句 i++;不是循环体中的一部分，不参与循环。

③ 循环体中应有能改变 while 后面表达式值的语句存在，否则将会出现死循环。即如果 while 后面的表达式的值是一个永远不变的值，将会出现死循环。

例如：

```
int i=0;
while(i<=100) sum=sum+i;
```

死循环，在循环体中，i 的值永远不变，表达式 i<=100 永远为真，循环无法中止。

④ 在 C 语言程序中，可以将一个 while 循环结构看成一个复合语句。

**例 4.19** 编写程序求 1！+2！+3！+…+20！的值。

分析：$n!=(n-1)!\times n$，先求出 1!求和，然后计算 2!=1！×2 求和，依此类推，最终求出整个式子的值。

程序如下：

```
#include "stdio.h"
main()
{
 float sum=0.0,j=1.0;
 int i=1;
```

```
 while(i<=20)
    {
     j=j*i;
     sum=sum+j;
     i++;
    }
 printf("%e",sum);
}
```

程序运行结果如下：

2.56133e+18

**例 4.20** 输入两个正整数 *m* 和 *n*，求其最大公约数和最小公倍数。

分析：通常用辗转相除法来求最大公约数和最小公倍数。例如，27 和 6，先用 27 除以 6，余数为 3。由于余数不等于 0，再将 6 作为被除数，3 作为除数，再求余数，得到余数为 0。此时余数为 0，除数 3 就是最大公约数。两数之乘积除以其最大公约数就得到最小公倍数。

程序如下：

```
#include "stdio.h"
main()
{
 int m,n,p,r,temp;
 printf("please input the two number:");
 scanf("%d,%d",&m,&n);
 p=m*n;
 if(n<m){temp=n;n=m;m=temp;}
 while(m!=0)
   { r=n%m;
     n=m;
     m=r;
   }
 printf("the greatest commom divisor is:%d\n",n);
 printf("the lowest commom multiple is:%d\n",p/n);
}
```

程序运行结果如下：

```
please input the two number:12，8↙
the greatest commom divisor is:4
the lowest commom multiple is:24
```

### 4.3.3 do～while 语句

do～while 语句是一种“直到型”循环语句，常用来实现“直到型”循环结构。

do～while 语句的一般使用形式为：

```
do
{循环体}
while(表达式);
```

功能：

① 执行一次循环体。

② 计算表达式的值，判定其真假关系，如果表达式的值为“真”，则重复第①步的操作；如果表达式的值为“假”，则终止循环，执行循环体后面的语句。

流程如图 4-9 所示。

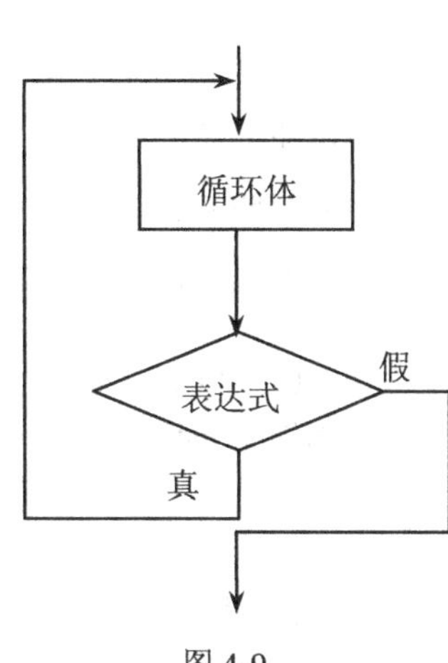


图 4-9

从其流程中可以看出 do～while 语句是先循环，后判定，即使表达式的值为“假”，循环体也至少被执行了一次。这一点恰好与 while 语句相反。

**注意：**

do～while 语句在使用时的基本要求与 while 语句的使用基本要求一样。

**例 4.21** 求 1+2+3+…+100 的和。

程序如下：

```
#include "stdio.h"
main()
{
 int i=1,sum=0;
 do
   {
     sum=sum+i;
     i++;
   }
 while(i<=100);
 printf("%d",sum);
}
```

程序运行结果如下：

5050

**例 4.22** 编写程序求 1！+2！+3！+…+20！的值。

程序如下：

```
#include "stdio.h"
main()
```

```
{
 float sum=0.0,j=1.0;
 int i=1;
 do
   {
    j=j*i;
    sum=sum+j;
    i++;
   }
 while(i<=20);
 printf("%e",sum);
}
```

程序运行结果如下：

2.56133e+18

### 4.3.4 for 语句

在 C 语言程序中，for 语句是一种多功能循环语句，使用时十分方便、灵活，不仅可以用于循环次数已经确定的情况，也可以用于循环次数不确定而只给出循环结束条件的情况。for 语句的一般使用形式为：

for（表达式 1；表达式 2；表达式 3）
  {循环体}

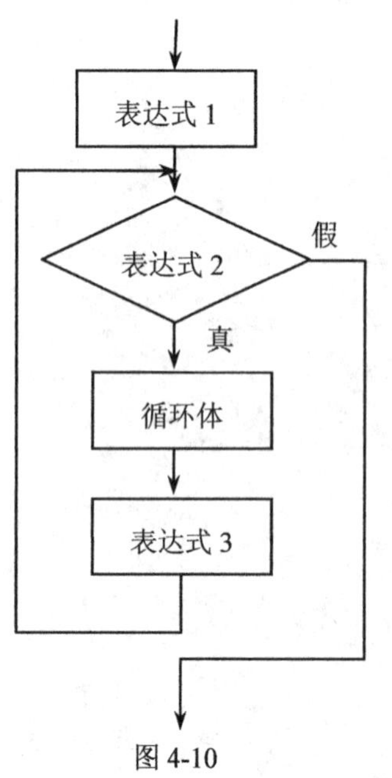

图 4-10

功能：

① 先求解表达式 1。

② 再求解表达式 2，判定其真假关系，若表达式 2 的值为"假"，则不执行循环体，直接执行第③步操作，若表达式 2 的值为"真"，则执行循环体，再求解表达式 3，重复执行第②步操作。

③ 执行循环体后面的其他语句。

流程如图 4-10 所示。

**例 4.23** 求 1+2+3+…+100 的和。

程序如下：

```
#include "stdio.h"
main()
{
  int i,sum;
  for(i=1,sum=0;i<=100;i++)
  sum=sum+i;
  printf("%d",sum);
```

```
}
```

程序运行结果如下：

5050

从上述程序中可以看出：使用 for 语句比使用 while 语句和 do～while 语句要简单、方便。

**注意：**

① 一般而言，for 语句中的表达式 2 应为关系表达式或逻辑表达式，表达式 1 与表达式 3 可以为其他表达式。如果表达式 2 为其他表达式，则可能出现死循环或不循环。

② 表达式 1 不参与循环，一般用于给参与循环的变量赋初值，表达式 3 要参与循环。

③ for 语句中，括号内的表达式可以省略，但其后面的分号不能省略。如果要省略表达式 1，则应在 for 语句前面先给参与循环的变量赋初值。

例如：

```
int i=0,sum=0;
for(;i<=100;i++) sum=sum+i;
```

与

```
int I,sum;
for(i=0,sum=0;i<=100;i++) sum=sum+i;
```

完全等价。

④ 表达式 3 也可以省略，如果要省略表达式 3，则应该在循环体内设置相应的语句来替代表达式 3，以保证循环的正常执行。

例如：

```
int i,sum;
for(i=0,sum=0;i<=100;i++) sum=sum+i;
```

与

```
int i,sum=0;
for(i=0,sum=0;i<=100;){sum=sum+i;i++;}
```

完全等价。

⑤ 可以同时省略表达式 1 和表达式 3。表达式 2 不能省略，如果直接省略表达式 2 将会出现死循环。

⑥ 如果循环体是由多条语句构成的，则应用{}将循环体括起来，组合成一个复合语句。

⑦ 循环体或表达式 3 应该有改变表达式 2 的值的可能性，否则将会出现死循环。即：如果表达式 2 的值是一个永远不可能发生改变的固定值，将会出现死循环。

例如：

```
for(i=0,sum=0;i<=100;i=2) sum=sum+i;
```

是死循环。

**例 4.24**　用泰勒公式求 e 的近似值，直到最后一项小于 $10^{-6}$ 为止。

$$e=1+\frac{1}{1!}+\frac{1}{2!}+\cdots+\frac{1}{n!}$$

程序如下：

```
#include "stdio.h"
#include "math.h"
main()
{
 float j,sum=1;
 int n;
 for(n=1,j=1.0;fabs(1/j)>=1e-6;n++)
  {
    j=j*n;
    sum=sum+1/j;
  }
 printf("e=%f",sum);
}
```

程序运行结果如下：

e=2.718282

**例 4.25** 有一分数列$\frac{2}{1},\frac{3}{2},\frac{5}{3},\frac{8}{5},\frac{13}{8},\frac{21}{13}$，…，求出前 20 项之和。

程序如下：

```
#include "Stdio.h"
main()
{
 float sum=0,m,n;
 int i=1;
 for(m=2.0,n=1.0;i<=20;i++)
   {
     sum=sum+m/n;
     m=m+n;
     n=m-n;
   }
 printf("sum=%f\n",sum);
}
```

程序运行结果如下：

sum=32.660259

### 4.3.5 循环结构的嵌套

C 语言程序允许各种循环之间相互嵌套。嵌套时，必须是一个循环完整地包含在另一个

循环之内。在编写C语言应用程序时，经常会碰到多重循环嵌套的问题。下面是几种常用的循环嵌套形式。

```
① while()
   {…
    while()
     {…}
     …
    }
```

```
② while()
   {…
    for()
     {…}
     …
    }
```

```
③ for()
   {
    …
    while()
     {…}
    …
    }
```

```
④ for()
   {
    …
    for()
     {…}
    …
    }
```

```
⑤ while()
   {
    …
    do
    {…}
    while();
    …
    }
```

```
⑥ for()
   {
    …
    do
    {…}
    while();
     …
    }
```

```
⑦ do
    {…
    while()
     {…}
     …
    } while();
```

```
⑧ do
   {…
    for()
     {…}
     …
   } while();
```

**例 4.26**　编写一个应用程序，求出200～300满足以下条件的所有数。

条件：各数字之和为12，各数字之积为42。

分析：假定这个数的百位、十位、个位分别为 $x$、$y$、$z$，则必须有：

① $x+y+z=12$　　　② $x*y*z=42$

本题用穷举法来计算。

程序如下：

```
#include "stdio.h"
main()
```

```
{
 int x,y,z;
 printf("the number is:");
 for(x=2,y=1;y<=9;y++)
     for(z=1;z<=9;z++)
         if(x+y+z= =12&&x*y*z= =42)
             printf("%6d",x*100+y*10+z);
}
```

程序运行结果如下：(▮表示空格)

the number is: ▮▮▮237▮▮▮273

**例 4.27** 打印出所有的“水仙花数”。所谓“水仙花数”是指一个三位数，其各位数字的立方和等于该数字本身，如 $xyz=x^3+y^3+z^3$ 。

本题用穷举法来计算。

程序如下：

```
#include "stdio.h"
main()
{
 int x,y,z;
 printf("the number is:");
 for(x=1;x<=9;x++)
  for(y=0;y<=9;y++)
   for(z=0;z<=9;z++)
      if(x*100+y*10+z= =x*x*x+y*y*y+z*z*z)
         printf("%5d",x*100+y*10+z);
}
```

程序运行结果如下：(▮表示空格)

the number is: ▮▮153▮▮370▮▮371▮▮407

### 4.3.6 break 语句和 continue 语句

**1. break 语句**

前面已经讲述了用 break 语句来跳出 switch 结构，另外，还可以用 break 语句来结束循环。

break 语句的一般使用形式为：

break;

功能：结束当前的循环。即当一个循环体中的 break 语句被执行时，循环体立即中断执行，并转向循环体外的下一条语句执行。

流程如图 4-11 所示。

**注意：**

① break 语句在循环体内不能单独使用，必须与 if 语句一起合用。

② 在 goto 语句和 if 语句构成的循环当中，不能使用 break 语句。

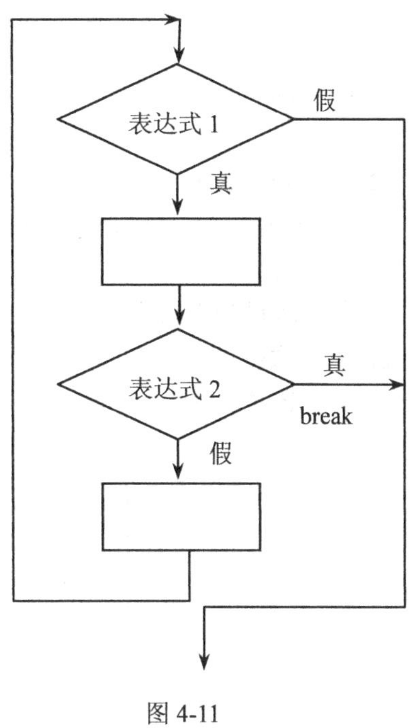

图 4-11

**例 4.28**　用泰勒公式求 e 的近似值，直到最后一项小于 $10^{-6}$ 为止。

$$e=1+\frac{1}{1!}+\frac{1}{2!}+\cdots+\frac{1}{n!}$$

程序如下：

```
#include "stdio.h"
#include "math.h"
main()
{
 float j,n,sum=1;
 for(n=1.0,j=1.0;;n++)
  {
   j=j*n;
   sum=sum+1/j;
   if(fabs(1/j)<1e-6) break;
  }
 printf("e=%f",sum);
}
```

程序运行结果如下：

e=2.718282

**例 4.29**　求 1+2+3+…+100 的和。

程序如下：

```
#include "stdio.h"
main()
{
 int i=1,sum=0;
 while(1)
  {
    sum=sum+i;
    i++;
    if(i>100) break;
  }
 printf("%sum=%d",sum);
```

```
}
```

程序运行结果如下：

sum=5050

**2. continue 语句**

continue 语句是一个能使循环加速的语句，其一般使用形式为：

continue;

功能：跳过尚未执行的语句，提前结束本次循环，进行下一次循环条件的判定，决定是否执行下一次循环。

流程如图 4-12 所示。

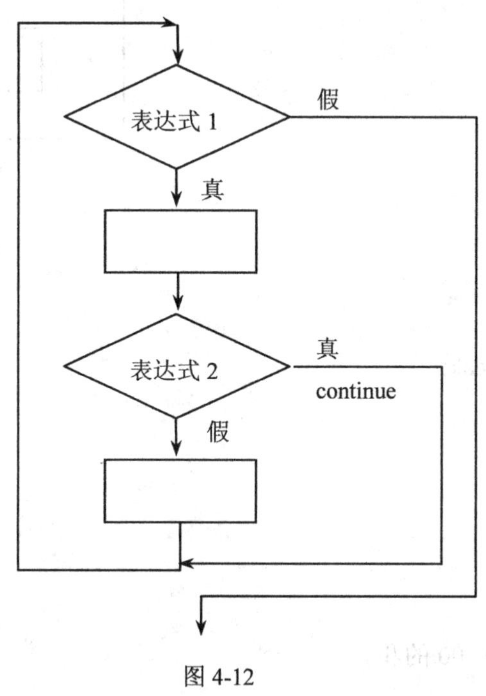


图 4-12

**注意：**

① continue 语句在循环体内不能单独使用，必须与 if 语句一起合用。

② 在 goto 语句和 if 语句构成的循环当中，不能使用 continue 语句。

**例 4.30** 从 100 到 200 之间输出不能被 3 整除的数。

程序如下：

```
#include "stdio.h"
main()
{
 int n;
 for(n=100;n<=200;n++)
```

```
  {
    if(n%3= =0) continue;
    printf("%5d",n);
  }
}
```

程序运行结果如下：

```
100  101  103  104  106  107  109  110  112  113  115  116  118  119  121  122
124  125  127  128  130  131  133  134  136  137  139  140  142  143  145  146
148  149  151  152  154  155  157  158  160  161  163  164  166  167  169  170
172  173  175  176  178  179  181  182  184  185  187  188  190  191  193  194
196  197  199  200
```

**例 4.31** 编写程序求 1！+3！+5！+…+19！的值。

程序如下：

```
#include "Stdio.h"
main()
{
  float sum,j;
  int i;
  for(i=1,j=1,sum=0;i<20;i++)
   {
    j=j*i;
    if(i%2= =0) continue;
    sum=sum+j;
   }
  printf("sum= %e",sum);
}
```

程序运行结果如下：

```
sum=1.22002e+17
```

### 4.3.7 应用实例

**例 4.32** 用公式求 π 的近似值，直到最后一项的绝对值小于 $10^{-6}$ 为止。

$$\pi/4 \approx 1-\frac{1}{3}+\frac{1}{5}-\frac{1}{7}+\cdots$$

程序如下：

```
#include "stdio.h"
#include "math.h"
main()
```

```
{
 int s;
 float n,t,pi;
 t=1;pi=0;n=1;s=1;
 while(fabs(t)>=1e-6)
   {
     pi=pi+t;
     n=n+2;
     s=-s;
     t=s/n;
   }
 pi=pi*4;
 printf("pi=%f",pi);
}
```

程序运行结果如下：

pi=3.141594

**例 4.33** 公元 5 世纪，我国古代数学家张丘建在《算经》中提出以下问题：鸡翁一值钱五，鸡母一值钱三，鸡雏三值钱一。凡百钱买百鸡，问鸡翁、鸡母、鸡雏各几何？编程求解。

分析：假定公鸡 $x$ 只，母鸡 $y$ 只，小鸡 $z$ 只，则有下面的对应关系：

① $x+y+z=100$　　② $5\times x+3\times y+z/3=100$

本题用穷举法来计算。

程序如下：

```
#include "stdio.h"
main()
{
  int x,y,z;
  for(x=1;x<=100;x++)
    for(y=1;y<=100;y++)
      for(z=1;z<=100;z++)
        if(x+y+z= =100&&5*x+3*y+z/3.0= =100)
          printf("the cock is:%d,the hen is:%d,the chick is:%d\n",x,y,z);
}
```

程序运行结果如下：

the cock is:4,the hen is:18,the chick is:78

the cock is:8,the hen is:11,the chick is:81

the cock is:12,the hen is:4,the chick is:84

**例 4.34** 有一对兔子，从出生后第 3 个月起每个月都生一对兔子。小兔子长到第 3 个月后每个月又生一对兔子。假设所有的兔子都不死，问前 24 个月中每个月的兔子总数为多少？

编写程序求解。

分析：这是一个 Fibonacci 数列，这个数列有如下特征：第 1，2 两个数为 1，1，从第 3 个数开始，该数是前两个数之和。

程序如下：

```
#include "stdio.h"
main()
{
  long int f1=1,f2=1;
  int i;
  for(i=1;i<=12;i++)
    {
      printf("%12ld,%12ld",f1,f2);
      if(i%3= =0) printf("\n");
      f1=f1+f2;
      f2=f2+f1;
    }
}
```

程序运行结果如下：

```
          1          1          2          3          5          8
         13         21         34         55         89        144
        233        377        610        987       1597       2584
       4181       6765      10946      17711      28657      46368
```

**例 4.35** 猴子吃桃问题。猴子第一天摘下若干个桃子，当即吃了一半，还不过瘾，又多吃了一个。第二天早上又将剩下的桃子吃了一半，又多吃了一个。以后每天早上都吃了前一天剩下的一半零一个。直到第 10 天早上想再吃时，只剩下一个桃子了。求第一天一共摘了多少个桃子？

分析：前一天桃子数是后一天桃子数的 2 倍加 2 个。

程序如下：

```
#include "stdio.h"
main()
{
 int x,i;
 for(x=1,i=9;i>=1;i--) x=2*(x+1);
 printf("%d",x);
}
```

程序运行结果如下：

1534

**例 4.36** 用牛顿迭代法求方程 $x^5\ 3x^3+7x^2+8=0$ 在 $x$=−2.0 附近的根（直到迭代步长小于

$10^{-6}$时止）。

牛顿迭代法求方程实际就是数值极限方法求解方程。

程序如下：

```
#include "stdio.h"
#include "math.h"
main()
{
   float x,x0,y,y0;
   for(x=-2.0;fabs(x-x0)>=1e-6;)
       {
         x0=x;
         y0=pow(x,5)-3.0*pow(x,3)+7.0*x*x+8;
         y=5.0*pow(x,4)-9.0*x*x+14.0*x;
         x=x0-y0/y;
       }
   printf("%f",x);
}
```

程序运行结果如下：

−2.509206

# 第5章　函　数

## 5.1　函数与模块化程序设计

### 5.1.1　函数与程序模块

人们在求解一个复杂的问题时，通常采用的是逐步分解、分别解决的方法，将一个大问题分解成若干个比较容易求解的小问题，然后分别解决。同样，程序员在设计一个比较复杂的应用程序时，一般采用的方法是将整个程序分解成若干个功能较为单一的、相对独立的程序模块分别实现，然后再将所有的程序模块像搭积木一样装配起来，形成一个完整的程序，这种在程序设计中分而治之的策略称为模块化程序设计方法。

结构化程序设计的方法存在许多优点，主要体现在程序编制方便，易于修改和调试，可由多人共同参与完成，缩短程序的设计时间，并能实现程序模块的标准化、规范化。

在C语言中，函数是程序的基本组成单位，程序设计人员可以很方便地用函数作为程序模块来实现程序的模块化，一个函数就是一个模块，独立完成一项功能。由不同模块构成的程序结构图如图5-1所示。

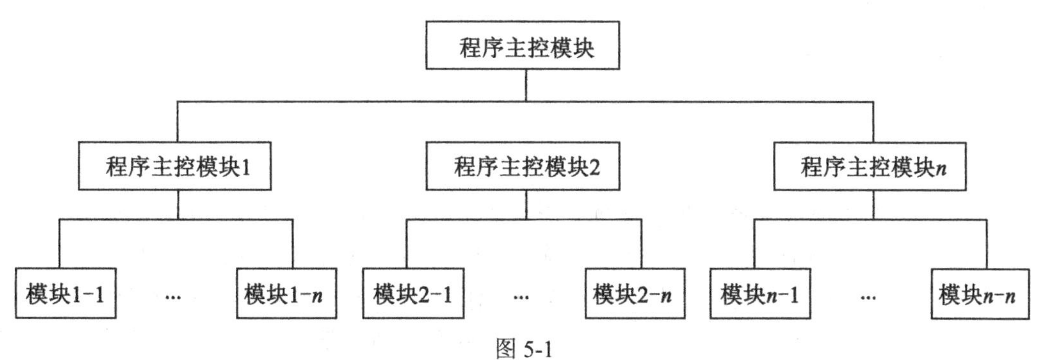


图5-1

下面以求两个整数的最大值为例，使用普通的程序设计方法和使用结构化程序设计方法分别编程如下。

**例5.1**　求两个整数的最大值。

程序一：采用普通的程序设计方法

程序如下：

```
#include "stdio.h"
main()
{
```

```
    int a,b,max;
    printf("输入两个整数：");
    scanf("%d,%d",&a,&b);
    if(a>b)
        max=a;
    else max=b;
    printf("max=%d\n",max);
}
```

程序二：（采用结构化程序设计方法）

程序如下：

```
#include "stdio.h"
int fmax(int x,int y)
{
    int z;
    if(x>y) z=x;
    else   z=y;
    return   z;
}

main()
{
    int a,b,max;
    printf("输入两个整数：");
    scanf("%d%d",&a,&b);
    max=fmax(a,b);
    printf("max=%d\n",max);
}
```

上述两个程序都可以求出两个整数的最大值，程序一仅使用了一个函数，将输入两个整数、求最大值以及输出最大值这三件事一起完成。程序二使用了两个函数，将这三件事分别完成，例如在 fmax()函数里完成求最大值的工作，在 main()函数里完成数据的输入输出工作，这样无论是在 main()函数中还是在 fmax()函数中问题都被简化了，函数的复杂度也降低了，这种结构化程序设计方法在编写相对比较复杂的程序时是非常有效的。

### 5.1.2　程序模块设计一般原则

正确使用模块化程序设计方法可以将复杂的程序简单化，提高程序的编写速度，提高程序的可读性、可维护性和扩充性。如果在程序设计时只是简单地将问题分解，不注重模块之间的通用性和相互关系，反而会将程序变得更加复杂，因此，在模块化程序设计时应注重以下几个原则。

（1）模块相对独立。

一个模块往往要求完成一个单独的功能，并与其他模块尽量保持一定的独立性，当修改这个模块时，不会引起整个程序的混乱。同时，在模块内部，尽量将数据局部化，便于保证数据在不同模块之间的正常传递。

（2）模块之间关系尽量简单。

模块之间关系要尽量简单，且不互相干扰，做到模块之间只有在相互调用时才发生数据传递。除此之外，相互之间不直接发生联系。

（3）模块规模大小要适中。

程序模块不宜过大，也不要过于复杂，大小要适中。模块过大，容易造成程序功能紊乱，可读性差，不好理解。模块过小，容易造成程序结构复杂，数据传递容易出错。

（4）模块尽量保持通用性。

模块应尽量规范，保持一定的通用性，这样便于对模块进行修改和维护，快速实现对程序的扩充。

## 5.2 函数的概述

### 5.2.1 函数的分类和定义

任何函数（包括主函数 main 函数）都是由函数说明部分和函数体两部分组成的。从函数的形式上，可以将函数分为无参函数和有参函数两类。

**1. 无参函数**

定义的一般形式：

```
函数类型说明符  函数名（）
{
  函数体
}
```

**例 5.2** 定义一个无参函数。

```
printstar()
  { printf("**********\n");}
```

**2. 有参函数**

定义的一般形式：

```
函数类型说明符  函数名（形参表列）
{
   函数体
}
```

其中，形参表列的形式为：数据类型 1　形式参数 1，[数据类型 2　形式参数 2，…]

**例 5.3** 定义一个有参函数。

```
int sum(int x ,int y)
 {
   int z;
  z=x+y;
  return z;
```

}

其中，x，y 是 sum 函数的形式参数。

说明：

① C 语言规定：函数不允许嵌套定义。在 C 语言中，所有的函数（包括主函数 main 函数）都是平行的、相对独立的。一个函数的定义可以放在程序中的任何一个位置，可以在主函数 main 函数之前或之后，但在一个函数的函数体内，不能再定义另外一个函数。

② 函数的类型是指函数返回值的类型，可以是整型、实型、字符型、指针类型等数据类型，如果函数没有返回值，则函数类型为 void。

③ 函数名必须符合标识符的命名规则，函数名不能与变量名重名，也不能与关键字同名。

④ 函数体包含两部分：语句声明部分和执行语句部分。

⑤ 空函数——既无参数，又无函数体，其一般形式为：

函数类型说明符　函数名（）

{ }

空函数表示什么也不做，没有实际作用。编程时如果程序比较复杂，自定义函数较多，可以使用空函数暂时代替尚未编写好的函数，不影响整个程序的调试。程序调试通过以后，编程人员可以在适当的时候用能完成相应功能的其他自定义函数替换空函数。

### 5.2.2　标准库函数

C 语言标准库函数是指由 C 编译系统直接定义的、能直接被调用的函数。例如 printf() 函数、scanf() 函数等。Turbo C2.0 提供了 400 多个标准库函数，每个标准库函数都完成一定的功能，可由用户随意调用。这些函数主要分为输入、输出函数、数学函数、字符串和内存函数、与 BIOS 和 DOS 相关的函数、字符屏幕和图形功能函数、过程控制函数、目录函数等。一般情况下，库函数的定义和说明都包含在相应的头文件<*.h>中，例如标准输入输出函数包含在 stdio.h 中，因此，使用标准库函数时必须在程序的开头用#include 将其相应头文件包含进来。这些库函数在编程时可被方便地调用而不需要再去编辑它们，连接时编译系统将自动从相应的库中装配成所需程序。

### 5.2.3　函数的调用

函数在被定义后，不能直接运行，只有该函数被调用时才能执行该函数的功能，否则，该函数在程序中只是一段静态的代码，不起任何作用。

函数调用过程比较复杂，例 5.4 中执行了函数的调用过程。

**例 5.4**　求三个整数的最大值。

程序如下：

```
#include "stdio.h"
int maxnum(int x, int y, int z);
main()
{
   int i,j,k,max;
   printf("i,j,k=?\n");
```

```
  scanf("%d%d%d",&i,&j,&k);
  max=maxnum(i,j,k);
  printf("The maxnum value of the 3 data is %d.\n",max);
}

int maxnum(int x,int y,int z)
{
  int max;
  max=x>y?x:y;
  max=max>z?max:z;
  return  max;
}
```

程序运行结果如下：

```
i,j,k=?
1 2 3↙
The maxnum value of the 3 data is 3.
```

上述程序中定义了两个函数：主函数 main()和自定义函数 maxnum()，程序运行流程如图 5-2 所示。可以看出：在 main()函数中分别调用了 scanf()函数、maxnum()函数和 printf()函数，因此，main()函数称为主调函数，其他三个函数称为被调函数。

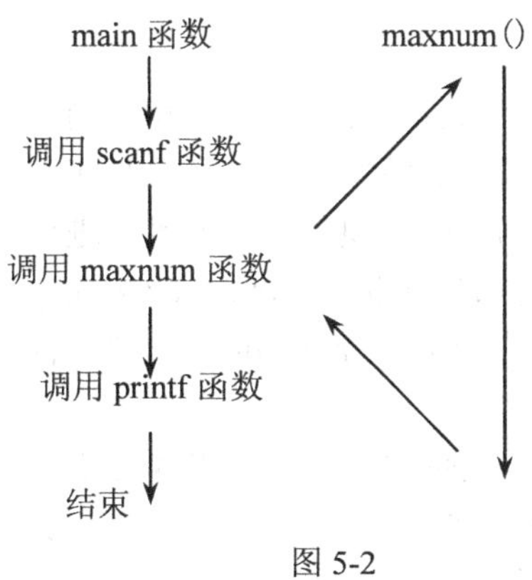


图 5-2

**1. 函数调用的一般形式**

C 语言中，函数的一般调用形式如下：

函数名（实参表列）

其中实参表列的形式为：实际参数 1，[实际参数 2，…]

例如：

```
max=maxnum(i,j,k);
```

其中，maxnum(i,j,k)是函数调用。

**注意：**

① 实参可以是常量或变量，也可以是各种表达式。

② 实际参数的个数和类型应该与函数定义时的形式参数的个数和类型一致，并一一对应。

例如：

max=maxnum(i,j,k);

③ 调用无参函数时，不能有实参表列。

**2. 函数调用的具体方式**

（1）函数语句。

函数语句就是在主调函数中把被调函数作为一条语句来执行。其一般形式为：

函数名（实际参数表）;

这种方式常用于调用一个可以忽略返回值或没有返回值的函数。如程序中常用到的scanf()函数和printf()函数。

（2）函数表达式。

被调函数出现在主调函数的某个表达式中，这种表达式称为函数表达式。其一般形式为：

变量名=函数表达式;

这种方式主要用于调用带返回值的函数，函数的返回值将参加表达式的运算。如程序中的max=maxnum(i,j,k);

（3）函数实参。

被调函数在主调函数中作为另一个函数调用的实参出现，这种方式是把该函数的返回值作为实参进行传送，因此，要求该被调函数必须有返回值。如：max=fmax(a,fmax(b,c));

### 5.2.4 函数的说明

同普通变量一样，函数调用也应遵循“先说明后使用”的原则。C语言规定：函数在被调用之前必须对该函数进行定义或说明。函数的定义可以写在程序中的任何位置，如果被调函数定义在主调函数之后，在主调函数中必须要对被调函数进行说明，这样在函数调用的时候才能够找到函数原型。如例5.4的第二行 int maxnum(int x, int y, int z);就是对maxnum函数进行说明，即 int maxnum(int x, int y, int z);是maxnum函数的函数原型。

函数原型的一般形式是：

（1）函数类型说明符　函数名（参数类型1，参数类型2，…）

（2）函数类型说明符　函数名（参数类型1　参数名1，参数类型2　参数名2，…）

第一种形式是基本形式，为了便于阅读程序，C语言允许在函数原型中加上参数名，也就是第二种形式。C语言编译系统不检查参数名，有没有参数名对程序不会产生影响。

例5.4的第二行函数原型也可写成：int maxnum(int,int,int);

使用函数原型是ANSI C的一个重要特点，其作用是可以利用函数原型在程序的编译阶段对调用函数的合法性进行全面检查。从例5.4中可以看到，main函数的位置在maxnum函数的前面，C语言编译系统在进行编译时是从上到下逐行进行的，如果没有对maxnum函数的说明，当编译到函数调用的语句“max=maxnum(i,j,k);”时，编译系统不能确切知道maxnum是否为函数名，更无法判断实参（i，j和k）的类型和个数是否正确，因此无法进行函数调用合法性检查。如果这样，只有在运行程序时才会发现实参和形参的类型或个数不一致，出现运行错误。在运行时发现错误并重新调试程序是比较麻烦的，工作量也较大，因此，在编译阶段应尽可能多地发现错误，并及时纠正错误。如果在函数调用之前用函数原型对函数进行说明，编译系统将自动记下被调函数的有关信息，在对“max=maxnum(i,j,k);”进行编译时就显得“有章可循”了。编译系统将根据函数的原型对函数调用的合法性进行全面检查，与函数原型不匹配的函数调用会出现编译错误。

**注意：**

C 语言规定，在以下两种情况下，可以省去对被调用函数的说明。

① 当被调用函数的定义出现在主调函数之前时可以省去对被调用函数的说明。因为在调用之前，编译系统已经知道了被调用函数的函数类型、参数个数、类型和顺序。

② 如果在程序的开头预先对各个函数进行了说明，则在调用函数中可省略对被调用函数的说明。

### 5.2.5 函数的参数

在函数调用的过程中，两个函数之间的数据传递是通过参数和返回值传递的，主调函数利用参数将数据传给被调函数，被调函数的运行结果通过返回值返回到主调函数。在调用函数时，函数名后面括号中的数据称为实际参数（简称实参），在定义函数时函数名后面的括号中的变量称为形式参数（简称形参）。

例如：

```
max=maxnum(i,j,k);
```

变量 i，j，k 都是实参。

例如：

```
int maxnum(int x, int y, int z);
```

变量 x，y，z 都是形参。

说明：

① 形参在被调函数中出现，实参在主调函数中出现。

② 形参是在函数被调用时临时分配存储单元的，一旦调用结束，形参所占的存储单元立即被释放。

③ 实参可以是常量、变量或表达式，但必须是确定的值；形参必须是变量。实参是函数在调用刚开始时传递的具体数据，必须是确定的值；形参是用来接收数据的，对应内存中某个存储空间，因此，形参必须是变量。

④ 在定义函数时，必须指定形参类型。形参实际上就是定义的变量，如果不指定变量的类型，将无法分配内存单元。

⑤ 实参传递给形参的实际数据必须与函数定义中的形参类型一致。

⑥ 函数调用语句中的实参个数应与被调用函数的形参个数相等，其类型、顺序必须一一对应。

⑦ 实参和形参在内存里分别占用不同的存储空间，即使同名也不会相互影响。

⑧ C 语言规定：实参对形参的传递是单向值传递，只能由实参传给形参，不能由形参传给实参。

**例 5.5**

程序如下：

```
#include "stdio.h"
main()
{
    int a=2,b=3,c;
    int f(int x,int y);
    c=f(a,b);
    printf("f(%d,%d)=%d\n",a,b,c),
}
int f(int x,int y)
{
    int z;
    z=x>y?x++:y++;
    return z;
}
```

程序运行结果如下：

f(2,3)=3

分析：当程序开始执行函数调用语句 c=f(a,b);时，系统首先为形参 x、y 分配临时的存储单元，并通过“数据传递通道”将 a 的值 2 传递给形参 x，将 b 的值 3 传递给形参 y，如图 5-3 所示。数据传递只是瞬间，一旦数据传递完毕，a 和 b，x 和 y 之间的“数据传递通道”断开。然后开始执行被调函数，形参 x、y 的值随之发生变化，分别为 2 和 4，如图 5-4 所示。当被调函数执行完毕后，形参 x 和 y 所占的临时存储单元均被释放，但主调函数里的实参 a 和 b 的值不变，仍为 2 和 3。

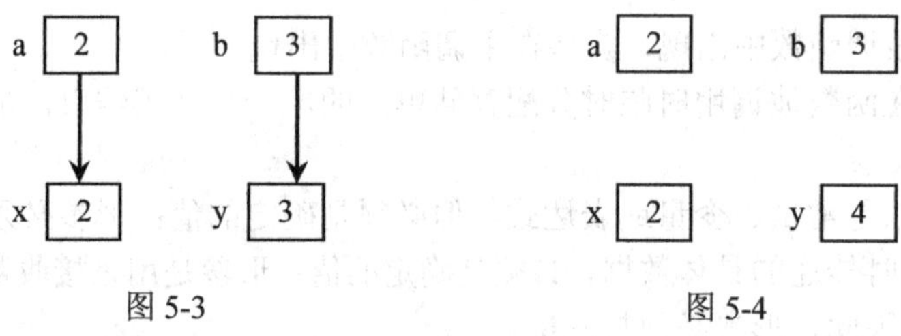


图 5-3　　　　图 5-4

### 5.2.6　函数的返回值

任何函数都是有值的，如果值是恒定的，可以返回，则有返回值；如果值不恒定，无法返回，则没有返回值。函数的返回值通过 return 语句来实现。

return 语句的一般形式有两种：return r;或 return (r);

其中，r 为返回值，从被调函数返回。r 可以是常量、变量、表达式，也可以是函数调用语句。

**例 5.6**　函数无返回值。

```
void printstar()
```

```
{
  printf("***************\n");
}
```

该函数定义无参数，也没有返回值。C 语言中无返回值的函数类型一般用 void 来说明。

**例 5.7** 函数体内出现多个 return 语句的函数定义。

程序如下：

```
#include "stdio.h"
int max(int x,int y)
{
  if(x>y) return x;
  else      return y;
}

main()
{
  int a,b,max;
  scanf("%d,%d",&a,&b);
  max=max(a,b);
  printf("max=%d\n",max);
}
```

程序运行结果如下：

```
2,3↙
3
```

该函数尽管有两个 return 语句，但在执行时只有一个 return 语句起作用，因此，函数只有一个返回值。

说明：

① 函数类型应与返回值的类型保持一致，如果类型不一致，则以函数类型为准。

② 若函数中无 return 语句，并不是不带回返回值，只是不带回有用的值，所以，若不需要有返回值，函数类型说明符应为 void，以明确表示不带回值。

## 5.3 函数的嵌套调用和递归调用

### 5.3.1 函数的嵌套调用

C 语言不允许函数嵌套定义，但允许函数嵌套调用。也就是说，在执行被调函数时，系统允许被调函数调用其他函数，这与其他语言的子程序嵌套调用情形类似。

**例 5.8**

程序如下：

```
#include "stdio.h"
int f2()
{
    ⋮
}
int f1()
{
    ⋮
  f2();
    ⋮
}
main()
{
    ⋮
 f1();
    ⋮
}
```

上述程序中函数嵌套调用执行过程如图 5-5 所示。

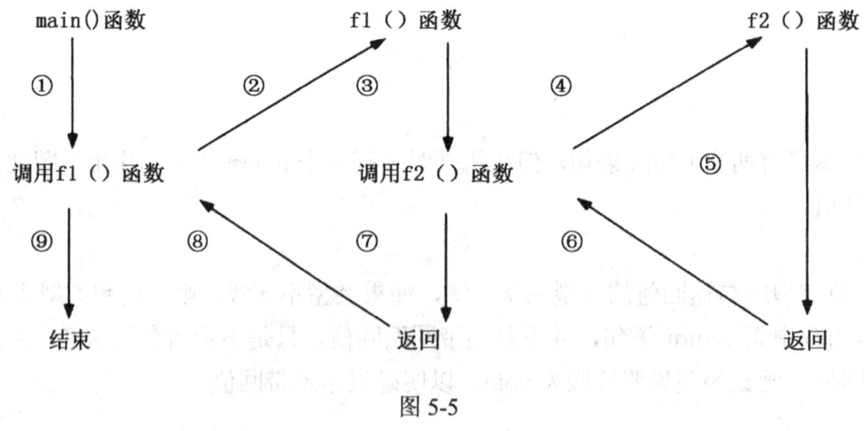


图 5-5

其执行过程如下：

① 从 main 函数开始执行程序；

② 遇到调用函数 f1 的操作语句，流程转去执行 f1 函数；

③ 执行 f1 函数的开头部分；

④ 遇到调用函数 f 2 的操作语句，流程转去执行 f 2 函数；

⑤ 执行 f 2 函数，在 f 2 函数中，没有再嵌套其他的函数，则完成 f 2 函数的全部操作；

⑥ 返回到调用 f 2 函数处，即返回到 f 1 函数；

⑦ 执行 f 1 函数中的后续语句，直到 f 1 函数结束；

⑧ 返回到调用 f 1 函数处，即返回到 main 函数；

⑨ 执行 main 函数的后续语句，直到程序结束。

**例 5.9** 试编程，计算 $s=1^k+2^k+3^k+\cdots+n^k$。

分析：我们可以把这个问题分成 3 个小问题，用 f1 函数计算 n 的 k 次方；用 f2 函数计算 1 到 n 的 k 次方之累加和；用主函数 main 函数来完成输入输出功能。这样逐一解决以简化程序。

程序如下：

```
#include "stdio.h"
long f1(int n,int k)
{
  long power=n;
  int i;
  for(i=1;i<k;i++)
     power*=n;
  return   power;
}

long f2(int n,int k)
{
  long sum=0;
  int i;
  for(i=1;i<=n;i++)
     sum+=f1(i,k);
  return   sum;
}
main()
{
  int n,k;
  printf("Please input n and k:");
  scanf("%d%d",&n,&k);
  printf("Sum of %d powers of integers from 1 to %d=",k,n);
  printf("%d\n",f2(n,k));
}
```

程序运行结果如下：

Please input n and k:3 2↙

Sum of 2 powers of integers from 1 to 3=14

### 5.3.2 函数的递归调用

如果一个函数在执行的过程中直接或间接地调用了自己，这种自我调用的方式称为函数的递归调用。准确地说，递归调用是一种特殊的嵌套调用，调用的是函数本身。

递归调用分为直接递归调用和间接递归调用两种情形。直接递归调用是指在执行某个函数的过程中，直接调用了该函数本身，如图 5-6 所示。间接递归是指某个函数通过调用其他函数间接地调用自身，如图 5-7 所示。

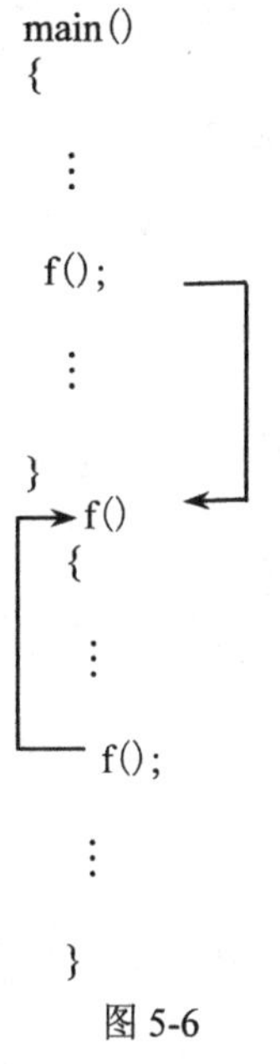


图 5-6

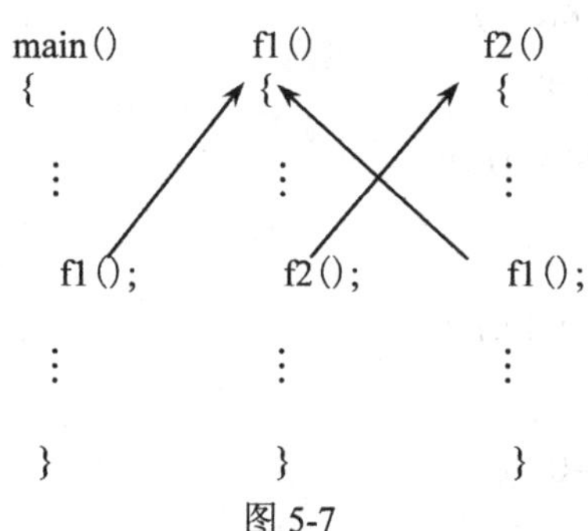


图 5-7

**例 5.10** 求整数 $n!$

程序如下：

```
#include "stdio.h"
long fact(int n);
main()
{
   int i;
   long fac;
   printf("i=");
   scanf("%d",&i);
  if(i<0)
```

```
            printf("input error! ");
    else
        {
      fac=fact(i);
            printf("%d 的阶乘等于%ld\n",i,fac);
     }
}

long fact(int n)
{
    long f;
    if(n= =1)
      f=1;
    else f=n*fact(n-1);
    return f;
}
```

程序运行结果如下：

i=4↙

4 的阶乘等于 24

求一个整数的阶乘，通常使用一个循环累计相乘来实现。上述程序是通过函数的递归调用来实现的。具体思路为：$n$ 的阶乘等于 $n$ 乘以 $n-1$ 的阶乘。以 $n=4$ 为例，4 的阶乘等于 4 乘以 3 的阶乘，也就是说要求出 4 的阶乘就必须先求出 3 的阶乘；3 的阶乘等于 3 乘以 2 的阶乘，即要求出 3 的阶乘必须先求出 2 的阶乘……以此类推，直到求出 1 的阶乘，然后再反推回来，由 1 的阶乘推算出 2 的阶乘为 2，由 2 的阶乘推算出 3 的阶乘为 6，由 3 的阶乘推算出 4 的阶乘为 24。

在使用递归调用时应注意两个问题：

① 递归调用可以分为两个阶段：前推阶段和回代阶段，如图 5-8 所示。

② 在前推的过程中一定有一个终止，也就是说程序不会一直无限制地调用下去，一定有一个结束递归的条件。在例 5.10 中，函数递归终止条件就是 n<=0。当 n<=0 时，f=1，于是求出 1 的阶乘，然后开始了回代的过程。该程序的执行过程如图 5-9 所示。

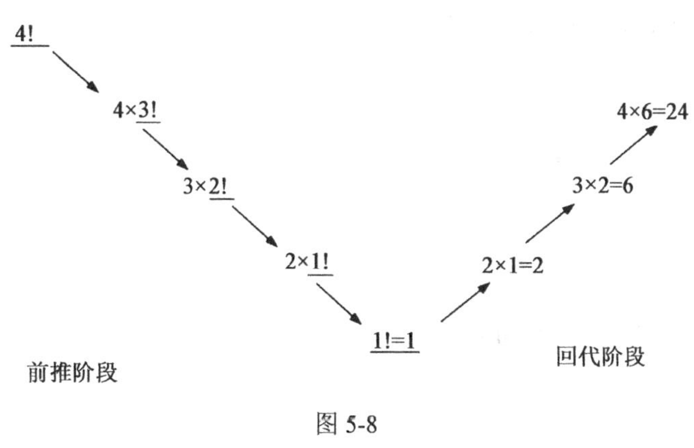


图 5-8

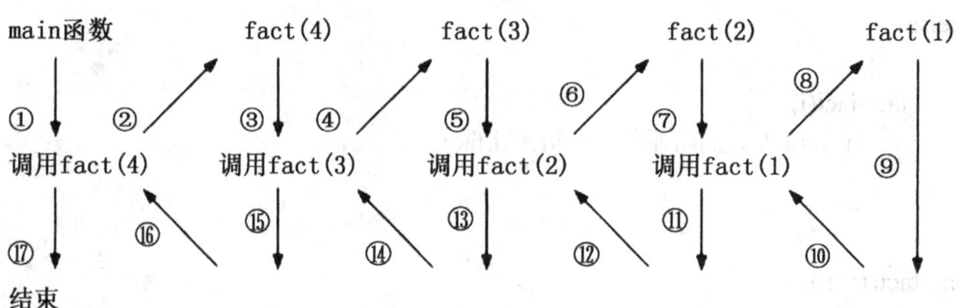


图5-9

**例 5.11** 已知某数列 $K(n)$的定义如下，求该数列的第六项 $K(6)$。

$$K(n)=\begin{cases}1 & n=1\\ K(n-1)*2 & n\text{ 为偶数}\\ K(n-1)*3 & n\text{ 为奇数}\end{cases}$$

程序如下：

```
#include "stdio.h"
float k(int n)
{
   float m;
   if(n= =1)    m=1.0;
   else if(n%2= =0)    m=k(n-1)*2;
   else m=k(n-1)*3;
   return   m;
}

main ()
{
   int i;
   float j;
   printf("Please input a integer number:");
   scanf("%d",&i);
   if(i<=0)
      printf("n<=0,data error!\n");
   else
      {
       j=k(i);
       printf("K(%d)=%1.0f\n",i,j);
      }
}
```

程序运行结果如下：

Please input a integer number:6↙

K(6)=72

**例 5.12** 一个简单的直接递归程序。

程序如下：

```
#include "stdio.h"
void f()
{
  char c;
  if((c=getchar())!='\n')
    f();
  putchar(c);
}

main()
{
  f();
}
```

程序运行结果如下：

uvwxyz↙

zyxwvu

## 5.4 变量的作用域和生存期

### 5.4.1 变量的作用域和生存期

在C语言程序中，不同函数中的变量可以同名，这些同名的变量分别代表内存中不同的存储空间，因此，编写程序时应注意区分这些变量，仔细分析在程序运行某个具体时刻是哪个具体的变量在起作用（如例5.13）。

**例 5.13**

程序如下：

```
#include "stdio.h"
void f()
{
 int i;
 i=3;
}

main()
{
```

```
int i=0;
f();
i+=5;
printf("i=%d\n",i);
}
```

程序运行结果如下：

i=5

在上述程序中， main 函数中的 i 和 f 函数中的 i 尽管同名，但仍然是两个不同的变量，只在定义它们的函数内有效，因此程序运行结果为 i=5。

为了完全把握程序的运行过程，C 语言程序规定应分别从变量作用域和生存期来考察变量的具体值。其中，变量的作用域是指某个变量在程序中起作用的范围，即该变量在程序正文中合法有效的区域。变量的生存期是指从系统开始为某个变量分配存储空间到释放该存储空间的这段时间。如例 5.13 中的 main 函数和 f 函数里的变量 i 的作用域分别在各自的函数里，因此每个 i 都只能在各自的函数里起作用，不能把自己的值传给对方；这两个变量 i 的生存期也不一样长，f 函数里的 i 的生存期从调用 f 函数开始直到 f 函数调用结束，main 函数中的 i 的生存期要长一些，是整个程序的执行期。根据变量的作用域可以将其分为局部变量和全局变量。

**1. 局部变量**

局部变量也称内部变量，是指在函数内部或复合语句内定义的变量，它只在该函数或复合语句内有效。也就是说，只有在包含变量说明的函数内部或复合语句中，才能使用被说明的变量，在此之外就不能使用这些变量。如例 5.14。

**例 5.14**

```
int f1(int a)                    /*函数 f1*/
{
  int b,c;
   ⋮
  }                              /*a,b,c 作用域：仅限于函数 f1() 中*/

int f2(int x)                    /*函数 f2*/
{
  int y,z;
   ⋮
  }                              /*x,y,z 作用域：仅限于函数 f2() 中*/

main()
{
  int m,n;
   ⋮
  }                              /*m,n 作用域：仅限于函数 main() 中*/
```

说明：

① main 函数中定义的局部变量，只能 main 在函数中起作用，在其他函数中不起作用。

同样，在main函数中也不能直接使用其他函数定义的局部变量。

② 函数的形参变量是局部变量，只在被调用函数内有效。

③ 允许在不同的函数中使用相同的变量名，分别代表不同的对象，分配不同的存储单元，互不干扰。

④ 在复合语句中可定义变量，其作用域只在该复合语句范围内。

**2. 全局变量**

全局变量也称外部变量，是指在函数之外定义的变量，可以为本文件中其他函数所共用，其有效范围是从定义变量的位置开始到本源文件结束。如例5.15。

**例5.15**

程序如下：

```
#include "stdio.h"
int m=0,n=0;                     /*m,n 是全局变量，作用域是整个程序*/

void newvalue( )
{
  int i, j;                      /*i,j 的作用域：仅限于函数 newvalue（）中*/
  i=2*m;j=2*n;
  m=i;n=j;
}

main( )
{
  int i=1,j=2;                   /*i,j 的作用域：仅限于函数 main（）中*/
  printf("m=%d,n=%d\n",m,n);
  m=i;n=j;
  printf("m=%d,n=%d\n",m,n);
  newvalue();
  printf("m=%d,n=%d\n",m,n);
}
```

程序运行结果如下：

```
m=0,n=0
m=1,n=2
m=2,n=4
```

说明：

① 全局变量可加强函数模块之间的数据联系，但过度使用全局变量将降低函数的独立性，如果在一个函数中改变了全局变量的值，就会影响到其他函数，从模块化程序设计的观点来看这是不利的，因此在程序中应尽量少使用全局变量。

② 由于函数调用只能带回一个返回值，有时可以利用全局变量从被调函数处得到一个以上的返回值。

③ 全局变量如果未初始化，系统将自动赋值为 0。

④ 在同一源文件中，允许全局变量和局部变量同名。在局部变量的作用域内，全局变量将暂时被屏蔽而不起作用。

**例 5.16**

程序如下：

```
#include "stdio.h"
int x=1,y=2;
int f(int x,int y)    /*在 f 函数里，全局变量 x,y 不起作用*/
{
   int z=2;
   z=x+y;
   return   z;
}
main()              /*在 main 函数里，全局变量 x 不起作用，全局变量 y 起作用*/
{
   int x=3,w;
   w=f(x,y);
   printf("%d",w);
}
```

程序运行结果如下：

5

### 5.4.2 变量的存储类别

在 C 语言中，变量和函数有两个属性：即数据类型和存储类别。变量的存储类别是指变量在内存中的存储方法。C 语言系统将变量的存储类别分成了 4 种：自动变量（auto）、静态变量（static）、寄存器变量（register）和外部变量（extern）。

**1. 自动变量**

① 出现范围：出现在函数内部。

② 判别方法：定义在函数内部并且缺省存储类别说明的变量或在直接用 auto 显式说明的变量。

③ 作用域：定义该变量的函数。

④ 生存期：定义该变量的函数被执行的期间。

前面所谈到的局部变量都是自动变量。

自动变量完整的定义形式如下：

auto  类型说明符  变量名；

**注意：**

① 自动变量一般都会省略 auto，函数中的大多数变量都是自动变量。例如：

```
int f(int i)                    /*i 是形参，是自动变量*/
{
   int j,k;                     /*j,k 是自动变量*/
     ⋮
}          这里 int j,k；与 auto int j,k；等价。
```

② 形参和复合语句里定义的变量是自动变量。

③ 自动变量一旦被定义说明，则只能在说明该变量的函数或复合语句中才有效，离开了上述区域则无效。

④ 自动变量的生存期只限于相应函数或复合语句被执行的过程，若变量是定义在复合语句内，则其生存期为该复合语句被执行的期间。

**例 5.17**

程序如下：

```
#include "stdio.h"
int f(int a)   /* a、b 都是局部变量，作用域为 f 函数，生存期是 f 函数执行过程*/
{
   int b;
   b=a++;
   printf("%5d",b);
}

main ()
{
int a=1;         /* a 是局部变量，作用域为 main 函数，生存期是 f 函数执行过程*/
   f(a);
   f(a);
}
```

程序运行结果如下：

```
 1    1
```

**例 5.18**

程序如下：

```
#include "stdio.h"
main ()
{
   int a=3;    /*a 为局部变量，作用域为 main 函数，生存期为 main 函数执行过程*/
```

```
  {
    int a=2;                   /* a 为局部变量，作用域为此复合语句，生存期为此复
    printf("%5d",a++);         合行语句执行过程*/
  }
  { int a=0;                   /* a 为局部变量，作用域为此复合语句，生存期为此复合
   printf("%5d",a++);          行语句执行过程*/
  }
  printf("%5d",a++);
}
```

程序运行结果如下：

```
  2    0    3
```

**2. 静态变量（static 变量）**

静态变量分成静态局部变量和静态全局变量。

静态变量的定义形式如下：

static　类型说明符　变量名

（1）静态局部变量。

① 出现范围：可以出现在函数内部。

② 判别方法：定义在函数内部，并且用 static 显式说明。

③ 作用域：定义该变量的函数。

④ 生存期：整个程序的执行期。

**例 5.19**　用静态变量编程，求 1～5 的阶乘。

程序如下：

```
#include "stdio.h"
int fac(int n)
{
 static int f=1;
 f*=n;
 return   f;
}

main()
{
 int i;
 for(i=1;i<=5;i++)
 printf("%d!=%d\n",i,fac(i));
}
```

程序运行结果如下：

```
1！ =1
```

2！=2

3！=6

4！=24

5！=120

程序中 static int f=1;定义 f 为静态局部变量，在第一次调用 fac 函数时，系统对 fac 函数中的 f 变量初始化，此时 f=1，第一次调用结束时 f 的值仍为 1，调用结束后，由于 f 是静态变量，它的存储单元不会被释放掉，第二次再调用 fac 函数时 f 的值是上一次调用的结果 f=1，第二次调用结束后 f=2，第三次调用时 f=2，调用结束后 f=6，依次继续下去，如表 5-1 所示。

表 5-1

| 第几次调用 | 第 1 次 | 第 2 次 | 第 3 次 | 第 4 次 | 第 5 次 |
|---|---|---|---|---|---|
| 调用时 f 初值 | 1 | 1 | 2 | 6 | 24 |
| 调用结束时 f 的值 | 1 | 2 | 6 | 24 | 120 |

**注意：**

① 静态局部变量的作用域在定义该变量的函数内，生存期是整个程序的执行期。要改变该变量的值，必须在定义该变量的函数内部完成，相对于外部变量而言，静态变量更安全，起到了信息屏蔽的作用，因此，静态局部变量的应用比较广泛。

② 静态变量初始化语句只在第一次调用该函数时才执行，以后每次调用该函数不再执行初始化语句。

③ 静态变量如果没有初始化，则系统自动赋初值 0 或 Null。

**例 5.20**

程序如下：

```
#include "stdio.h"
int f(int a)
{
   int b=0;
   static int c=3;
   b++;
   c++;
   return(a+b+c);
}

main()
{
   int a=2,i;
   for(i=0;i<3;i++)
   printf("%5d",f(a));
}
```

程序运行结果如下：

```
7    8    9
```

（2）静态全局变量。

① 出现范围：一般出现在函数的外部。

② 判别方法：定义在函数外部，并且用 static 显式说明。

③ 作用域：从定义该变量的位置直至本源文件结束。

④ 生存期：整个程序的执行期。

在程序设计中希望某些外部变量只限于被本文件引用，而不能被其他文件引用，这时可以使用静态全局变量。

**例 5.21**

```
file1.c
static int a;
main ()
{
        …
        …
        …
}

file2.c
int a;
fun(int n)
{
  …
  …
  …
  a=a+n;
  …
  …
  …
}
```

**3. 寄存器变量（register 变量）**

① 出现范围：出现在函数内部。

② 判别方法：定义在函数内部的变量，并且用 register 显式说明。

③ 作用域：在定义该变量的函数内。

④ 生存期：定义该变量的函数被执行的过程。

寄存器变量不是存放在内存里，而是存放在 CPU 的寄存器里，其特点是存取速度快，如果变量存取很频繁，比如循环变量，则可以定义成寄存器变量以提高程序的执行速度。

寄存器变量的定义形式如下：

register　类型说明符　变量名

**注意：**

① 只有自动变量和函数的形参可以作为寄存器变量。

② 静态变量和外部变量不能定义为寄存器变量。

**例 5.22**

程序如下：

```
#include "stdio.h"
int sum(int n)
{
  register int i;                 /*i 为寄存器变量*/
  int s=0;                        /*s, n 为自动变量*/
  for(i=1;i<=n;i++)
  s+=i;
  return  s;
}
main()
{
  int n;
  scanf("%d",&n);
  printf("sum=%d\n",sum(n));
}
```

程序运行结果如下：

100↙

sum=5050

**4. 外部变量(extern 变量)**

① 出现范围：可以出现在程序中的任何说明部分。

② 判别方法：定义在函数外部且无其他显式存储类别说明或直接用 extern 显式说明。

③ 作用域：从定义该变量的位置起直到本文件结束。

④ 生存期：整个程序的执行期。

**例 5.23**

程序如下：

```
#include "stdio.h"
int a,b;                          /*a，b 为外部变量*/
int fun(int a)
{
 b=b+(++a);
 printf("%5d",b);
}
```

```
main()
{
 fun(a);
 fun(a);
}
```

程序运行结果如下：

```
    1    2
```

外部变量是全局变量，前面已经作了详细的介绍，这里不再重复，但有一点必须强调：变量应先定义后使用，但 C 语言允许外部变量先使用后定义（使用在前，定义在后），但必须在使用之前对该变量进行说明。

外部变量说明的一般形式如下：

extern　类型说明符　变量名；

外部变量的定义和说明是不同的。定义外部变量时系统会为该变量分配存储空间，并且变量的定义只有一次；说明外部变量时系统是不会为它分配存储空间的，并且同一个变量的说明可以出现在多个地方。“说明”的作用只是声明该变量是一个已在后面定义过的外部变量，因为要提前引用所以作说明；外部变量只能在函数外定义，而外部变量的说明可以在函数外部，也可以在函数内部。

**例 5.24**

程序如下：

```
#include "stdio.h"
int vs(int xl,int xw)
{
  extern int xh;                    /*外部变量 xh 的说明*/
  int v;
  v=xl*xw*xh;                       /*直接使用外部变量 xh 的值*/
  return v;
}

main()
{
  extern int xw,xh;                 /*外部变量的说明*/
  int xl=5;                         /*内部变量的定义*/
  printf("xl=%d,xw=%d,xh=%d\nv=%d\n",xl,xw,xh,vs(xl,xw));
}
int xl=3,xw=4,xh=5;                 /*外部变量 xl，xw，xh 的定义*/
```

程序运行结果如下：

```
xl=5,xw=4,xh=5
v=100
```

### 5.4.3　应用实例

**例 5.25**　写出判断素数的函数，在主函数中输入一个整数，输出是否是素数的信息。

程序如下：

```
#include "stdio.h"
main()
{
  int m,n;
  scanf("%d",&m);
  n=prime(m);
  if(n)   printf("%d is a prime number.\n",m);
  else   printf("%d is not a prime number.\n",m);
}

int prime(int m)
{
  int i;
  for(i=2;i<=m-1;i++)
    if(m%i= =0) break;
  if(i>=m) return 1;
  else return 0;
}
```

程序运行结果如下：

11↙

11 is a prime number.

**例 5.26**　变量的存储类别实例。

程序如下：

```
#include "stdio.h"
void a();
void b();
void c();
int x=1;                    /*外部变量*/
main()
{
  int x=5;                  /*main 函数的局部变量*/
  printf("Local x in outer scope of main is %d \n",x);
  {
     int x=7;               /*复合语句中的局部变量*/
     printf("Local x in inner scope of main is %d \n",x);
  }
```

```
    printf("Local x in outer scope of main is %d \n",x);
    a();                    /*函数 a 拥有自动局部变量 x*/
    b();                    /*函数 b 拥有静态局部变量 x*/
    c();                    /*函数 c 使用全局变量 x*/
    a();                    /*函数 a 对自动局部变量 x 重新初始化*/
    b();                    /*静态局部变量 x 保持了其以前的值*/
    c();                    /*全局变量 x 也保持了其值*/
    printf("Local x in main is %d \n",x);
}

void a()
{
    int x=25;               /*每次调用函数 a 时都会对变量 x 初始化*/
    printf("\nLocal x in a is %d after entering a \n",x);
    ++x;
    printf("Local x in a is %d before exiting a \n",x);
}

void b()
{
    static int x=50;        /*只在首次调用函数 b 时对静态局部变量 x 初始化*/
    printf("\nLocal static x is %d on entering b \n",x);
    ++x;
    printf("Local static x is %d on exiting b \n",x);
}

void c()
{
    printf("\nGlobal x is %d on entering c \n",x);
    x*=10;;
    printf("Glocal x is %d on exiting c \n",x);
}
```

程序运行结果如下：

```
Local x in outer scope of main is 5
Local x in inner scope of main is 7
Local x in outer scope of main is 5

Local x in a is 25 after entering a
Local x in a is 26 before exiting a
```

```
Local static x is 50 on entering b
Local static x is 51 on exiting b

Global x is 1 on entering c
Global x is 10 on exiting c

Local x in a is 25 after entering a
Local x in a is 26 before exiting a

Local static x is 51 on entering b
Local static x is 52 on exiting b

Global x is 10 on entering c
Global x is 100 on exiting c
Local x in main is 5
```

## 5.5　内部函数与外部函数

### 5.5.1　内部函数

内部函数（又称静态函数）是指只能被本源文件中的其他函数所调用的函数。也就是说：一个内部函数不能够被其他文件中的任何函数调用，因此，不同的程序之间，其内部函数可以同名，互不干扰。定义内部函数时，在函数名和类型名的前面加 static 显式说明。其具体定义格式如下：

static 类型说明符 函数名（形参表列）

例如：

```
static int f(int x,int y)
{
 ...
 ...
 ...
}
```

### 5.5.2　外部函数

外部函数与内部函数相反，可以被其他文件中的函数所调用，C 语言程序中的外部函数通常用 extern 加以显式说明。

例如：

```
extern int fax(int x,int y)
{
```

```
        ⋮
    }
```

**注意：**

①C 语言规定：如果在定义一个函数时省略了显式存储类别说明，系统将默认该函数为外部函数。

②如果在某个文件中调用外部函数，应用 extern 声明所调用的函数为外部函数。

**例 5.27** 有一个字符串，内有若干个字符，现输入一个字符，要求程序将字符串中的该字符删除。用外部函数实现。

程序代码如下：

file1.c 文件

```
main()
{
 extern enter_string(char str[80]);
 extern delete_string(char str[],char ch);
 extern print_string(char str[]);
 char c;
 char str[80];
 enter_string(str);
 scanf("%c",&c);
 delete_string(str,c);
 print_string(str);
 }
```

File2.c 文件

```
#include "stdio.h"
enter_string(char str[80])
{
 gets(str);
}
```

File3.c 文件

```
delete_string(char str[],char ch)
{
 int i, j;
 for(i=j=0;str[i]!='\0';i++)
 if(str[i]!=ch) str[j++]=str[i];
 str[j]='\0';
}
```

```
File4.c 文件
print_string(char str[])
{
  printf("%s",str);
}
```

程序运行结果如下：

abcdefgc↙
c↙
abdefg

### 5.5.3　多文件程序的运行

一个程序可以由多个文件组成，通过特殊的方法和编译环境可以将多个文件组合成一个可执行的程序。下面以例 5.25 为实例予以分别介绍。

**1. 用 Turbo C 环境进行编译链接**

第一步：先分别建立 4 个程序文件（file1.c，file2.c，file3.c，file4.c）并存储在磁盘上。

第二步：在 Turbo C 的编译环境中，建立一个"项目文件"，该项目文件由上述 4 个文件名构成，每个文件名单独占一行。

第三步：保存项目文件并命名为 a.prj，选择 project 菜单中的 project name，在出现的对话框中输入项目名 a.prj。

第四步：按功能键 F9 进行编译链接，生成可执行程序 a.exe。

**2. 用 MS C 环境中进行编译链接**

第一步：先分别建立 4 个程序文件（file1.c，file2.c，file3.c，file4.c）并存储在磁盘上。

第二步：分别对上述 4 个文件进行，得到 4 个目标文件，扩展名为.obj。

第三步：用 link 命令链接这 4 个目标文件（link file1+file2+file3+file4），得到一个可执行文件 file1.exe。

**3. 用#include 命令进行处理**

可以直接用#include 命令将文件 file2.c、file3.c、file4.c 包含到文件 file1.c 中去，即在 file1.c 文件的开头加如下 3 行：

```
#include "file2.c"
#include "file2.c"
#include "file3.c"
```

这样，在编译时，系统自动将这三个文件包含到 file1.c 中，并作为一个整体编译。此时，main 函数中原有的说明 extern 可以省略不要。

## 5.6　编译预处理

在编写程序时可以利用 C 语言的预处理功能对程序进行编译处理，C 语言提供的预处理功能主要有：宏定义、文件包含、条件编译。

### 5.6.1 不带参数的宏定义

不带参数的宏定义的一般形式为：

#define　标识符　字符串

例如:

```
#define PI 3.14159267
```

用字符串 3.14159267 代替标识符 PI，当程序进行编译时，所有的 PI 都用 3.14159267 替代。

**例 5.28**

程序如下：

```
#include "stdio.h"
#define x 5
#define y x+1
#define z y*x/2.0
main()
{
 int a;
 a=y;
 printf("%f,%d",z,--a);
}
```

程序运行结果如下：

7．5000000，5

**注意：**

① 宏名可以用大写字母书写，也可以用小写字母书写。

② 宏定义是用宏名代替一个字符串，这里只是做一个简单的置换，不进行数据检查。

③ 宏定义不是语句，后面不能加分号（;）。

④ 宏定义通常出现在函数的外部。

⑤ 宏定义与变量定义不同，宏定义只作字符替换，不分配存储空间。

### 5.6.2 带参数的宏定义

带参数宏定义的一般形式为：

#define　宏名（形参表列）　字符串

带参数宏调用的一般形式为：

宏名（实数表列）

例如：

```
#define L(x) x*x+3*x+2
Y=L(5)
```

前一个为宏定义，用字符串 x*x+3*x+2 代替 L(x)，即 L(x)的值为 x*x+3*x+2 的值。后一个为宏调用，y=L(5)的值为 5*5+3*5+2。

**例 5.29**

程序如下：

```
include "stdio.h"
#define MAX(x,y) x>y?x:y
main ()
{
 int x,y,z;
 scanf("%d,%d",&x,&y);
 z=MAX(x,y);
 printf("%d",z);
}
```

程序运行结果如下：

5,9↙

9

**注意：**

① 宏名和形参表列之间不能有空格出现。

② 形参应为变量，实参可以是常量，也可以是具体表达式。

③ 为了避免出错，通常用括号将宏定义中形参括起来。

例如:

情形 1：#define fun(x) y*y

如果 y=fun(x+1); 经过宏替换后，y 的值为 x+1*x+1。

情形 2：#define fun(x) （y）*（y）

如果 y=fun(x+1); 经过宏替换后，y 的值为（x+1）*（x+1）。

可以看出：上面两种情况下的 y 值明显不同。

### 5.6.3 文件包含处理

文件包含处理就是将一个源文件的内容完全插入到另外一个源文件中去进行编译链接，生成一个新的可执行程序。文件包含的一般形式如下：

#include "文件名"

例如：#include "file1.h"，就是将源文件 file1.h 的全部内容包含到当前文件中来，形成一个新的源文件，这样便于编译链接。如果在程序中使用了标准库函数，应在程序的开头用 #include 将其头文件包含进来，否则，编译链接时将会出现错误。C 语言程序允许文件包含嵌套。

### 5.6.4 条件编译

在 C 语言程序中，可以有条件地选择程序的某部分源代码进行编译，生成相应目标文件。条件编译有以下 3 种形式：

**1. #ifdef 标识符**

程序段 1

```
#else
程序段 2
#endif
```

其功能为：如果指定的标识符已经被#define 命令定义过，则只对程序段 1 进行编译，否则，只对程序段 2 进行编译。上述格式中的 else 部分可以省略，写成：

```
#ifdef 标识符
程序段 1
#endif
```

例如：

```
#define x 5
  ⋮
#ifdef x
  y=x+x;
#else
  y=x-9;
#endif
```

由于标识符 x 被定义过，因此参加编译的程序源代码为 y=x+x;

**2. #ifndef 标识符**

```
程序段 1
#else
程序段 2
#endif
```

其功能为：如果指定的标识符没有被#define 命令定义过，则只对程序段 1 进行编译，否则，只对程序段 2 进行编译。上述格式中的 else 部分可以省略，写成：

```
#ifndef 标识符
程序段 1
#endif
```

例如：

```
#define x 5
  ⋮
#ifndef x
  y=x+x;
#else
  y=x-9;
#endif
```

由于标识符 x 被定义过，因此参加编译的程序源代码为 y=x-9;

**3. #if 表达式**

```
程序段 1
#else
程序段 2
```

```
#endif
```

其功能为：如果表达式的值为真（非 0），则只对程序段 1 进行编译，如果表达式的值为假（0），只对程序段 2 进行编译。上述格式中的 else 部分可以省略，写成：

```
#if 表达式
程序段 1
#endif
```

例如：

```
#define x 5
  ⋮
#if x
  y=x+x;
#else
  y=x-9;
#endif
```

由于标识符 x 的值 5 为非 0 值，因此参加编译的程序源代码为 y=x+x；事实上，这段程序可以用条件语句来实现，但是采用条件编译，可以根据条件只选择参加编译的程序段进行编译，减少生成的目标程序的长度，缩短程序运行时间。

# 第6章 数　　组

在日常生活中，经常会遇到这样的问题：需要对一组类型相同的数据进行处理，每一个数据完成同样的操作。例如：输入 8 个学生的数学成绩，在屏幕上显示 60 分以上的学生的成绩。如果利用以前的知识，我们必须定义 8 个整型变量，然后进行处理，程序如下：

```
#include "stdio.h"
main()
{
  int s1,s2,s3,s4,s5,s6,s7,s8;
  scanf("%d%d%d%d%d%d%d%d",&s1,&s2,&s3,&s4,&s5,&s6,&s7,&s8);
  if (s1>=60)      printf("s1=%d\n",s1);
  if (s2>=60)      printf("s2=%d\n",s2);
  if (s3>=60)      printf("s3=%d\n",s3);
  if (s4>=60)      printf("s4=%d\n",s4);
  if (s5>=60)      printf("s5=%d\n",s5);
  if (s6>=60)      printf("s6=%d\n",s6);
  if (s7>=60)      printf("s7=%d\n",s7);
  if (s8>=60)      printf("s8=%d\n",s8);
}
```

很显然，程序中 8 个变量完成的是同一个操作，很繁琐。其实，程序设计人员可以利用数组来处理。数组是指有限个同一类型数据的有序集合。因此，可以将这一组数据定义成一个数组，然后统一处理。

程序如下：

```
#include "stdio.h"
main()
{
  int s[8];
  int i;
  for(i=0;i<8;i++)
    scanf("%d",&s[i]);
  for(i=0;i<8;i++)
    if(s[i]>=60)
      printf("s[%d]=%d\n",i,s[i]);
}
```

比较以上两个程序，可以看出：用数组解决这类问题，程序简洁，思路清晰、明了，这就是数组的优越之处。

可以这样理解数组：一个数组就好比一节火车车厢；数组中的数据（也称为数组元素）就好比火车中的车厢里的座位；车厢有车厢名，数组也有数组名，其命名规则遵循C语言标识符的命名规则；每一节车厢里都有座位号，乘客按座号就座，同样，要访问数组中的每一个元素，也必须事先对它们进行编号，这种编号称为数组的下标。有了下标，元素在数组中的位置就被唯一地确定下来，因此，利用数组名加下标就可以准确地访问数组中的某个元素了，如s[0]表示数组s中的第一个元素。同一数组中的所有元素都是同一类型的数据，这些数据的先后次序是唯一确定的。

数组可以分为一维数组、二维数组和多维数组。

## 6.1 一维数组

### 6.1.1 一维数组的定义

一维数组是指只有一个下标的数组。数组同变量一样，必须先定义后使用。

**1. 一维数组的一般定义形式**

一维数组的一般定义形式如下：

存储类别 类型标识符 数组名[常量表达式];

说明：

① 存储类别：说明数组的存储属性，即数组的作用域与生存期，可以是静态型（static）、自动型（auto）及外部型（extern）。在程序中，数组的存储类别可以省略，系统将根据数组的出现范围予以自动判定。

② 类型标识符：指定数组元素的数据类型。

③ 数组名的命名规则：服从标识符的命名规则。

④ 常量表达式：即数组长度，用来指定数组的元素个数，只能是一个整型常量表达式，可以是符号常量。常量表达式必须用方括号括起来，不能用圆括号。

例如：

```
int a[5];
```

定义了一个存储类别为auto型的整型数组，数组的元素为整型；数组名为a；元素个数为5；

下面是合法的数组定义：

```
① char str[20+5];      /* 定义一个有25个元素的字符型数组str */
② float score[8];      /* 定义一个有8个元素的浮点型数组score */
③ #define N 5
   long data[N];       /* 定义一个有5个元素的长整型数组data */
   short z[4*N];       /* 定义了一个有20个元素的短整型数组z */
```

其中③的数组长度使用的是符号常量。

下面的数组定义是非法的：

```
int n=10;
char c[n];             /* 数组长度不能使用变量 */
```

**2. 一维数组在内存中的存放**

数组被定义后，系统在内存中分配一段连续的存储空间来存放数组元素，数组元素按顺序存放。

数组名代表首地址(数组起始地址),由于每个元素的类型相同，字节数相同，因此，根据数组元素序号可以求得数组各元素在内存的地址，并可对数组元素进行随机存取。

例如定义一维数组： float score[100]； 赋值后其存储示意图如图6-1所示。图中每个数据元素占用的字节数就是其类型float的字节数, 即一个元素占4个字节。

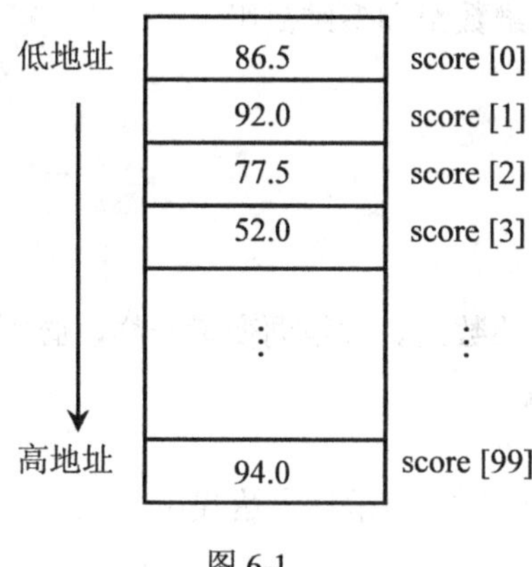


图 6-1

### 6.1.2 一维数组的引用

数组可以整体定义，但不能整体引用数组，只能引用数组中的某个元素。数组元素的引用规则与引用同类型的单个变量类似，在程序中可以对数组元素进行赋值或其他各种运算。

一维数组的元素引用一般形式如下：

数组名[下标]

说明：

① 下标表示该元素在数组中的顺序号，是一个非负整型数据。

② 数组元素的下标从 0 开始，若数组有 n 个元素，则数组元素下标的范围是 0～n-1, 不能超出这个数据范围，编译时，C 语言系统不对下标越界作语法检查。

③ 若定义了一个整型数组 a[5],则其元素分别为 a[0]，a[1]，a[2]，a[3]，a[4]，每个元素都可作为一个普通的整型变量来使用。

例如：

a[0]=5； a[3]=a[1]+4； a['D'−'B' ] =3； scanf("%d",&a[4])； 等。

### 6.1.3 一维数组的初始化

数组的初始化是指在定义数组时指定数组各元素的初值。

一维数组初始化一般形式如下：

类型说明符 数组名[常量表达式]={初值表}；

一维数组初始化的形式有 3 种：

（1）对数组元素全部初始化。

例如：

```
int a[10]={0,1,2,3,4,5,6,7,8,9};
float f [5]={1.1,-2.1,3.4,89.5,78.98};
char c[5]={ 'a', 'b', 'c', 'd', 'e'};
```

（2）对部分元素初始化。

例如：

```
int a[6]={1,2,3};     /*对前 3 个元素赋初值，后 3 个元素的值为 0*/
char c[5]={ 'a'};     /*只对前 1 个元素赋初值，后 4 个元素的值为'\0'*/
int  a[5]={0};        /*表示全部元素为 0*/
```

（3）对数组中的全部元素赋初值可以不指定数组长度。

例如：int a[]={1,2,3,4,5};等价于 int a[5]={1,2,3,4,5};

**注意：**

若不对 auto 型数组进行初始化，则其初值是不可知的。对一个 static 或 extern 数组未进行初始化时，如果数组元素为数值型，则初值为 0，如果数组元素为字符型，则初值为空字符‘\0’。

### 6.1.4 一维数组的输入和输出

**例 6.1**

程序如下：

```
#include "stdio.h"
main()
{
  int i,a[4];
  printf("\n 请输入数组 a（共 4 个整数）: ");
  for(i=0;i<4;i++)
     scanf("%d",&a[i]);
  printf("输出数组 a: ");
  for(i=0;i<=3;i++)
     printf("a[%d]=%d    ",i,a[i]);
}
```

程序运行结果如下：

请输入数组 a（共 4 个整数）：2　4　6　8↙

输出数组 a：a[0]=2　a[1]=4　a[2]=6　a[3]=8

**注意：**

① scanf 和 printf 不能一次处理整个数组，只能逐个处理数组元素。当下标 i 取不同的值时，a[i]代表不同的数组元素，因此往往利用单重循环语句来输入输出数组元素。

② 用循环语句处理数组元素时，应正确控制下标的范围。

③ 用 scanf 函数输入数据给数组元素时，数组元素前要加上地址运算符&，例如：scanf("%d",&a[i]);。

### 6.1.5 一维数组的应用实例

**例 6.2** 某超市进行促销活动，凡购买商品总金额达 100 元返现金 10 元，总金额达 200 元返 20 元，总金额达 300 元返 30 元，以此类推，上不封顶。试编程使收银机完成此功能。

分析：每一件商品的金额可以用一维数组 a 存放，为了符合日常生活习惯，编程时可以从 a[1]开始存放商品金额。首先求出商品总金额，存放在 a[0]中，然后求出返回的现金值，从而得到顾客应付的费用。

程序如下：

```
#include "stdio.h"
main()
{
  float a[100];
  int x,i,n;
  printf("\n 请输入所购商品数量:");
  scanf("%d",&n);
  printf("请依次输入所购商品的金额:");
  for(i=1;i<=n;i++)
    scanf("%f",&a[i]);
  for(i=1;i<=n;i++)                  /*求出总金额*/
    a[0]+=a[i];
  x=(int)a[0]/100*10;                /*求出返回的现金值*/
  a[0]-=x;                           /*求出顾客应付的金额*/
  printf("顾客应付%7.2f 元。\n",a[0]);
}
```

程序运行结果如下：

请输入所购商品数量：5↙

请依次输入所购商品的金额：50.8　109　68.5　48　89.9↙

顾客应付 336.20 元。

**例 6.3** 采用线性查找法在数组中查找是否有数据 *x*。若有，则显示它在数组中的位置；若没有，则显示没有找到该数。

分析：从第一个元素开始，依次将要查找的数与数组中元素比较，如果找到该数，则退出查找；若找遍整个数组都没有该数，则说明没有找到。

可以设一个标志 find 用来判断是否查找成功，0 表示未成功，1 表示成功，初值为 0。

程序如下：

```
#include "stdio.h"
main()
{
  int a[10]={1,2,3,4,5,6,7,8,9,10};
  int x,i,find=0;
```

```
    printf("请输入要找的数:");
    scanf("%d",&x);
    for(i=0;i<10;i++)
      if(x= =a[i])
        { find=1;
          break;              /*若找到该数，则退出循环*/
        }
    if(find==1)
        printf("%d 是 a[%d]元素\n",x,i);
    else
        printf("没有找到数%d\n",x);
}
```

程序运行结果如下：

请输入要找的数：11↙

没有找到数 11

重新查找一个数，即重新运行该程序，程序运行结果如下：

请输入要找的数：6↙

6 是 a[5]元素

**例 6.4** 采用二分查找法在数组中查找是否有数据 *x*。若有，则显示它在数组中的位置；若没有，则显示没有找到该数。

分析：二分查找法又称折半查找法，是在已排好序的一组数据中查找。具体做法：假定数据是按升序排列的，对于给定值 *x*，从序列的中间位置开始比较，如果当前位置的值就是 *x*，则查找成功；否则，若 *x* 小于当前位置值，则在序列的前半段数据中继续查找；若 *x* 大于当前位置值，则在序列的后半段数据中继续查找，直到找到为止。如果表示序列查找范围的上、下界数值颠倒时，查找不成功。

下面对一个具体的实例进行分析：

对于已排好序的数据序列（数组 a），要求查找给定值 *x*=3。

1 2 3 4 5 6 7 8 9 10

查找过程如下：

① 用 low、high 作为查找范围的上、下界，用 mid 表示每次比较的数据对象的位置，它在由 low 和 high 标记的查找范围的中间，即 mid=(low+high)/2。

② 最初 low=0，high=9，则 mid=4，若用“[”和“]”代表查找范围，着重号指明要比较的数，即 mid 所在位置，则有下列表示：

[1 2 3 4 5 6 7 8 9 10]

③ 此时 a[mid]=5，*x*<a[mid],应在前半段中查找。重新设定查找范围如下：low=0，high=mid-1=3，则 mid=2，并有下列表示：

[1 2 3 4] 5 6 7 8 9 10

④ 此时 a[mid]=2，*x*>a[mid]，应在后半段中查找，重新设定查找范围如下：low=mid+1=2，high=3，则 mid=2，并有下列表示：

1 2 [3 4] 5 6 7 8 9 10

⑤ 此时 x=a[mid]=3，则查找成功。

程序如下：

```
#include "stdio.h"
main()
{
  int a[10]={1,2,3,4,5,6,7,8,9,10};
  int x,low=0,high=9,mid,find=0;
  printf("请输入要找的数：");
  scanf("%d",&x);
  while(low<=high)
   { mid=(low+high)/2;
     if(x<a[mid])
        high=mid-1;
     else if(x>a[mid])
              low=mid+1;
            else
             { find=1;break;}
   }
   if(find= =1)
     printf("%d 是 a[%d]元素\n",x,mid);
   else
     printf("没有找到数%d\n",x);
}
```

程序运行结果如下：

请输入要找的数：25↙

没有找到数 25

重新查找一个数，即重新运行该程序，程序运行结果如下：

请输入要找的数：8↙

8 是 a[7]元素

**例 6.5** 从键盘上任意输入 10 个整数，要求按从小到大的顺序在屏幕上显示出来。

分析：排序的方法有很多，本题采用冒泡排序法。

冒泡排序法的基本思想：通过相邻两个数之间的比较和交换，使数值较小的数逐渐从底部移向顶部，数值较大的数逐渐从顶部移向底部，就像水底的气泡一样逐渐向上冒，故而得名。

由 a[1]～a[n]组成的 n 个数据，进行冒泡排序的过程描述如下：

① 首先将相邻的 a[n]与 a[n-1]进行比较，如果 a[n]的值小于 a[n-1]的值，则交换两者的位置，使较小的上浮，较大的下沉；接着比较 a[n-1]与 a[n-2]的值，同样使较小的上浮，较大的下沉。依次类推，直到比较完 a[2]和 a[1]后，a[1]中存放的是最小的数，称第一轮排序

结束。

② 然后在 a[n]～a[2]区间内，重复上述过程，进行第二轮排序，使剩余元素中最小数据上浮到 a[2]处；重复进行 n-1 趟后，整个排序过程结束。

下面通过一个具体的例子来说明冒泡排序的工作过程。有以下 5 个数，要求从小到大进行排序。过程如下，其中方括号里是已排好序的数：

| | | | | | | |
|---|---|---|---|---|---|---|
| 数组元素： | a[1] | a[2] | a[3] | a[4] | a[5] | |
| 初始值： | 7 | 5 | 2 | 4 | 3 | |
| 第 1 轮比较： | 7 | 5 | 2 | 4 | 3 | → 4 比 3 大，交换 |
| | 7 | 5 | 2 | 3 | 4 | → 2 比 3 小，不交换 |
| | 7 | 5 | 2 | 3 | 4 | → 5 比 2 大，交换 |
| | 7 | 2 | 5 | 3 | 4 | → 7 比 2 大，交换 |
| | 2 | 7 | 5 | 3 | 4 | |
| 第 1 轮结果： | [2] | 7 | 5 | 3 | 4 | |
| 第 2 轮结果： | [2 | 3] | 7 | 5 | 4 | |
| 第 3 轮结果： | [2 | 3 | 4] | 7 | 5 | |
| 第 4 轮结果： | [2 | 3 | 4 | 5 | 7] | |

完成一轮排序后，已排好序的数就增加一个，待排序的数就减少一个，从而使下一轮排序的比较次数减少一次，因此对 n 个数来说，各轮比较次数依次为：n-1，n-2，…，1。

对 10 个数进行从小到大排序，为了符合日常生活的习惯，可以定义数组长度为 11，10 个数分别存放在 a[1]到 a[10]中,不使用 a[0]。

程序如下：

```
#include "stdio.h"
#define  N  11
main()
{
  int a[N];
  int i,j,t;
  printf("请输入 10 个数：\n");
  for(i=1;i<=N-1;i++)
  scanf("%d",&a[i]);
  for(i=1;i<N-1;i++)              /*外循环：控制比较趟数*/
    for(j=N-1;j>i;j--)            /*内循环：进行每趟比较*/
      if(a[j-1]>a[j])             /*如果 a[j-1]大于 a[j]，交换两者的位置*/
       {
         t=a[j];
         a[j]=a[j-1];
         a[j-1]=t;
       }
  printf("\n 排序后的结果为：\n");
```

```
  for(i=1;i<=N-1;i++)
    printf("%d  ",a[i]);
}
```

程序运行结果如下：

请输入 10 个数：

10 8 4 6 2 7 5 1 3 9↙

排序后的结果为：

1 2 3 4 5 6 7 8 9 10

**注意：**

变量 j 既是控制内循环的循环变量，又是控制待比较元素的下标。

**例 6.6** 用选择排序法，从键盘上任意输入 10 个整数从大到小进行排序，并在屏幕上显示出来。

选择排序法的基本思想：给 *n* 个数降序排序，将第一个数与其后面的数逐一进行比较，每次比较后，总是将大者放在第一个数的位置，经过 *n*-1 次比较后，*n* 个数中的最大者放在了最前面；接着，将第二个数与其后面的 *n*-2 个数逐一进行比较，每次比较后，总是将大者放在第二个数的位置，经过 *n*-2 次比较后，*n* 个数中的第二大的数放在了第二个位置……如此重复下去，当最后两个数比较完之后，整个排序过程结束。

例如： *n*=4，初始值为：26　85　17　64

第一轮比较：26　85　17　64 ——→ 26 比 85 小，交换

85　26　17　64 ——→ 85 比 17 大，不交换

85　26　17　64 ——→ 85 比 64 大，不交换

第一轮结果：[85]　26　17　64

第二轮结果：[85　64]　17　26

第三轮结果：[85　64　26　17]

程序如下：

```
#include "stdio.h"
#define  N  11
main()
{
  int a[N];
  int i,j,t;
  printf("请输入 10 个数：\n");
  for(i=1;i<=N-1;i++)
  scanf("%d",&a[i]);
  for(i=1;i<N-1;i++)                 /*外循环：控制比较趟数*/
    for(j=i+1;j<=N;j++)              /*内循环：进行每趟比较*/
      if(a[i]<a[j])                  /*如果 a[j-1]小于 a[j]，交换两者的位置*/
```

```
            {
            t=a[j];
            a[j]=a[i];
            a[i]=t;
           }
    printf("排序后的结果为：\n");
    for(i=1;i<=N-1;i++)
       printf("%d",a[i]);
    printf("\n");
}
```

程序运行结果如下：

请输入 10 个数：

9 8 5 6 3 7 4 1 2 10↙

排序后的结果为：

10 9 8 7 6 5 4 3 2 1

**例 6.7** 用筛选法求 100 以内的素数,并按每行 5 个的格式打印出来。

先分析如何用筛选法求出 2～25 之间的所有素数：

写出 2～25 之间的整数如下：

2 3 4 5 6 7 8 9 10 11 12 13 14

15 16 17 18 19 20 21 22 23 24 25

显然，这些数中最小的数 2 是素数，把除 2 以外凡是 2 的倍数的那些数筛去，余下的是：

2 3 5 7 9 11 13 15 17 19 21 23 25

从 2 的后面找出最小的数 3 是素数，把 3 以外凡是 3 的倍数的那些数筛去，余下的是：

2 3 5 7 11 13 17 19 23 25

再从 3 的后面找出最小的数 5 是素数……不断重复以上过程，最后余下的即为所求。

通过以上分析，现在我们可以定义一个数组 a[100]作为筛子，把 2～100 的数放到筛子上（对应于下标 2～100），将每一个数组元素初值都设为 0(假定数组元素为 0 时表示是其下标值是素数，数组元素为 1 时表示是其下标值不是素数)：

① 先找第一个素数 2，将下标是 2 的倍数所对应的元素的值都改为 1（表示筛去 2 的倍数），即 a[4]，a[6]，a[8]，…，a[100]的值改为 1。

② 再找下一个值为 0 的数组元素，其下标是 3，将下标是 3 的倍数所对应的元素的值都改为 1，去掉 3 的倍数。

③ 重复步骤②，找下一个为 0 的数组元素，并去掉其倍数，直到没有下一个为 0 的元素为止。

**注意：**

被考察数 i 的倍数由反复加上 i 形成：

如 2 的倍数依次是：2+2，2+2+2，…

3 的倍数依次是：3+3, 3+3+3，…

程序如下：

```
#include <stdio.h>
#define   N   101
void main ()
{
 int i,j,a[N]={0};int m=0;                    /*m 用于统计素数的个数*/
 for (i=2;i< N;i++)
 if (a[i]= =0)
    for(j=i*2;j<N;j+=i ) a[j]=1;              /*完成被考察数 i 的倍数筛选*/
 for (i=2;i< N;i++)
    if (a[i]= =0)
      { printf("%6d",i);
         m=m+1;
         if (m % 5= =0) printf("\n");         /*每行打印 5 个素数*/
    }
 }
```

程序运行结果如下：

```
     2     3     5     7    11
    13    17    19    23    29
    31    37    41    43    47
    53    59    61    67    71
    73    79    83    89    97
```

## 6.2 二维数组

### 6.2.1 二维数组的定义

二维数组是指具有两个下标的数组。就像一列火车，数组名为列车名，其下标分别有车厢号与座位号。

二维数组定义的一般形式为：

存储类别　类型说明符 数组名[常量表达式 1][常量表达式 2]

例如：

```
    int data[3][4];              /* 定义有 3 行 4 列的整型数组 data */
    float array[10+1][2];        /* 定义有 11 行 2 列的单精度实型数组 array */
    char c[2][5];                /* 定义有 2 行 5 列的字符型数组 c */
```

说明：

① 常量表达式 1 表示行数，常量表达式 2 表示列数。

② 定义二维数组时不能写成 a[3,4],也不能写成 a(3)(4)。

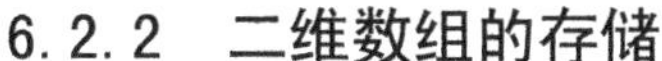

### 6.2.2 二维数组的存储

在C语言中，二维数组元素是按行存储的，在内存中先存放第一行元素，再存放第二行元素。若定义了一个二维数组 a[3][4]，则它在内存中的存放先后顺序如下：a[0][0]，a[0][1]，a[0][2]，a[0][3]，a[1][0]，a[1][1]，a[1][2]，a[1][3]，a[2][0]，a[2][1]，a[2][2]，a[2][3]。根据二维数组在内存中的存放顺序，可以把二维数组看成是一个特殊的一维数组。比如：数组 a[3][4]有 3 个元素，分别为 a[0]、a[1]、a[2],每个元素的值不是基本类型的数据，而是一维数组，a[0]，a[1]，a[2]分别是 3 个一维数组的名字，a[0]的元素是 a[0][0]，a[0][1]，a[0][2]，a[0][3]。二维数组元素存储结构如下所示。

```
                a[0] ──→ a[0][0]  a[0][1]  a[0][2]  a[0][3]
a[3][4]  ──→   a[1] ──→ a[1][0]  a[1][1]  a[1][2]  a[1][3]
                a[2] ──→ a[2][0]  a[2][1]  a[2][2]  a[2][3]
```

### 6.2.3 二维数组的引用

与一维数组一样，二维数组必须先定义后引用。二维数组可以整体定义，但不能整体引用，也不能引用其中的某一行或某一列，只能引用其中某个具体元素。

二维数组元素的一般引用形式为：

数组名[行下标][列下标]

说明：

① 行下标和列下标都必须是非负的整型数据或符号常量。

② 行下标和列下标的值都应在已定义数组大小的范围内。假设有数组 a[3][4]，则可用的行下标范围为 0～2，列下标范围为 0～3。

③ 二维数组的每一个元素都可以作一个普通变量来使用。

例如：

```
printf("%d", a[0][0]);
scanf("%d",&a[1][1]);
a[1][0]+=a[0][0]+3*a[0][1];
```

### 6.2.4 二维数组的初始化

同一维数组一样，在程序中也可以对二维数组进行初始化。

二维数组初始化的一般形式为：

类型说明符 数组名[常量表达式 1] [常量表达式 2]={初值表}；

二维数组初始化的形式有 3 种：

（1）对数组元素全部初始化。

例如：

```
int a[3][4]={{1,2,3,4},{5,6,7,8},{9,10,11,12}};      /*按行赋初值 */
```

与

```
int a[3][4]={1,2,3,4,5,6,7,8,9,10,11,12};           /*按元素排列顺序赋初值 */
```

完全等价。

（2）对数组元素部分初始化，未初始化的元素系统将自动赋值为 0 或'\0'。

例如：

```
int a[3][4]={{1},{5},{9}};
```

只对第 1 列的元素赋初值，其余元素自动为 0。

初始化后的数组各元素如下：

$$\begin{bmatrix} 1 & 0 & 0 & 0 \\ 5 & 0 & 0 & 0 \\ 9 & 0 & 0 & 0 \end{bmatrix}$$

也可以对某几行赋初值。

例如：int a[3][4]={{0,2},{},{0,0,9}};

初始化后的数组各元素如下：

$$\begin{bmatrix} 0 & 2 & 0 & 0 \\ 0 & 0 & 0 & 0 \\ 0 & 0 & 9 & 0 \end{bmatrix}$$

若对数组元素的前几个元素赋初值，则可以按其排列顺序赋初值，其余元素为 0。

例如：

int a[3][4]={1,2,3};

初始化后的数组元素如下：

$$\begin{bmatrix} 1 & 2 & 3 & 0 \\ 0 & 0 & 0 & 0 \\ 0 & 0 & 0 & 0 \end{bmatrix}$$

（3）若对全部元素初始化，常量表达式 1 的值可以不定义。

例如：

```
int a[][4]={{1,2,3,4},{5,6,7,8},{9,10,11,12}};
```

（4）若对部分元素初始化，而且按行赋初值，常量表达式 1 的值可以不定义。

例如：

```
int a[][4]={{1},{5},{9}};
```

### 6.2.5 二维数组的输入输出

对二维数组的输入输出一般使用双层循环结构来实现。外层循环处理各行，内层循环处理某行中的各列元素。

**例 6.8** 输入 2 个学生的 3 门课成绩，成绩如下，并在屏幕上显示出来。

| | 课程 1 | 课程 2 | 课程 3 |
|---|---|---|---|
| 学生 1 | 65 | 78 | 97 |
| 学生 2 | 86 | 73 | 84 |

程序如下：

```
#include "stdio.h"
main()
{int a[2][3],i,j;
  printf("请输入数组 a：\n");
  for(i=0;i<=1;i++)
```

```
  for(j=0;j<=2;j++)
     scanf("%d",&a[i][j]);
 printf("输出数组 a：\n");
 for(i=0;i<=1;i++)
   {for(j=0;j<=2;j++)
      printf("%5d",a[i][j]);
      printf("\n");     /*输出一行数据后即换行*/
   }
}
```

程序运行结果如下：

请输入数组 a：

65　78　97　86　73　84↙

输出数组 a：

```
   65   78   97
   86   73   84
```

**注意：**

① 二维数组的输入、输出是用双重循环处理的，外层循环控制行数（例如 for(i=0;i<=1;i++)，i 从 0 到 1 变化，表示要处理 2 行数据），内层循环控制列数（例如 for(j=0;j<=2;j++)，j 从 0 到 2 变化，表示每行要处理 3 个数据）。

② 输入数据时应按行输入：65　78　97　86　73　84（回车）。

### 6.2.6　二维数组的应用实例

**例 6.9**　求一个 3×4 矩阵的最大值及该值所在的行、列号。

分析：我们用变量 max 来存放最大值。先将 a[0][0]放入 max 中，设 max 为最大值，然后将 max 与其余的每一个元素进行比较：若该元素比 max 小，则不做任何操作；若比 max 大，则用该元素替换掉 max 的值，并记录下该元素的下标。这样一直比较下去，直到比较完所有元素。此时，max 的值就是该矩阵的最大值。

程序如下：

```
#include "stdio.h"
main()
{
   int i,j,row=0,colum=0,max;
   int a[3][4]={{1,7,6,-2},{3,-10,0,9},{-7,4,-3,-1}};
   max=a[0][0];
   for(i=0;i<=2;i++)
     for(j=0;j<=3;j++)
             if(a[i][j]>max)
                {
                  max=a[i][j];
```

```
                row=i;
                colum=j;
              }
   printf("max=%d,row=%d,colum=%d\n",max,row,colum);
      }
```

程序运行结果如下：

max=9,row=1,colum=3

**例 6.10** 有 4 个学生，学习 3 门课程，已知所有学生的各科成绩，试编程分别求每个学生的平均成绩和每门课程的平均成绩。

程序如下：

```
#define  M  4        /*定义学生人数 M 为 4*/
#define  N  3        /*定义课程数 N 为 3*/
#include "stdio.h"
main()
{
   int i,j;
   float score[M+1][N+1]={{78,85,83},
                          {79,64,93},
                          {72,65,54},
                          {86,85,78}};
   for(i=0;i<M;i++)
     { for(j=0;j<N;j++)
         {
           score[i][N]+=score[i][j];        /*求第 i 个人的总成绩*/
           score[M][j]+=score[i][j];        /*求第 j 门课的总成绩*/
         }
       score[i][N]/=N;                      /*求第 i 个人的平均成绩*/
     }
   for(j=0;j<N;j++)
      score[M][j]/=M;
                                            /*输出每个学生的各科成绩和平均成绩*/
   printf("学生编号   课程 1    课程 2    课程 3   个人平均\n");
   for(i=0;i<M;i++)
     {
       printf("学生%d\t",i+1);
       for(j=0;j<N+1;j++)
          printf("%6.1f\t",score[i][j]);
       printf("\n");
     }
```

```
  printf("课程平均");                    /*输出课程平均成绩*/
  for(j=0;j<N;j++)
    {
      score[M][N]+=score[M][j];
      printf("%6.1f\t",score[M][j]);
    }
  printf("%6.1f\n",score[M][N]/N);
}
```

程序运行结果如下：

| 学生编号 | 课程 1 | 课程 2 | 课程 3 | 个人平均 |
|---|---|---|---|---|
| 学生 1 | 78.0 | 85.0 | 83.0 | 82.0 |
| 学生 2 | 79.0 | 64.0 | 93.0 | 78.7 |
| 学生 3 | 72.0 | 65.0 | 54.0 | 63.7 |
| 学生 4 | 86.0 | 85.0 | 78.0 | 83.0 |
| 课程平均 | 78.8 | 74.8 | 77.0 | 76.8 |

## 6.3 字符数组与字符串

### 6.3.1 字符数组的概念

数组元素为字符的数组称为字符数组。字符数组中的每个元素都是单个字符。

**1. 字符数组的定义**

字符数组与数值数组一样，可以是一维数组，也可以是多维数组，定义的格式也与数值数组相同。

例如：

```
char c[20];          /*定义一个 20 个字符的数组 c*/
char str[10][20];    /*定义一个 10 行 20 列的字符数组 str*/
```

**2. 字符数组的初始化**

可以对字符数组全部初始化，也可以部分初始化，其中未初始化的部分元素系统将自动赋值为'\0'。

例如：

```
char c[5]={ 'a', ' ', 'b', 'o', 'y'};
char s[5]={ 'b', 'o', 'y'};                    /*其余自动补'\0'*/
char str[2][3]={{ ' ', '*', ' '},{'*', ' ', '*'}};
```

**3. 字符数组的引用**

字符数组的元素可以逐个引用，引用方法与引用数值数组元素类似。例如：

若输入字符数组，可以使用 getchar()或 scanf()函数输入字符。

例如：

```
char str[10];
  ⋮
```

计算机系列教材

```
for(i=0;i<10;i++)
        scanf("%c",&str[i]);
```

或

```
char str[10];
    ⋮
 for(i=0;i<10;i++)
     str[i]= getchar();
```

若输出字符数组，可以使用 putchar()或 printf()函数输出字符。

例如：

```
char str[5]={ 'c', 'h', 'i', 'n', 'a'};
   ⋮
for(i=0;i<5;i++)
  printf("%c",str[i]);
printf("\n");
```

或

```
char str[5]={ 'c', 'h', 'i', 'n', 'a'};
   ⋮
for(i=0;i<5;i++)
 putchar(str[i]);
printf("\n");
```

**注意：**

逐个输入、输出字符时，要指出字符数组元素的下标，而且使用"%c"格式符。另外，从键盘上输入字符时，无需输入字符的定界符——单引号；输出时，系统也不输出字符的定界符。

### 6.3.2 字符串的概念

字符数组的功能不只是前面所讲述的那样，实际上，字符数组有更强大的功能与应用范围，这就是字符串。所谓字符串，就是由若干字符构成的有限的有序集合。字符串可以包括字母、数字、专用字符、转义字符等。C语言没有专门的字符串变量，通常用一个字符数组来表示一个字符串。C语言规定：以'\0'作为字符串的结束标志（"\0" 代表 ASCII 码为 0 的字符，表示一个"空操作"，只起了一个标志作用）。字符串可以整体处理，不必像数组元素那样单个进行处理。

**1. 用字符串定义及初始化字符数组**

char str[8]="welcome";

等价于

char str[8]={ 'w', 'e', 'l', 'c', 'o', 'm', 'e', '\0'};

该字符串在内存中的存放形式如图 6-2 所示。

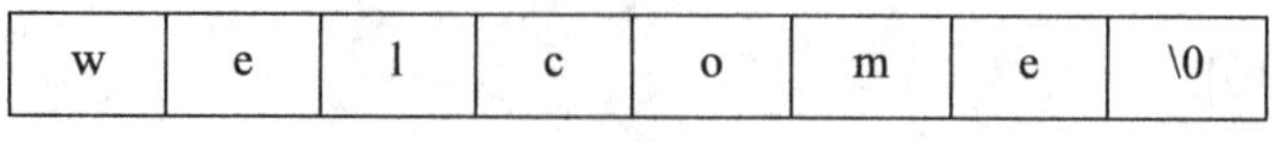

| w | e | l | c | o | m | e | \0 |
|---|---|---|---|---|---|---|---|

图 6-2

字符串还可以定义成如下形式：

char str[8]={"welcome"};

char str[]="welcome";

**注意：**

① 字符串在内存中存放时，系统将自动在字符串的末尾添加一个字符串的结束标记'\0'，系统碰到第一个'\0'就认为字符串处理结束。

② 由于结束标志在字符数组中占用一个元素的存储空间，因此在说明字符数组长度时，其最小长度为实际字符串所需长度加 1。例如：数组 str 的长度为 8，不是 7（如图 6-2 所示）。

③ 如果是部分元素初始化，则其余的部分补'\0'。

例如：

    char c[10]="China";

数组 c 的前 5 个元素为 “C” ，“h” ，“i” ，“n” ，“a” ,第 6 个元素为 “\0”，后 4 个元素为空字符，如图 6-3 所示。

| C | h | i | n | a | \0 | \0 | \0 | \0 | \0 |
|---|---|---|---|---|---|---|---|---|---|

图 6-3

**2. 字符串的输入和输出**

除了可以通过初始化使字符串得到初值外，也可以使用 scanf() 函数输入字符串。同样，也可以用 printf() 函数整体输出存放在字符数组中的字符串。

**例 6.11**

程序如下：

```
#include "stdio.h"
main()
{
  char a[10];
  scanf("%s",a);
  printf("%s\n",a);
}
```

程序运行结果如下：

China↙

China

**注意：**

① 输出的字符串不包括结束符 “\0”。

② 用 “%s” 格式符用来控制字符串的输入输出。在 printf() 函数中的输出项是字符串名或字符数组名，而不是数组元素名。下面的写法是错误的：

printf("%s",a[0]);

③ 若数组长度大于字符串实际长度，也只输出遇到'\0'时结束。如果一个字符数组包含

一个以上'\0'，则输出到第一个'\0'时就输出结束。

例如：若输入的数据是：string↙，系统会自动在后面加一个'\0'结束符。该字符串在内存里的存放形式如图 6-4 所示。

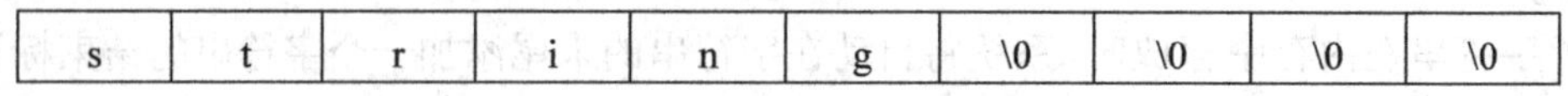

| s | t | r | i | n | g | \0 | \0 | \0 | \0 |
|---|---|---|---|---|---|---|---|---|---|

图 6-4

程序运行后在屏幕上显示的是：string。

④ 用 scanf()函数输入字符串时，如果使用%s 格式符，其输入项是字符串名或字符数组名，此时不需要再加地址符&。输入数据时，以回车作为结束，系统会自动在串尾添加'\0'作为结束标志。

### 6.3.3 字符串函数

在 C 语言程序中，字符型数组主要是用来处理字符串，很少被作为纯粹的数组来使用。C 语言编译系统提供了丰富的字符串处理函数，使用 C 系统提供的标准函数，应将其相应的头文件包含进来。下面介绍几种常用的字符串处理函数。

**1. gets()函数**

格式：gets(ch)

功能：从终端输入一个字符串到字符数组 ch 中，输入回车键时结束，并将回车符'\n'转换成'\0'，其中 ch 只能是一个字符数组名。

说明：

① gets()读取的字符串，其长度没有限制，编程者要保证字符数组有足够大的空间存放输入的字符串。

② 该函数输入的字符串中允许包含空格。

例如：

```
char str[13];
gets(str);
```

从键盘输入：How are you?

该字符串在内存中的存放形式如图 6-5 所示。

| H | o | w |  | a | r | e |  | y | o | u | ? | \0 |
|---|---|---|---|---|---|---|---|---|---|---|---|---|

图 6-5

**2. puts()函数**

格式：puts(ch)

功能：向终端输出字符串,并将'\0'转换成'\n'输出，其中 ch 可以是某个字符数组名，也可以是一个字符串常量。

例如：

```
char c[8]="Tianjin";
puts(c);
```

说明：

① 字符串中允许包含转义字符，输出时产生一个控制操作。

② 该函数一次只能输出一个字符串。

若用 puts 函数写成：

```
puts(str1,str2,str3);
```

上述写法是错误的，应改为：

```
puts(str1);
puts(str2);
puts(str3);
```

**3. strcpy()函数**

格式：strcpy(ch1,ch2)

功能：将字符串 ch2 复制到字符数组 ch1 中，其中 ch1 为字符数组名，ch2 可以是字符串常量或字符数组名。

说明：

① ch1 的长度必须足够大，以便容纳被复制的字符串。一般情况下，ch1 的长度不应小于 ch2 的长度。

② 复制时连同 ch2 中字符串后的'\0'一起复制到 ch1 中。

③ 不能直接用赋值语句将一个字符串常量或字符数组赋给一个字符数组。

例如：

```
str1="china";
str1=str2;
```

上面都是错误的，应该用 strcpy 函数进行处理。

④ 可以将字符串 2 前面的 n 个字符复制到字符数组 1 中。

例如：

```
strcpy(str1,str2,2);
```

上述语句的作用是将 str2 中的前 2 个字符复制到 str1 中，取代 str1 中最前面 2 个字符，然后再加上一个'\0'。

例如：

```
char str1[11];
strcpy(str1,"china");
printf("%s",str1);
```

复制前后的情况如图 6-6 所示。

| 复制前： str1 | | | | | | | | | | | |
|---|---|---|---|---|---|---|---|---|---|---|---|
| 复制后： str1 | C | h | i | n | a | \0 | | | | | |

图 6-6

例如：

```
#include "string.h"
main()
{
  char str1[]="C language";
   strcpy(str1, "China");
   printf("%s",str1);
}
```

程序运行结果如下：

China

复制前后的情况如图 6-7 所示。

| 复制前：str1 | C | | l | a | n | g | u | a | g | e | \0 |
|---|---|---|---|---|---|---|---|---|---|---|---|
| 复制后：str1 | C | h | i | n | a | \0 | u | a | g | e | \0 |

图 6-7

可以看出：strcpy 函数只是将 str1 数组中前 6 个字符用“china\0”覆盖，在执行输出语句 printf("%s",str1)时，依次输出字符'c'、'h'、'i'、'n'、'a'，当碰到'a'后面的'\0'时，输出停止。

**4. strcmp()函数**

格式：strcmp(ch1,ch2)

功能：对字符串 ch1 和字符串 ch2 中相对应的字符从左到右一一进行比较（比较字符的 ASCII 码值的大小），第一个不相等的字符的大小决定了整个字符串的大小，若 ch1 和 ch2 的所有字符完全相同，则 ch1 等于 ch2。ch1 和 ch2 为字符串名或字符串常量。

比较结果由函数值带回。

① 如果 ch1 等于 ch2，则函数返回 0。

② 如果 ch1 大于 ch2，则函数返回一个正整数。

③ 如果 ch1 小于 ch2，则函数返回一个负整数。

说明：

① 两串比较大小取决于第一个不相同的字符，而不是字符串的长度。

② 比较两个字符串不能直接用关系运算符，只能用 strcmp()函数。

例如：

if(str1= =str2) printf("yes");这种写法是错误的。

if(strcmp(str1,str2)= =0) printf("yes");这种写法是正确的。

**5. strcat()函数**

格式：strcat(ch1,ch2)

功能：将字符串 ch2 连接到字符串 ch1 的后面。连接时先将 ch1 的'\0'去掉，连接后在新字符串后补上'\0'。要求 ch1 必须是一个足够大的字符数组，ch2 可以是字符串常量或字符数组名。

例如：

```
char str1[18]="Programming";
str2[]="Design";
strcat(str1,str2);
puts(str1);
```

连接前后的情况如图 6-8 所示。

| | | | | | | | | | | | | | | | | | | | |
|---|---|---|---|---|---|---|---|---|---|---|---|---|---|---|---|---|---|---|---|
| 连接前 | str1 | P | r | o | g | r | a | m | m | i | n | g | \0 | | | | | | |
| | str2 | D | e | s | i | g | n | \0 | | | | | | | | | | | |
| 连接后 | str1 | P | r | o | g | r | a | m | m | i | n | g | D | e | s | i | g | n | \0 |

图 6-8

**6. strlen()函数**

格式：strlen(ch)

功能：返回字符串 ch 的有效字符的个数，即字符串长度，不包括'\0'，其中 ch 为字符数组名或某个字符串常量。

**7. strlwr()函数**

格式：strlwr(ch)

功能：将字符串 ch 中的所有的大写字母转换成小写字母。

**8. strupr()函数**

格式：strupr(ch)

功能：将字符串 ch 中的所有的小写字母转换成大写字母。

### 6.3.4 字符数组的应用实例

**例 6.12** 一个简单的密码检测程序。

分析：假设密码为“password”，检验输入的密码是否正确，实际上就是看输入的字符串与密码“password”这两个字符串是否相等。若两串相等则进入程序，若两串不相等，则重新输入，并且最多只允许输入三次，若三次输入的密码都不正确，则退出程序。

程序如下：

```
#include "stdio.h"
#include "string.h"
main()
{
   char pass_str[80];
   int i=0,x,y,max;
   while(1)
    {
      printf("请输入密码:\n");
      gets(pass_str);
```

```
      i++;
     if(i= =3)   exit(0);                      /*输入三次错误的密码，退出程序*/
     if(strcmp(pass_str,"password")!=0)
        printf("口令错误，按任意键继续");
     else
       break;                                  /*输入正确的密码，中止循环*/
    getch();
  }
  printf("密码正确，进入程序");                 /*输入正确密码所进入的程序段*/
  scanf("%d%d",&x,&y);
  if(x>y)   max=x;
  else   max=y;
  printf("max=%d\n",max);
}
```

程序运行结果如下。

```
请输入密码：
hello ↙
口令错误，按任意键继续
请输入密码：
password ↙
密码正确，进入程序
5   9↙
max=9
```

**例 6.13**　输入一行文字，找出其中大写字母、小写字母、空格、数字及其他字符各有多少？

程序如下：

```
#include "stdio.h"
#include "string.h"
main()
{
   int i,up=0,low=0,space=0,digit=0,other=0;
   char str[60];
   gets(str);
   for(i=0;str[i]!= '\0';i++)
     {
       if((str[i]>= 'A') && (str[i]<= 'Z')) up++;
       else if((str[i]>= 'a') && (str[i]<= 'z')) low++;
       else if(str[i]= = ' ') space++;
       else if((str[i]<= '9')&&(str[i]>= '0')) digit++;
```

```
      else      other++;
    }
  printf("\nup=%d    low=%d    space=%d",up,low,space);
  printf("    digit=%d    other=%d\n",digit,other);
}
```

程序运行结果如下：

I am a boy. ↙

up=1　low=6　space=3　digit=0　other=1

**例 6.14**　有 3 个字符串，要求找出其中最大者。

分析：设一个二维的字符数组 str，大小为 3×20,即有 3 行 20 列，每一行可以容纳 20 个字符。如图 6-9 所示。

| | | | | | | | | | | | | | | | | | | | | |
|---|---|---|---|---|---|---|---|---|---|---|---|---|---|---|---|---|---|---|---|---|
| str[0]: | C | h | i | n | a | \0 | | | | | | | | | | | | | | |
| str[1]: | J | a | p | a | n | \0 | | | | | | | | | | | | | | |
| str[2]: | I | n | d | i | a | \0 | | | | | | | | | | | | | | |

图 6-9

可以把 str[0]、str[1]、str[2]看做 3 个一维字符数组，它们各有 20 个元素，把它们视同一维数组进行处理，用 gets 函数分别输入 3 个字符串。经过二次比较，就可得到值最大者，把它放在一维字符数组 string 中。

程序如下：

```
#include "stdio.h"
#include "string.h"
main()
{
  char string[20],str[3][20];
  int i;
  for(i=0;i<3;i++)
     gets(str[i]);
  if(strcmp(str[0],str[1])>0)
     strcpy(string,str[0]);
  else
     strcpy(string,str[1]);
  if(strcmp(str[2],string)>0)
     strcpy(string,str[2]);
  printf("The largest string is :%s\n",string);
}
```

程序运行结果如下：

China↙

Japan↙

India↙

The largest string is :Japan

上面的程序，如果不采用二维数组，用 3 个一维字符数组也可以处理。

程序如下：

```
#include "stdio.h"
#include "string.h"
main()
{
  char string[20],str1[20] ,str2[20] ,str3[20];
  int i;
  gets(str1);gets(str2);gets(str3);
  if(strcmp(str1,str2)>0)
    strcpy(string,str1);
  else
    strcpy(string,str2);
  if(strcmp(str3,string)>0)
    strcpy(string,str3);
  printf("The largest string is :%s\n",string);
}
```

程序运行结果如下：

China↙

Japan↙

India↙

The largest string is :Japan

## 6.4 数组作为函数的参数

数组作为函数的参数主要有两种情况:

第一种情况，数组元素作为函数的实参。这种情况与普通变量作实参一样，是将数组元素的值传给形参，这种参数传递方式为“值传递”。

第二种情况，数组名作为函数的实参。要求函数形参是与实参相同类型的数组名(或指向数组的指针变量，详见第 7 章)，将实参数组的起始地址（数组名代表数组的起始地址）传给形参数组，这种参数传递方式为“地址传递”。

“值传递”与“地址传递”的形实参数结合的区别可以用图 6-10 表示。

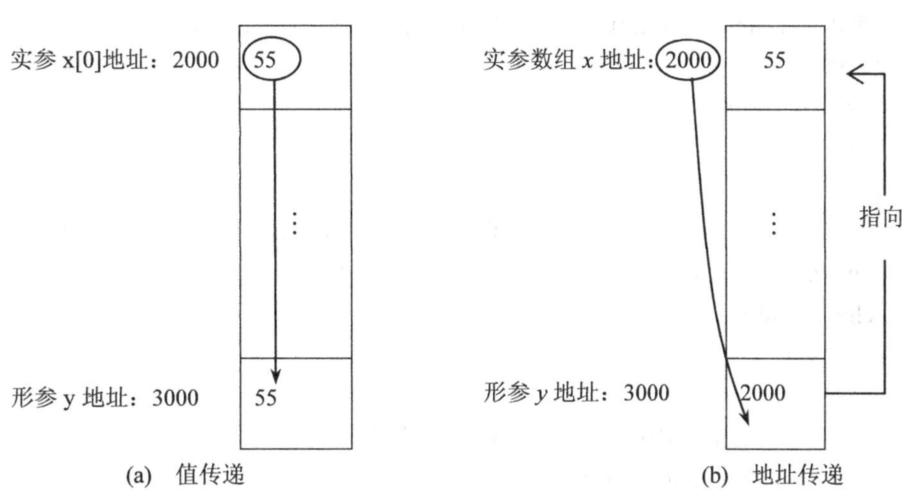


图 6-10 两种传递方式的示意图

从图 6-10 中我们可以看出，图（a）中形参 *y* 获得实参 x[0]的数据值 55 后，形参与实参再没有任何关联，因此，形参的值如果发生改变，不会影响到实参的值。

图（b）中形参 *y* 获得的只是实参 *x*（为数组名）的起始地址指针，*y* 指向 *x* 所在的存储单元，对 *y* 进行操作实际上就是到数组 *x* 所在的存储空间去进行操作，因此，形参数组的值如果发生改变，就会影响到实参数组值的改变。

如果在调用的函数中对形参执行加 9 操作,其结果如图 6-11 所示。

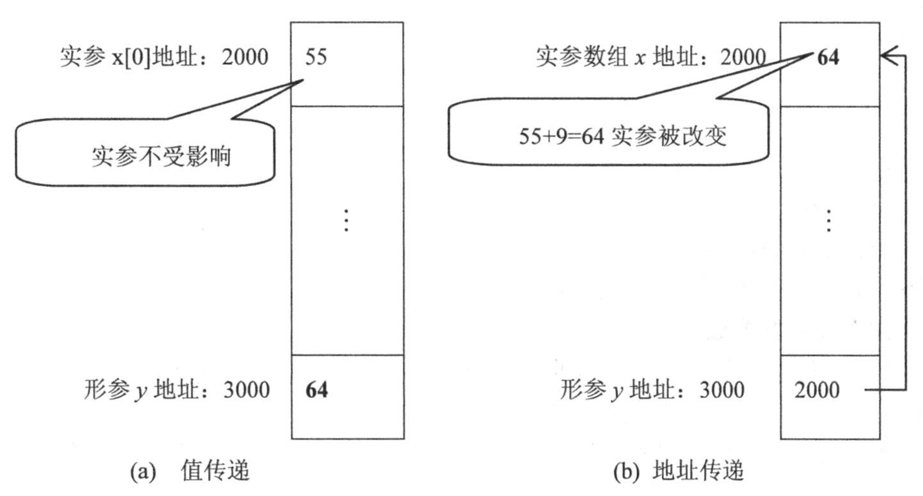


图 6-11 调用函数中执行加 9 后的示意图

显然，两种传送方式对实参的影响结果不一样。

**1. 数组元素作函数的实参**

数组元素作为函数实参与简单变量作为函数实参相同，是将元素的值传给被调函数的形参，是单向值传递。

**例 6.15** 从键盘上输入一行英文，统计出该行英文中小写元音字母 a、e、i、o、u 的个数。

设计一个函数 aeiou()，判断该行英文中各字母是否为小写元音字母。

程序如下：

```
#include <stdio.h>
main( )
{
 int flag ,i=0, counter=0 ;          /*flag 为元音标志，counter 统计元音的个数*/
 int   aeiou(char c1);               /*函数形参 c1 是简单变量*/
 char str[80];
 gets(str);
 do
    { flag= aeiou (str[i]);          /*数组元素作实参*/
      counter=counter+ flag;
      i++;
    }while(str[i]!= '\0');           /*字符串到了末尾比较结束*/
  printf("The number of aeiou is %d\n",counter);
 }

int aeiou(char c1)
{
 int t;
 if (c1=='a'||c1=='e'||c1=='i'||c1=='o'||c1= ='u')    t=1;
 else t=0 ;
 return    t;
 }
```

程序运行结果如下：

I am very well↙

The number of aeiou is 3

程序中实参 str [i]与形参 c1 之间是值传递。

**2. 数组名作函数参数**

数组名作函数参数是把实参数组的起始地址传给了形参数组，即形参数组与实参数组对应同一段内存单元，利用这个特点，可得到多个返回值。

**例 6.16** 从一个 3 行 4 列的矩阵中找出最大值与最小值，并把它们分别放在第一、第二个元素中。

```
#include <stdio.h>
void maxmin(int b[3][4])                  /*形参为数组名*/
{
    int i,j,max,min;
    max=min=b[0][0];
    for(i=0;i<3;i++)
```

```
    for(j=0;j<4;j++)
      if (b[i][j]>max) max=b[i][j];
      else if(b[i][j]<min) min=b[i][j];
    b[0][0]=max; b[0][1]=min;
}

main()
{
  int  a[3][4]={1,0,-111,21,10,4, 5,6,999,2,12,0};
  maxmin(a);                          /*调用函数时，实参为数组名*/
  printf("max=%d\n ",a[0][0]);        /*调用后，a[0][0]返回最大值*/
  printf("min=%d\n ",a[0][1]);        /*调用后，a[0][1]返回最小值*/
}
```

程序运行结果如下：

```
max=999
min=-111
```

说明：

① 数组名作函数参数时，形参与实参都应使用数组名，且分别在被调用函数与主调函数中说明。

② 实参与形参类型要一致。

③ 实参数组与形参数组大小可以不一致，形参数组可不指定大小。C编译程序不检查形参数组的大小。

④ 对一维形参数组名，在定义时，数组名后面可只跟一对空方括号。

例如：

```
int lenstr(char str[] )
```

对多维数组而言，形参的第一维可不指定，但其他维必须指定。如上例中定义形参时可以改成：void maxmin(int b[][4])。

通常为了在被调用函数中更加方便地处理数组元素，可另设一参数来传递数组元素个数。

例如：

```
int   lenstr(char str[],int k);           /*k 为要处理的字符数*/
char  grade(float score[][4],int k);      /*k 为数组行数*/
```

**例 6.17** 改写例 6.6"用选择排序法，从键盘上任意输入 10 个整数从大到小地进行排序，并在屏幕上显示出来"，将其中的排序部分改为一个函数 void sort(int b[],int k)，输入的整数个数由 10 个改成为任意个（100 以内）且由参数 k 传递,在主函数中完成输入和输出。

程序如下：

```
#include "stdio.h"
#define  N  100
void sort(int b[],int k)
```

```
{
    int i,j,t;
    for(i=1;i<k;i++)                    /*外循环：控制比较轮数*/
    for(j=i+1;j<=k;j++)                 /*内循环：进行每趟轮数比较*/
        if(b[i]<b[j])                   /*如果 b[j-1]小于 b[j]，交换两者的位置*/
            {t=b[j];b[j]=b[i];b[i]=t;}
}

main()
{
    int a[N],m;
    int i;
    printf("请输入待排序整数的个数 m：\n");
    scanf("%d",&m);
    printf("请输入这%d 个数：\n",m);
    for(i=1;i<=m;i++)
        scanf("%d",&a[i]);
    sort(a,m);    /*用实参一维数组名 a 和单变量 m 去调用排序函数，调用返回后，a 数
                    组中的数据已经排好了顺序*/
    printf("排序后的结果为：\n");
    for(i=1;i<=m;i++)
        printf("%d    ",a[i]);
    printf("\n");
}
```

程序运行结果如下：

请输入待排序整数的个数 m：
8↙
请输入这 8 个数：
55 66 33 77 44 11 10 22↙
排序后的结果为：
77 66 55 44 33 22 11 10

**例 6.18** 利用插入排序法对字符串中的字符按从小到大的顺序进行排序。

插入排序法的基本算法是：先对字符串中的头两个元素进行排序；然后把第三个字符插入到前两个字符中，插入后前三个字符依然有序；再把第四个字符插入到前三个字符中……

如果待插入的字符比前已排好序字符串的最后一个字符小，则要通过逐一比较找到该字符的插入点，大的字符要往后挪动；如果待插入的字符比前面已排好序字符串的最后一个字符大，则不需要挪动。

例如有一排好序的字符串ABGH,如待插入字符为D，将D逐一与H、G比较，H、G往后挪动。如待插入字符为'K'，则不需要挪动。

假定待排序的字符串已在主函数中赋予，函数fun完成插入排序，程序如下：

```
#include <stdio.h>
#include <string.h>
#define     N     80
void   insert(char   aa[] )                              /*形参为数组名*/
{   int   i,j,n;       char   ch;                         /* ch 为待插入的字符*/
    n=strlen(aa);                                         /* n 为字符串长度*/
    for( i=1; i<n ;i++ )
      { ch=aa[i];                                         /*从字符串中读入一个待插入的字符*/
        j=i-1;
        while ((j>=0) && ( ch<aa[j] ))      /* 从后向前逐一比较找到该字符的插入点*/
          {
            aa[j+1]=aa[j];                                /* 将较大字符往后挪动*/
            j--;
          }
        aa[j+1]=ch;
      }
 }

main( )
{
   char   a[N]="QWERTYUIOPASDFGHJKLMNBVCXZ";
   printf ("The original string :   %s\n", a);
   insert(a) ;
   printf("The string after sorting :   %s\n\n",a );
}
```

程序运行结果如下：

The original string : QWERTYUIOPASDFGHJKLMNBVCXZ

The string after sorting :ABCDEFGHIJKLMNOPQRSTUVWXYZ

# 第7章 指　针

指针是C语言的一个重要概念，是C语言区别于其他语言的重要特征，是C语言的精华所在，也是C语言的重点和难点，可以说：学不好指针，就相当于没有学好C语言。要学好C语言，就必须全面、正确地掌握有关指针的概念及程序设计方法。

## 7.1 指针的概念与数据的地址

### 7.1.1 指针的优点和重要性

在C语言程序中，正确使用指针，可以使程序变得更加简洁、紧凑、高效。其优点和重要性主要表现在以下几个方面：

（1）有效地表示复杂的数据结构，如链表、栈等。

（2）支持内存动态分配，节省内存资源，提高程序运行速度。

（3）方便使用字符串，对字符串进行直接操作。

（4）有效、简便使用数组，指针可在任何地方代替数组，大大提高程序效率。

（5）提供了函数地址调用的方法，调用函数时，能得到多个返回值。

（6）直接处理内存地址。

（7）对文件进行操作。

指针是C语言最强有力的手段，但它也最具危险性。例如，未初始化的指针可能导致系统崩溃。另外，使用指针很容易产生错误，而且这种错误很难被发现。所以，在学习和使用指针时，必须小心、谨慎，多思考，多比较。

### 7.1.2 地址和指针

**1. 地址**

地址是用来存放各种信息的内存单元在机器内所处的位置，通常以字节为单位进行编号。例如，一般微机上使用的C语言系统为整型变量分配2个字节的存储空间，为实型变量分配4个字节的存储空间，为字符型变量分配1个字节的存储空间。计算机内存区的每一个内存单元就是1个字节的存储空间，这些内存单元都有一个固定的编号，这个编号就是“地址”，它相当宾馆中的房间号。在地址所标志的内存单元中存放数据，相当于在宾馆中房间居住的旅客一样。地址一般用二维方式来表示，即段地址和偏移地址。

计算机中，存放在内存单元中的数据是可变的，但内存单元的地址是固定不变的，即每一个内存单元所处的位置都是固定的。就像宾馆房间所处的位置是不变的，而住在该房间的旅客是变化的一样。所以说，任何一个内存单元的地址值都是一个常量，而且是整型常量。

在C语言程序中，对数据的存取是通过地址进行的，要存取一个数据，必须先知道这个

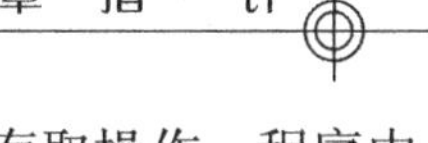

数据的存放地址，再找到存放这个数据的具体存储空间，对该数据进行存取操作。程序中，通常通过变量名来对存储空间的数据进行存取操作，其实程序经过编译后已经将变量名转换为变量的地址，对变量值的存取操作实际上就是对该变量所代表的存储空间进行数据存取操作。

C 语言中，对某个变量值存取的方式有两种：

（1）直接访问——直接利用变量的地址进行存取。

（2）间接访问——通过另一变量访问该变量的值，在程序中可以定义一种特殊的变量（称为指针变量），用来存放其他变量的地址。

这两种访问方式之间的关系，可以用某人甲要找某人乙来类比。

一种情况是，甲知道乙在何处，直接去找他，这是直接访问；另一种情况是，甲不知道乙在哪儿，但丙知道乙在哪儿，此时甲可以这么做：先找丙，从丙处获得乙的去向，然后再找乙，这就是间接访问。

一般而言，C 语言中的各数据类型的地址引用方式如下：

（1）基本类型变量：在变量名前加地址运算符&，如&a,表示变量 a 的地址。

（2）数组：C 语言程序中数组名代表该数组的地址。数组的地址就是该数组中第一个元素的地址，也称为数组的首地址。如 int a[5];a 是数组名，代表了这个数组的地址，也代表了第一个元素的地址，即 a 和&a[0]的含义是相同的。

（3）函数：C 语言程序中函数名代表了该函数的入口地址。

（4）字符串常量：字符串常量本身就代表该常量的地址。

**2. 指针**

在 C 语言中，指针是地址的“雅称”，可以说，指针就是地址值。一个变量的地址称为该变量的指针，它指向以它为地址的内存单元，通过变量的指针能够找到该变量。

### 7.1.3 指针变量和指针常量

**1. 指针变量**

如果有这样一个变量，它专门用来存放其他某一类型变量的地址，那么该变量就称为指针变量。指针变量的值是另外某个变量的地址。也就是说，指针变量指向另一个变量。指针与指针变量的区别，就是变量值与变量的区别。知道了一个指针变量的值相当于知道了它所指向的那个变量的值。

C 语言中，用“*”符号表示“指向”。如果 a_pointer 代表一个指针变量，那么*a_pointer 就代表 a_pointer 所指向的变量，如图 7-1 所示。

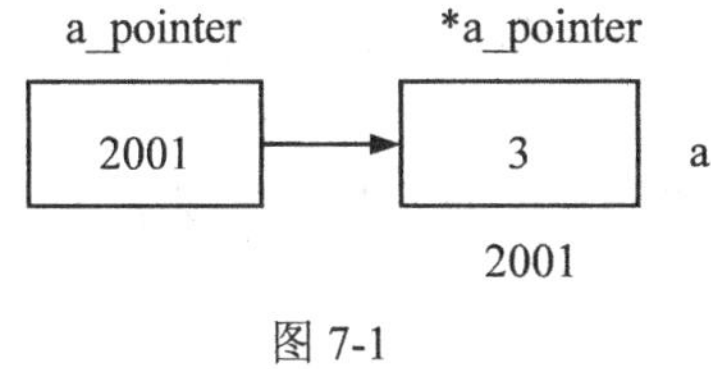


图 7-1

假定 a=3，a_pointer 指向 a，下面两个语句的作用相同：

① a_pointer=&a;

②*a_pointer=3;

第①句是使 a_pointer 指向 a，第②句是将 3 赋给指针变量 a_pointer 所指向的变量。

**2. 指针常量**

指针常量就是地址常量，它所引用的对象是内存单元的具体地址值，是不能改变的。

例如：&i，虽然 i 是一个变量，但 i 的地址是不能改变的，所以&i 是一个指针常量。

## 7.2 变量的指针及指向变量的指针变量

### 7.2.1 指针变量的说明

变量的指针就是该变量的地址，存放变量地址的变量称为指针变量。指针变量的一般说明形式如下：

类型说明符*指针变量名

指针变量命名的规则与普通变量命名的规则一样，由字母、数字、下画线构成，开头不能为数字，最长不得超过 31 个字符，不得与关键字同名。

例如：

① int *p1;

② float *p2;

第①句定义了一个指针变量 p1,该指针变量指向一个 int 型变量。第②句定义了一个指针变量 p2，该指针变量指向一个 float 型变量。尽管 p1 和 p2 指向变量的类型不一样，但 p1 和 p2 的值都是整数，是具体的内存单元地址值。

**注意：**

① 指针变量一旦被定义说明，就可以使用。在使用前，应先给指针变量赋初值，否则，将可能会导致系统崩溃。给指针变量赋值时，只能赋具体的地址值。

例如：

```
int *p1, *p2;          /* 定义指针变量 p1,p2 */
p1=&i;p2=&j;           /* 将 i 的地址赋值给 p1, 将 j 的地址赋值给 p2 */
```

p1 指向 i,p2 指向 j, *p1 的值是 i 的值，*p2 的值是 j 的值。

② 一个指针变量只能指向某一具体类型的变量，不能同时指向两个或多个不同类型的变量。

例如：

int *p1,i;p1=&i;是正确的；

int *p1;float i;p1=&i;是错误的。

因为 p1 是指向 int 型变量的指针变量，不能指向 float 型变量。

③ 指针变量的值和该指针变量的地址是不一样的，尽管都是地址值，但其含义不一样。指针变量的值是它所指向的变量的地址，而不是它本身的地址。

例如：

```
int *p1,i;
p1=&i;
```

p1 的值是 i 变量的地址，即&i,p1 的地址是&p1。

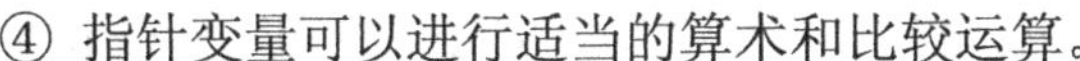
④ 指针变量可以进行适当的算术和比较运算。

## 7.2.2 指针变量的引用

**1. 指针操作符**

在指针变量中只能存放地址（指针），不能存放其他非地址类的数据。下面介绍两个相关的运算符：

① &:取地址运算符，放在变量的前面，取该变量的地址值。

②*:指针运算符（或称“间接访问”运算符），放在指针变量的前面，代表该指针变量所指向变量的值。

上述两个运算符是单目运算符，结合方式从右到左。

例如：

```
int *p,i=3;
p=&i;                    /* 将 i 的地址赋给 p,p 指向变量 i */
printf("%d",*p);         /* 输出*p 的值，即输出 i 的值*/
```

输出结果为 3，&i 是变量 i 的地址，最后一个语句中的*p 就是变量 i 的值 3。

同样，可以推算出：&*p 就是 p，*&i 就是 i。

**例 7.1** 通过指针变量访问具体变量。

程序如下(指向关系如图 7-2 所示):

```
#include "stdio.h"
main()
{
 int *p1, *p2;
 int a=10,b=12;
 p1=&a;p2=&b;
 printf("%d,%d\n",a,b);
 printf("%d,%d\n",*p1, *p2);
}
```

| p1 | | a |
|---|---|---|
| &a | → | 10 |
| p2 | | b |
| &b | → | 12 |

图 7-2

程序运行结果如下：

10，12

10，12

**2. 指针运算**

（1）指针变量可以进行递增和递减运算。当指针变量进行递增和递减运算时，并不是指针变量的值简单地增 1 或减 1，而是指针变量此时所指向的内存单元地址同原先所指向的内存单元的地址相比较，向后或向前偏移了一个存储空间。

例如：

```
int *p=2001;
p++;
printf("%d\n",p);
```

输出结果为 2003，而不是 2002。因为 p 是一个指向 int 型数据的指针变量，它所指向的数据占 2 个字节的存储空间，p++是 p 向后偏移了一个 2 字节的存储空间，所以 p++的值为 2001+2，即 2003。

同样，如果有 float *p=2001;

```
p++;
printf("%d\n",p);
```

那么，输出结果为 2005。

（2）指针可以进行适当的加减运算。除了指针和整数相加减、指针和指针相减以外，不允许对指针进行其他的任何算术操作。

特别要注意的是，不允许：

① 指针间相除或相乘。

② 两个指针相加。

③ 对指针使用位变换和屏蔽操作符。

④ 指向 float 和指向 double 类型数据的指针相加。

（3）在关系表达式中允许对两个指针进行比较运算。例如：已知两个指针 p1 和 p2，下面语句是正确的：

```
if(p1<p2) printf("p1 point to lower memory than p2\n");
```

一般情况下，指针比较仅用于指向共同对象的两个或多个指针。

**例 7.2** 指针运算的实例。

程序如下：

```
#include "stdio.h"
main()
{
 int *p1, *p2, *p3;
 int a=10,b=12;
 p1=&a;p2=&b;
 p3=2001;
 printf("%d,%d\n",a,b);
 printf("%d,%d\n",*p1, *p2);
 printf("%p,%p\n",p1,p2);
 printf("%d,%d\n",p1-p2,p3+9);
 printf("%p,%p\n",++p1,--p2);
}
```

程序运行结果如下：

```
10,12
10,12
FFCE,FFD0
-1,2019
FFD0,FFCE
```

程序中的%p 格式说明符是以指针形式显示指针。也可以用%x 或%X 格式说明符将指针以 16 进制形式显示。

### 7.2.3 应用实例

**例 7.3** 输入 a 和 b 两个整数，按先大后小顺序输出。

程序如下（指向过程如图 7-3 所示）：

```
#include "stdio.h"
main()
{
 int a,b;
 int *p1, *p2, *p;
 printf("input two numbers a and b:");
 scanf("%d,%d",&a,&b);
 p1=&a;p2=&b;
 if(a<b) {p=p1;p1=p2;p2=p;}
 printf("%d,%d", *p1, *p2);
 }
```

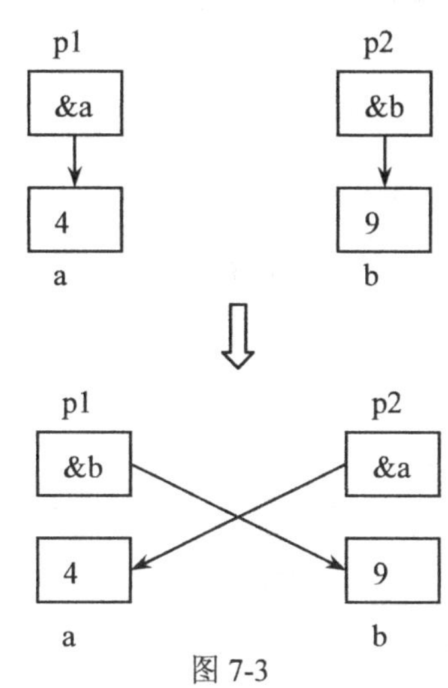

图 7-3

程序运行结果如下：

input two numbers a and b:4,9↙

9,4

从图示中可以看出 a 和 b 的值并没有发生改变，而是 p1 和 p2 的指向发生了改变。上述程序如果可以改成下面程序，结果仍然一样。

程序如下（指向过程如图 7-4 所示）：

```
#include "stdio.h"
main()
{
 int *p1, *p2,p;
 printf("input two numbers a and b:");
 scanf("%d,%d",&a,&b);
 p1=&a;p2=&b;
 if(*p1<*p2) {p=*p1; *p1=*p2; *p2=p;}
 printf("%d,%d", *p1, *p2);
}
```

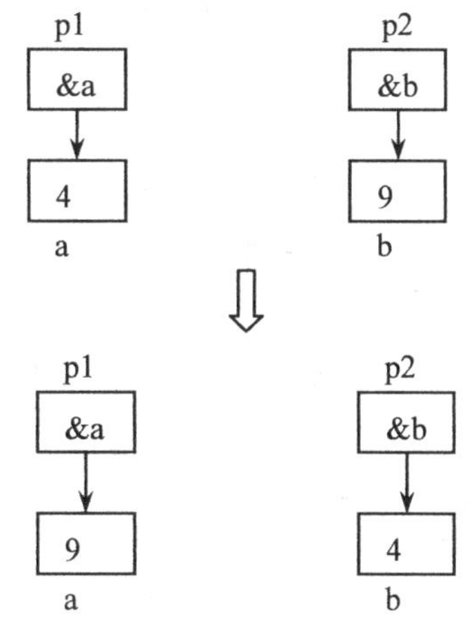

图 7-4

程序运行结果如下：

input two numbers a and b:4,9↙

9,4

**注意：**

在程序中，不能将 int *p1, *p2,p;改成 int *p1, *p2, *p; 否则，有可能破坏系统正常工作

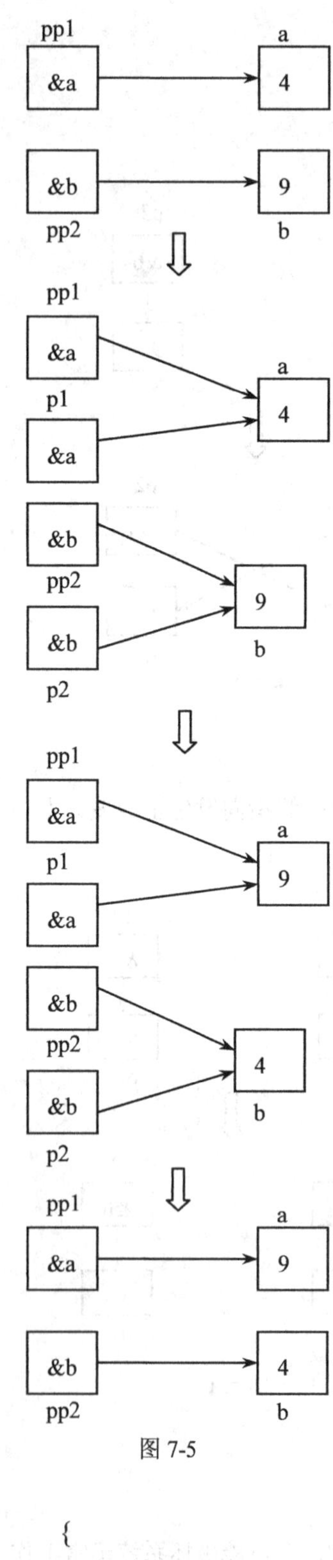

图 7-5

状态。因为*p 是指针变量 p 所指向的变量，没有固定的地址。

**例 7.4** 输入 a 和 b 两个整数，按先大后小顺序输出（用函数的调用方法来编程）。

程序如下(指向过程如图 7-5 所示)：

```
#include "stdio.h"
void f(int *p1,int *p2)
{
  int p;
  p=*p1; *p1=*p2; *p2=p;
 }

main ()
{
 int a,b;
 int *pp1, *pp2;
 printf("input two numbers a and b:");
 scanf("%d,%d",&a,&b);
 pp1=&a;pp2=&b;
 if(a<b) f(pp1,pp2);
 printf("%d,%d",a,b);
}
```

程序运行结果如下：

```
input two numbers a and b:4,9↙
9,4
```

从指向过程可以看出：pp1 和 p1 指向同一个内存单元，pp2 和 p2 指向同一个内存单元，即 pp1 和 p1 指向变量 a,pp2 和 p2 指向变量 b。改变*p1 和*p2 的值实际上是改变了变量 a 和 b 的值，尽管 p1 和 p2 的值没有发生改变，但它们所指向的内存单元中存放的数据已经发生了改变。如果将 main () 函数中的 printf("%d,%d",a,b);改为 printf("%d,%d",*pp1, *pp2);其运行结果仍然一样。

另外，还可以将上述程序改为下面的程序，运行结果仍然一样。

程序如下：

```
#include "stdio.h"
void f(int *p1,int *p2)
{
 int p;
```

```
 p=*p1; *p1=*p2; *p2=p;
}

main()
{
 int a,b;
 printf("input two numbers a and b:");
 scanf("%d,%d",&a,&b);
 if(a<b) f(&a,&b);
 printf("%d,%d",a,b);
}
```

程序运行结果如下：

```
input two numbers a and b:4,9↙
9,4
```

**注意：**

在函数调用时，不能改变实参指针变量的值，但可以改变实参指针变量所指向的变量的值。因为实参指针变量和形参指针变量共同指向同一个变量，改变形参指针变量所指向变量的值，事实上就是改变了实参指针变量所指向变量的值。

## 7.3　指针与数组

指针既然可以指向变量，当然也可以指向数组和数组中的元素，数组的指针就是该数组的首地址（起始地址）。实际上，C 语言允许用两种方法存取数组元素，即指针法和下标法。通常指针法要比下标法的速度快，且占内存小。

### 7.3.1　一维数组的指针和指向一维数组的指针变量

**1. 数组的指针与数组元素的指针**

数组元素的指针是指数组中某个具体元素的地址。数组的指针则是数组的首地址，也叫起始地址，是数组中最开头那个元素的地址。C 语言程序中，数组名本身就代表该数组的首地址。

**例 7.5**

```
#include "stdio.h"
main()
{
 int a[5],b[4];
 printf("%p,%p\n",a,b);
 printf("%p,%p\n",&a[0],&b[0]);
 printf("%p,%p\n",a+1,b+1);
 printf("%p,%p\n",&a[1],&b[1]);
```

}

程序运行结果如下：

FFC0,FFCA

FFC0,FFCA

FFC2,FFCC

FFC2,FFCC

从本例题中可以看出 a 和&a[0],b 和&b[0]是同一个值。因为 a,b 为数组名，分别代表数组 a 和数组 b 的首地址，事实上,数组 a 和数组 b 的首地址就是&a[0] 和&b[0]的值。由于数组中各元素是按顺序存放的，a+1 表示 a 数组中下一个元素的地址（指针），也就是说，a+1 和&a[1]是同一个值。

**2. 指向数组元素的指针变量的定义与赋值**

定义一个指向数组元素的指针变量的方法一般如下：

类型说明符 数组名[常量表达式]；

类型说明符*指针变量名；

例如：

```
int a[10];        /* 定义一个一维数组，该数组中有 10 个元素*/
int *p;           /* 定义一个指针变量 p，该指针变量指向一个整型变量*/
```

注意：

必须保证数组类型和指针变量所指向的变量类型保持一致。如果数组为 int 型，则指针变量应指向 int 型；如果数组为 float 型，则指针变量应指向 float 型。

对指向数组的指针变量赋值有两种方法：将数组的地址赋给指针变量和将数组元素的地址赋给指针变量。

例如：

```
int a[10];
int *p;
p=a;              /* 将数组 a 的地址赋给 p */
p=&a[0];          /* 将数组中 a[0]元素的地址赋给 p */
```

可以在定义指针变量时，给指针变量赋初值。

例如：
```
int a[10];
int *p=a;
```

**3. 指针法引用数组元素**

假定：

```
int a[10];
int *p;
p=a;
```

那么：

① a 代表数组 a 的首地址&a[0]，p 的值也是&a[0]，*p 和*a 则表示 a[0]。

② a+1 的值是&a[1],p+1 的值也是&a[1]，*(a+1)和*(p+1)则表示 a[1]。

③ a+i 的值是&a[i],p+i 的值也是&a[i]，*(a+i)和*(p+i)则表示 a[i]。由此可以推断出：a[i]

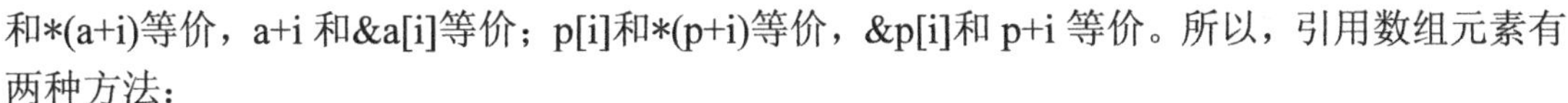

和*(a+i)等价，a+i 和&a[i]等价；p[i]和*(p+i)等价，&p[i]和 p+i 等价。所以，引用数组元素有两种方法：

下标法：如 a[i]形式。
指针法：如*(a+i)或*(p+i)形式。

上述文字可用图 7-6 来形象地表示。

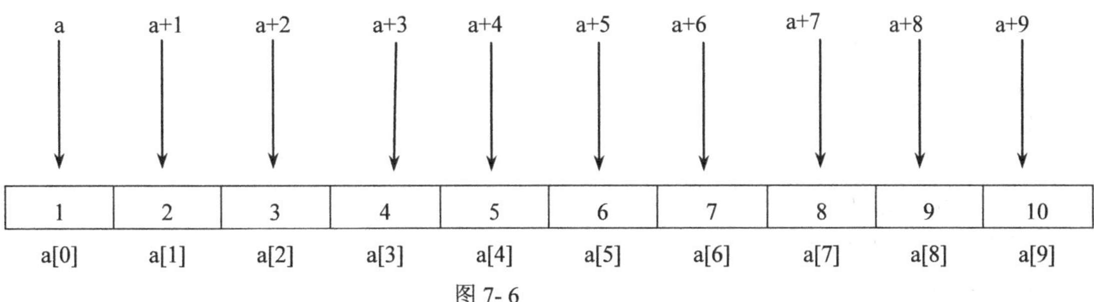

图 7- 6

④ 数组中元素 a[i]的实际地址为：a+i*d，d 为一个数组元素所占的字节数。

例如：如果 a=2001;则元素 a[5]的实际地址为 2001+5*2，即 2011。因为一个 int 型数据占 2 个字节。

⑤ p 是指针变量，可以进行递增和递减运算，例如：p++;p--;是合法的，但 a 不能进行递增和递减运算，例如：a++;a--是非法的。因为 a 是数组名，代表首地址，在程序中是固定不变的，不能进行递增和递减运算。

**例 7.6**　用指针法输入输出数组元素的值。

程序如下：

```
#include "stdio.h"
main()
{
 int a[10],i;
 for(i=0;i<10;i++)
 scanf("%d",a+i);
 for(i=0;i<10;i++)
 printf("%d ",*(a+i));
}
```

程序运行结果如下：

```
1 2 3 4 5 6 7 8 9 10↙
1 2 3 4 5 6 7 8 9 10
```

上面程序中，a 为数组名，代表该数组的首地址，是一个常量。a 的值是不能够随意改变的，因此不能出现 a++或++a。

例 7.6 的程序可以写成下面的指针法形式，其结果仍然不变。

程序如下：

```
#include "stdio.h"
main()
{
 int a[10], *p;
 for(p=a;p<a+10;p++)
 scanf("%d",p);
 for(p=a;p<a+10;p++)
 printf("%d ",*p);
}
```

程序运行结果如下：

1 2 3 4 5 6 7 8 9 10↙

1 2 3 4 5 6 7 8 9 10

例 7.6 的程序还可以写成下面的指针法形式，其结果也是不变的。

程序如下：

```
#include "stdio.h"
main()
{
 int a[10],i,*p;
 for(p=a,i=0;i<10;i++)
 scanf("%d",p++);
 for(p=a,i=0;i<10;i++)
 printf("%d ",*(p++));
}
```

程序运行结果如下：

1 2 3 4 5 6 7 8 9 10↙

1 2 3 4 5 6 7 8 9 10

程序中，p++表示指针变量 p 使用完毕后，指向下一个数组元素。*(p++)表示先得到*p 的值，然后使 p 指向下一个数组元素。

**例 7.7** 用冒泡法对数组进行从小到大排序。

前面讲过用下标法对数组进行冒泡法排序，现在可以用指针法来进行冒泡法排序。

程序如下：

```
#include "stdio.h"
main()
{
 int a[10],i, *p,pp,j;
 for(p=a,i=0;i<10;i++)
```

```
 scanf("%d",p++);
 for(i=0;i<10;i++)
    for(p=a,j=0;j<9;j++,p++)
       if(*p>*(p+1)){pp=*p;*p=*(p+1);*(p+1)=pp;}
 for(p=a,i=0;i<10;i++)
 printf("%d ",*(p++));
}
```

程序运行结果如下：

1 9 7 3 5 8 0 2 6 4↙

0 1 2 3 4 5 6 7 8 9

另外 例 7.7 中的程序还可以写成下面的形式，其结果仍然不变。

程序如下：

```
#include "stdio.h"
main()
{
 int a[10],i,*p,pp,j;
 for(p=a,i=0;i<10;i++)
   scanf("%d",p++);
 for(i=0;i<10;i++)
    for(p=a;p<a+9;p++)
       if(*p>*(p+1)){pp=*p;*p=*(p+1);*(p+1)=pp;}
 for(p=a,i=0;i<10;i++)
 printf("%d ",*(p++));
}
```

程序运行结果如下：

1 9 7 3 5 8 0 2 6 4↙

0 1 2 3 4 5 6 7 8 9

在 C 语言程序中，数组名代表该数组的地址，可以用数组名或指向数组的指针变量作为函数的参数。所以，例 7.7 中的程序还可以写成下面的形式，其结果仍然不变。

程序如下：

```
#include "stdio.h"
void sort(int *x,int n)
{
 int i,j,k,*pp;
 pp=x;
 for(i=0;i<n;i++)
```

```
 for(x=pp,j=0;j<n-1;j++,x++)
 if(*x>*(x+1)){k=*x;*x=*(x+1);*(x+1)=k;}
}
main()
{
 int a[10],i;
 for(i=0;i<10;i++)
 scanf("%d",a+i);
 sort(a,10);
 for(i=0;i<10;i++)
 printf("%d ",*(a+i));
}
```

程序运行结果如下：

1 9 7 3 5 8 0 2 6 4↙

0 1 2 3 4 5 6 7 8 9

### 7.3.2 内存的动态分配

在 C 语言程序中，当定义任何一个类型数据对象时，程序都会自动分配足够的内存空间来存储这些数据，特别在处理较多的数据时，通常使用数组。数组具有静态性，必须在程序编译前确定数组的大小，不能在程序运行时根据数据的实际多少来确定数组的大小，那样往往造成内存资源的浪费，降低程序效率。

为了避免内存资源的浪费，程序设计人员可以根据要处理的实际数据多少在堆中为数组动态分配内存空间。当程序开始执行时，系统会给出足够的内存空间，这个内存空间在用户的程序之外，称为"堆"，是一块动态内存，用户可以利用适当的内存分配函数来使用这部分内存，并根据实际需要指定数组的大小，数据处理完毕后释放不再使用的内存空间给其他的数据使用。

对数据使用动态存储的一般步骤如下：

确定需要多少内存空间 → 分配需要的存储空间 → 使指针指向获得的内存空间 → 用完后释放掉这部分内存空间。

C 语言为用户提供了以下几个常用的内存动态分配函数。

**1. malloc()函数**

函数 malloc()的原型如下：

void *malloc( unsigned size);

作用：从堆中申请分配一个大小为 size 字节的内存块，函数使用完毕后，返回一个指针值，它指向新分配的内存块。如果堆不够分配，则返回的指针值为 NULL。

使用 malloc()函数，必须将其头文件"stdlib.h"包含进来。在计算内存空间大小时，通常使用 sizeof 运算符来计算单个数据所需的字节数。

例如：

① #include "stdio.h"

```
#include "stdlib.h"
main ()
{
  int *p;
  p=malloc(512);                  /* 申请一个 512 字节的内存块 */
  if(p= =NULL)
    {
      printf("memory requet failed!\n");
      exit(0);
    }              /* 如果申请不成功，退出程序执行 */

  ⋮
}
```

② 
```
#include "stdio.h"
#include "stdlib.h"
main ()
{
 int *p;
 p=malloc(10*sizeof(float)); /* 申请一个能存放 10 个 float 型数据的内存块 */
 if(p= =NULL)
   {
     printf("memory requet failed!\n");
     exit(0);
   }                  /* 如果申请不成功，退出程序执行 */
   ⋮
   }
```

**2. calloc () 函数**

函数 calloc () 的原型如下：

void *calloc( unsigned n,unsigned size);

作用：从堆中申请分配 n 个大小为 size 字节的连续内存块，函数使用完毕后，返回一个指针值，它指向新分配的首个内存块。如果堆不够分配，则返回的指针值为 NULL。

使用 calloc () 函数，必须将其头文件“stdlib.h”包含进来。

使用 calloc () 函数申请的内存块应小于 64K。若要申请大于 64K 的内存块，必须使用 farcalloc () 函数。

例如：

① 
```
#include "stdio.h"
#include "stdlib.h"
main ()
{
 int *p;
```

```
    p=calloc(10,2);                /* 申请 10 个 2 字节的连续内存块 */
    if(p= =NULL)
      {
        printf("memory requet failed!\n");
        exit(0);
      }                            /*  如果申请不成功，退出程序执行 */
        ⋮

  }
```

②
```
#include "stdio.h"
#include "stdlib.h"
main()
{
 int *p;
 p=calloc(10,sizeof(float));   /* 申请 10 个能存放 float 型数据的连续内存块 */
 if(p= =NULL)
   {
    printf("memory requet failed!\n");
    exit(0);
   }                           /*  如果申请不成功，退出程序执行 */
   ⋮
   }
```

**3. free()函数**

free()函数的原型如下：

void free(void *p);

作用：释放指针变量 p 所指向的内存块。

使用 free()函数，必须将其头文件“stdlib.h”包含进来。

例如：

```
#include "stdio.h"
#include "stdlib.h"
main()
{
 int *p;
 p=malloc(512);                 /* 申请一个 512 字节的内存块 */
 if(p= =NULL)
   {
     printf("memory requet failed!\n");
     exit(0);
```

```
    }                              /* 如果申请不成功，退出程序执行 */
    ⋮

free(p);                           /* 释放指针变量 p 所指向的内存块 */

  ⋮
}
```

**4. realloc()函数**

realloc()函数的原型如下：

void *realloc(void *p,unsigned size);

作用：对已经申请成功的内存块进行缩小或扩大重新分配申请，使之大小变为 size 字节，函数使用完毕后，返回一个指针值，它指向重新分配的内存块，如果重新分配申请不成功，则返回的指针值为 NULL。

使用 realloc()函数，必须将其头文件"stdlib.h"包含进来。

例如：

```
#include "stdio.h"
#include "stdlib.h"
main()
{
 int *p, *pp;
 p=malloc(512);                /* 申请一个 512 字节的内存块 */
 if(p= =NULL)
  {
    printf("memory requet failed!\n");
    exit(0);
  }                            /* 如果申请不成功，退出程序执行 */
   ⋮
 pp=realloc(p,640);           /* 重新申请 640 字节的内存块，原块消失 */
 if(pp= =NULL)
  {
     printf("the latter memory requet failed!\n");
     exit(0);
  }
  ⋮
}
```

**例 7.8** 利用动态内存方法计算一组数的平均值。

程序如下：

```
#include "stdio.h"
#include "stdlib.h"
main()
{
```

```
    float s,pin, *p;
    int n,i;
    printf("输入将要参加处理的数据个数：");
    scanf("%d",&n);                          /* 确定要处理数据的个数 */
    p=malloc(n*sizeof(float));               /* 从堆中申请动态内存块 */
    if(p= =NULL)
      {
        printf("内存不够！");
        exit(0);
      }
    printf("输入将要处理的具体数据(%d)个：",n);
    for(i=0;i<n;i++)
    scanf("%f ",&p[i]);                      /* 输入要处理的具体数据 */
    for(s=0,i=0;i<n;i++)
    s=s+*(p+i);
    pin=s/n;
    printf("平均值为：%f ",pin);
    free(p);                                 /* 释放用过的内存空间 */
}
```

程序运行结果如下：

输入将要参加处理的数据个数：5↙

输入将要处理的具体数据(5)个：1.0　4.0　6.0　9.0　3.0↙

平均值为：4.600000

**注意：**

程序中，只有指针变量 p 的值不发生改变，才能够保证在动态使用所申请的内存块时不出现数据存取错误。

### 7.3.3　二维数组的指针和指向二维数组的指针变量

指针变量可以指向一维数组，也可以指向二维数组，下面介绍二维数组的指针及指向二维数组的指针变量的一些基本概念和使用方法。

**1. 二维数组的指针与地址**

二维数组的指针就是二维数组的地址。

假定有一个二维数组如下：

static int a[3][4]={{1,2,3,4},{5,6,7,8},{9,10,11,12}};

该数组有 3 行，每一行有 4 列，一共有 12 个元素。

如果假定：　a[0][4]={1,2,3,4}，a[1][4]={5,6,7,8}，a[2][4]={9,10,11,12}，那么，a 数组可以写成 a[3][4]={a[0][4],a[1][4],a[2][4]},这是一个一维数组。可以这样理解：a 数组中有 3 个元素 a[0],a[1],a[2],每个元素又是一个包含 4 个元素的一维数组。

还可以这样理解：

如果将二维数组中每一行看成一个广义上的元素，那么，二维数组就是一个特殊的一维数组。

C 语言允许将二维数组当成一个特殊的一维数组来处理。

结合前面所学的知识，显然知道：对于二维数组 a[3][4]而言，a 是数组名，代表该数组的首地址，也就是元素 a[0]的地址。即 a 等于&a[0], *a 等于 a[0]。另外，还可以推算出 a+1 等于&a[1], *(a+1)等于 a[1], a+2 等于&a[2], *(a+2)等于 a[2]。从这里可以看出：二维数组名是一个指针，而且是一个行指针。

同样，a[0]、a[1]、a[2]分别是一维数组名，代表本数组的地址值,即 a[0]等于&a[0][0], *a[0]等于 a[0][0]; a[1]等于&a[1][0], *a[1]等于 a[1][0] ; a[2]等于&a[2][0], *a[2]等于 a[2][0]。

综合上面的叙述，可以得出下面结论：

① a 等于&a[0],*a 等于 a[0],*a 等于&a[0][0],**a 等于 a[0][0]。

② a+1 等于&a[1],*(a+1)等于 a[1],*(a+1)等于&a[1][0],*(*(a+1))等于 a[1][0]。

③ a+2 等于&a[2],*(a+2)等于 a[2],*(a+2)等于&a[2][0],*(*(a+2))等于 a[2][0]。

④ a+i 等于&a[i],*(a+i)等于 a[i],*(a+i)等于&a[i][0],*(*(a+i))等于 a[i][0]。

⑤ *(a+i)+1 等于&a[i][1], *(a+i)+j 等于&a[i][j]，*(*(a+i)+j)等于 a[i][j]。

**注意：**

二维数组中的元素 a[i][j]相对于元素 a[0][0]的位置为：i*m+j，其中 m 为该数组的列数。例如：在数组 a[3][4]中，元素 a[2][3]相对于 a[0][0]的位置为 2*4+3，即 11。

**2. 指向二维数组的指针变量**

C 语言程序中，一个指针变量可以指向二维数组的某一行（指向一维数组），也可以指向二维数组中的某一个元素（指向具体数据）。

如果一个指针变量指向二维数组中的某一个元素，该二维数组可以通过元素相对地址的转换计算，用一维数组的方法来处理。

**例 7.9** 用指向某一元素的指针变量输出二维数组中的元素值。

程序如下：

```
#include "stdio.h"
main()
{
 int a[3][4]={1,2,3,4,5,6,7,8,9,10,11,12};
 int *p,i,j;
 printf("确定要输出元素所在的行、列：");
 scanf("%d,%d",&i,&j);
 p=&a[0][0];
 printf("a[%d][%d]=%d",i,j,*(p+i*4+j));
}
```

程序运行结果如下：

```
确定要输出元素所在的行、列：1,2↙
a[1][2]=7
```

程序中，p 是一个指向基本整型数据的指针变量，数组 a 是二维数组，3 行 4 列，共有 12 个元素，语句 p=&a[0][0];是将数组元素 a[0][0]的地址赋给 p，p 指向数组元素 a[0][0]。数组元素 a[i][j]相对 a[0][0]的地址为 i*4+j，因此,数组元素 a[i][j]的绝对地址就是 p+i*4+j。语句 printf("a[%d][%d]=%d",i,j,*(p+i*4+j));输出的是数组元素 a[i][j]的值。

**例 7.10** 用指向二维数组某一行的指针变量输出二维数组中的元素值。

程序如下：

```
#include "stdio.h"
main()
{
 int a[3][4]={1,2,3,4,5,6,7,8,9,10,11,12};
 int (*p)[4],i,j;
 printf("确定要输出元素所在的行、列：");
 scanf("%d,%d",&i,&j);
 p=a;
 printf("a[%d][%d]=%d",i,j,*(*(p+i)+j));
}
```

程序运行结果如下：

```
确定要输出元素所在的行、列：1,2↙
a[1][2]=7
```

**注意：**

① 程序中“(*p)[4]”表示 p 为指针变量，它指向的对象是包含 4 个元素的一维数组。语句 p=a;表示指针变量 p 指向数组元素 a[0][]，a[0][]表示数组 a 的第一行（含 4 个元素的一维数组），所以，*p 代表数组名 a[0]，*p+j 等于&a[0][j]，*(p+i)等于&a[i][0]; *(p+i)+j 等于&a[i][j]，*(*(p+i)+j)等于 a[i][j]。

② 定义指向一维数组的指针变量的一般方法为：

类型说明符 (*指针变量名)[元素个数];

例如：

```
int (*p)[4];float (*p1)[5];
```

**例 7.11** 一个班有 3 个学生，各学 4 门功课，计算其平均分及第 *n* 个学生的成绩。

程序如下：

```
#include "stdio.h"
void ave(float *p,int n)
{
 float sum,average;
 int i;
 for(sum=0,i=0;i<n;i++) sum=sum+*(p+i);
 average=sum/n;
 printf("全班成绩平均分为:%8.1f\n",average);
}
void ser(float (*p)[4],int i)
{
```

```
 int j;
 for(j=0;j<4;j++) printf("%6.1f ",*(*(p+i-1)+j));
}
main()
{
 int i,j;
 void ave(),ser();
 float chengji[3][4];
 printf("输入所有学生的成绩:\n");
 for(i=0;i<3;i++)
 for(j=0;j<4;j++)
 scanf("%f ",&chengji[i][j]);
 ave(*chengji,12);
 printf("确定输出第几个学生的成绩：");
 scanf("%d",&i);
 ser(chengji,i);
}
```

运行结果如下：

```
输入所有学生的成绩:
87.0  56.0  78.0  98.0↙
75.0  78.0  82.0  62.0↙
79.0  68.0  91.0  67.0↙
全班成绩平均分为:    76.8
确定输出第几个学生的成绩：2↙
  75.0  78.0  82.0  62.0
```

程序中，函数 ave 用来计算全班成绩平均分，其形参 p 指向一个 float 型数据，p+1 表示指向下一个元素。函数 ser 用来输出某个学生的平均成绩，其形参 p 指向一个数据元素为 float 型的一维数组，p+1 表示指向下一个一维数组，即指向下一行。

### 7.3.4 字符串的指针和指向字符串的指针变量

C 语言中的字符串是按字符数组来处理的，系统在内存中开辟了一个字符数组来存放字符串。在程序中，可以使用指向字符串的指针变量来处理字符串。

字符串的指针是该字符串的地址，是该字符串中最开头那个字符的地址。

C 语言规定：字符串代表了自身的地址。

例如：

```
char *p1="how are you？ ";
char *p2="fine";
```

此时，指针变量 p1 指向字符串“how are you”的首地址，p2 指向字符串“fine”的首地址。由于 p1 和 p2 是指针变量，只能赋地址值，语句 char *p1="how are you";是将字符串

“how are you”的地址赋给指针变量 p1，不是直接将字符串“how are you”赋给指针变量 p1。

上面两行：

```
char *p1="how are you？";
char *p2="fine";
```

等价于下面三行：

```
char *p1，*p2;
p1="how are you？";
p2="fine";
```

指针变量 p1 一旦被定义，它只能指向一个字符变量或其他字符型数据，不能同时指向多个字符型数据，更不是将“how are you”这些字符存放到 p1 中，也不是将字符串“how are you”赋给 p1，只是将字符串“how are you”的首地址赋给 p1。

下面的定义是错误的。

```
char *p1，*p2;
*p1="how are you？";
*p2="fine";
```

用字符指针变量输出字符串的一般方法如下：

printf("%s",字符指针变量名);

例如：

```
#include "stdio.h"
main()
{
      char *p1="how are you？";
      char *p2="fine";
      printf("%s\n%s",p1,p2);
}
```

运行结果如下：

```
how are you
fine
```

**例 7.12** 字符串指针变量直接赋值操作。

程序如下：

```
#include "stdio.h"
main()
{
   char *p1,*p2;
   p1="how are you？";
   p2="fine,thank you!";
   p1=p2;
   printf("%s\n",p1);
```

```
  printf("%s\n",p2);
}
```

程序运行结果如下：

fine,thank you!

fine,thank you!

程序中语句 p1=p2;是将 p2 所指向的字符串"fine,thank you!"的存储地址赋给 p1，使 p1 也指向的字符串"fine,thank you!"，并不是将整个字符串"fine,thank you!"直接赋给 p1。

**例 7.13**　将字符串 a 复制为字符串 b。

程序如下：

```
#include "stdio.h"
main()
{
  char *p1,*p2;
  char a[]="how are you?",b[20];
  p1=a;p2=b;
  for(;*p1!='\0';p1++,p2++)
  *p2=*p1;
  *p2='\0';
  printf("character a is:%s\n",a);
  printf("character b is:%s\n",b);
}
```

程序运行结果如下：

character a is:how are you?

character b is:how are you?

**注意：**

① 在程序中使用指针变量时，必须先对其进行赋值。如果未对指针变量赋以地址值，那么该指针变量并没有具体指向某一个字符型数据，这样，有可能造成系统破坏。

② 字符指针变量的值是可以改变的，但字符串的地址是不能改变的。

## 7.3.5　指针数组与指向指针的指针

### 1. 指针数组

如果数组中的每个元素都是一个指针型数据，那么，该数组是一个指针数组。指针数组中的每一个元素相当于一个指针变量。指针数组比较适合用于指向多个字符串，使字符串处理更加方便、灵活。

一维指针数组的一般定义形式为：

类型说明符 *数组名[元素个数];

例如：

```
int *p[3];
```

定义一个指针数组p，p数组中3个元素均指向int型数据。

**例 7.14** 用指针数组的方式输出字符串。

程序如下：

```
#include "stdio.h"
main()
{
 int i;
 char *p[4]={"how are you?","fine,thank you!","china","great wall"};
 for(i=0;i<4;i++)
 printf("%s\n",p[i]);
}
```

程序运行结果如下：

```
how are you?
fine,thank you!
china
great wall
```

程序中，数组p[4] 被定义成为一个指向char型数据的指针数组，其数组元素是指向字符串的指针值。

**2. 指向指针的指针**

如果一个指针变量的值是指向另一个数据的指针，那么，该指针变量的值就是一个指向指针的指针。

指向指针的指针变量一般定义形式为：

类型说明符 **指针变量名;

例如：

```
int **p;
```

p是指向一个int型指针变量的，p的值是另一个int型数据的指针，也就是说，*p就是p所指向的另一个指针变量。

**例 7.15** 用指向指针的指针变量输出字符串。

程序如下：

```
#include "stdio.h"
main()
{
 int i;
 char **pp;
 char *p[4]={"how are you?","fine,thank you!","china","great wall"};
 for(i=0;i<4;i++)
 { pp=p+i;
   printf("%s\n",*pp);
  }
```

```
}
```

程序运行结果如下：

```
how are you?
fine,thank you!
china
great wall
```

### 7.3.6 指针数组作为 main 函数的形参

指针数组的一个重要应用是作为 main 函数的形参。在以往的程序中，main 函数的第一行一般写成以下形式：

```
main( )
{
    ⋮
}
```

函数名后面的括弧是空的，没有形参。

C 语言规定：main 函数可以有参数。

例如：

```
        main(int argc,char *argv[])
    {
      ⋮
    }
```

argc 和 argv 就是 main 函数的形参。main 函数由系统调用。在处于系统操作状态下，输入定义 main 函数的文件名（经过编译、连接后得到的可执行文件名），系统直接调用 main 函数。为了能顺利将实参传给 main 函数的形参，在调用 main 函数时，应将实参和调用命令一起给出，即在一个命令行中包括命令名和需要传给 main 函数的参数。

命令行的一般形式为：

命令名　参数 1　参数 2　…　参数 n

假设定义 main 函数的文件名为 file1，如果要将两个字符串“China”，“Beijing”作为传送给 main 函数的参数。命令行可以写成：file1 China Beijing。

一般情形下，文件名应包括路径以及文件的扩展名。

带参数的 main 函数原型为：

```
void main(int argc,char *argv[]);
```

其中，argc 是指命令行中参数的个数（注意，文件名也作为一个参数，例如有如下命令行：file1、China、Beijing，则 argc 的值等于 3）。argv 是一个指向字符串的指针数组。

命令行的参数应当都是字符串（例如命令行中的“file1”、“China”、“Beijing”都是字符串），这些字符串的首地址构成一个指针数组，见图 7-7。

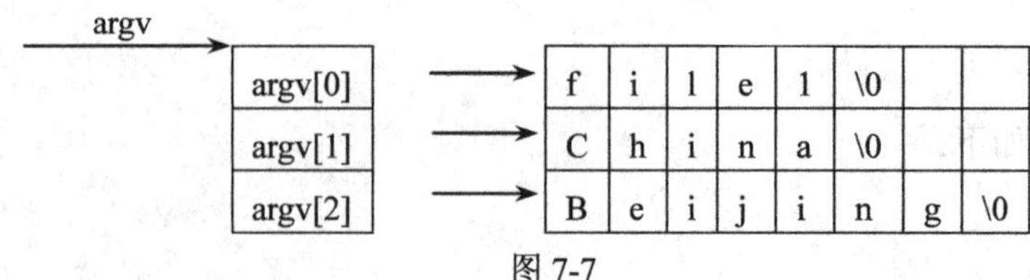


图 7-7

指针数组 argv 中的元素 argv[0]指向字符串“file1”，argv[1]指向字符串“China”，argv[2]指向字符串“Beijing”。

**例 7.16**

程序如下：

```
file1.c
void main(int argc,char *argv[ ])
{
  while(argc>1)
     {
       ++argv;
       printf("%s\n",*argv);
       --argc;
     }
}
```

程序运行结果如下：

```
file1 China Beijing↙                    /* 输入的命令行 */
China                                   /* 输出结果 */
Beijing
```

## 7.3.7 应用实例

**例 7.17** 输入一个含有 n 个字符的字符串，从第 m 个字符开始将此字符串复制成为另一个字符串。

程序如下：

```
#include "stdio.h"
#include "stdlib.h"
void copychar(char *pp1,char *pp2,int m)
{
 for(pp1=pp1+m;*pp1!='\0';pp1++,pp2++)
 *pp2=*pp1;
 *pp2='\0';
}

main()
```

```
{
 int n,m;
 char *p1,*p2;
 printf("输入字符串的字符个数：");
 scanf("%d",&n);
 p1=malloc(n*sizeof(char)+1);
 if(p1==NULL){printf("内存不够！");exit(0);}
 printf("输入字符串（%d 个字符）：", n);
 scanf("%s",p1);
 printf("输入从第几个字符开始复制：");
 scanf("%d",&m);
 if(m>n)
      {printf("输入出错！");exit(0);}
 else
      {
         p2=malloc(n+1-m);
              if(p2= =NULL){printf("内存不够！");exit(0);}
         copychar(p1,p2,m-1);
      }
 printf("%s",p2);
}
```

程序运行结果如下:

输入字符串的字符个数：10↙

输入字符串（10 个字符）：abcdefghij↙

输入从第几个字符开始复制：3↙

cdefghij

**例 7.18** 编程将一个 3×3 的矩阵转置。

程序如下：

```
#include "stdio.h"
main()
{
 int a[3][3],*p,i,j,t;
 p=*a;
 printf("输入矩阵：\n");
 for(i=0;i<3*3;i++)
    scanf("%d",p+i);
 for(i=0;i<3;i++)
    for(j=i;j<3;j++)
       {t=*(p+i*3+j);*(p+i*3+j)=*(p+j*3+i);*(p+j*3+i)=t;}
```

```
 printf("转置后的矩阵为：\n");
 for(i=0;i<3;i++)
    printf("%d %d %d\n",a[i][0],a[i][1],a[i][2]);
}
```

程序运行结果如下：
输入矩阵：
1 2 3↙
4 5 6↙
7 8 9↙
转置后的矩阵为：
1 4 7
2 5 8
3 6 9

**例 7.19** 打印万年历。

程序如下：

```
#include "stdio.h"
int leap_year(int year)
{
 int i=1;
 if(year%4!=0||year%100= =0&&year%400!=0) i=0;
 return i;
}

int firstday_week(int year)
{
 int j=0;
 j=(year+(year -1)/4-(year -1)/100+(year -1)/400)%7;
 return j;
 }

main ()
{
 char *month_name[12]={"一月","二月","三月","四月","五月","六月",
                          "七月","八月","九月","十月","十一月","十二月"};
 int numday_month[]={31,28,31,30,31,30,31,30,31,30,31,30};
 int firstday_month[12],workarray[12];
 int year,i,n,m;
 printf("输入年份:");
 scanf("%d",&year);
 if(leap_year(year)= =1)numday_month[1]=29;
```

```
firstday_month[0]=firstday_week(year);
for(i=1;i<12;i++)
   firstday_month[i]=(firstday_month[i-1]+numday_month[i-1])%7;
for(i=0;i<12;i++)
   workarray[i]=-firstday_month[i];
printf("%34s %d   年\n"," ",year);
for(i=0;i<12;i++)
   {
      printf("\n%41s\n",month_name[i]);
      printf("%15s 星期日  星期一  星期二  星期三  星期四  星期五  星期六\n"," ");
     for(m=0;m<6;m++)
        {
          printf("%11s"," ");
          for(n=1;n<=7;n++)
             {
               workarray[i]++;
               if(workarray[i]>0&&workarray[i]<=numday_month[i])
                  printf("%7d",workarray[i]);
               else printf("%7s"," ");
             }
           printf("\n");
        }
    }
}
```

程序运行结果如下：（为了节省篇幅，只打印两个月）

输入年份:2004↙

```
                                  2004 年

                                         一月
               星期日  星期一  星期二  星期三  星期四  星期五  星期六
                                                 1       2       3
                  4       5       6       7      8       9      10
                 11      12      13      14     15      16      17
                 18      19      20      21     22      23      24
                 25      26      27      28     29      30      31
```

二月

| 星期日 | 星期一 | 星期二 | 星期三 | 星期四 | 星期五 | 星期六 |
|---|---|---|---|---|---|---|
| 1 | 2 | 3 | 4 | 5 | 6 | 7 |
| 8 | 9 | 10 | 11 | 12 | 13 | 14 |
| 15 | 16 | 17 | 18 | 19 | 20 | 21 |
| 22 | 23 | 24 | 25 | 26 | 27 | 28 |
| 29 | | | | | | |

## 7.4 指针与函数

### 7.4.1 函数的指针与指向函数的指针变量

**1. 函数的指针**

一个函数在编译时，被分配了一个入口地址，这个地址就称为该函数的指针。在C语言程序中，可以用一个指针变量指向一个函数，然后通过该指针变量调用此函数。

C语言规定：函数名本身代表该函数的入口地址。可以这样理解，函数的入口地址是该函数的"调用通道"，且这个"调用通道"是唯一的。也就是说，当使用某个函数的"调用通道"时就是调用了该函数。

**2. 指向函数的指针变量**

在C语言程序中，可以用一个指针变量来指向一个函数，利用该指针变量来访问它所指向的函数。

（1）定义一个指向函数的指针变量的方法一般如下：

函数类型 (*指针变量)()；

例如：

```
int (*p) ();
```

p为一个指向int型函数的指针变量。特别要注意的是："指针变量"外的括号不能缺省，否则将会出错，成了返回指针值的函数。

（2）因为函数名代表了该函数的入口地址，所以可用函数名给指向函数的指针变量赋值，赋值的一般方式为：

指向函数的指针变量＝函数名;

例如：

```
int (*p) ();
int max(int,int);
p=max;
```

其中，p=max;是将max函数的入口地址赋给指针变量p，但不涉及实参和形参的结合问题，故函数名后不能带括号和参数。

（3）指向函数的指针变量调用一般方式为：

(*函数指针变量)([实参表])

如果要调用max函数，可以直接采用下如下方式：

```
int (*p) ();
```

```
int max(int,int);
p=max;
c=(*p)(4,8);
```

其中，c=(*p)(4,8);等价于 c=max(4,8);

另外，函数的入口地址是唯一的、不变的，对指向函数的指针变量，诸如 p+i、p++、p--等运算是没有意义的。

**注意：**

在新的 ANSI C 中，c=(*p)(4,8);可以写成 c=p(4,8); 其效果一样。

**例 7.20**　从键盘上输入两个数，输出其中的最大者。

程序如下：

```
#include "stdio.h"
max(int x,int y)
{
 int z;
 if(x>y) z=x;
 else z=y;
 return z;
}

main()
{
 int a,b,c;
 int (*p) ();
 p=max;
 scanf("%d,%d",&a,&b);
 c=(*p)(a,b);
 printf("%d",c);
}
```

程序运行结果如下：

4，8↙

8

### 7.4.2　指针作为函数的参数

**1. 用数组名作函数参数**

在前面章节中介绍过可以用数组名作函数的参数。

例如：

```
    int f(int arr[ ], int n)
{
   ⋮
}
```

```
main()
{
 int array[10];
   ⋮
f(array, 10);
}
```

程序中，array 为实参数组名，arr 为形参数组名。当用数组名作参数时，如果形参数组中各元素的值发生变化，则实参数组元素的值随之变化。

前已介绍，实参数组名代表该数组的首地址。形参是用来接收从实参传递过来的数组首地址的，因此，形参可以是一个指针变量(指针变量能存放地址)。实际上，C 语言程序在编译时，都是将形参数组名作为指针变量来处理的。

例如：

```
int f(int arr[ ], int n)
```

编译时，将 arr 按指针变量处理，相当于：

```
int f(int *arr, int n)
```

以上两种写法是等价的。在调用该函数时，系统会建立一个指针变量 arr，用来存放从主调函数传递过来的实参数组首元素的地址。在 arr 接收了实参数组的首元素地址后，arr 就指向实参数组。因此，*arr 就是 array[0]的值，*(arr+1)、*(arr+2)、*(arr+3)分别是 array[1]，array[2]，array[3]的值。表 7-1 列出了用变量名作函数参数和用数组名作函数参数的对比情况。

表 7-1　**用变量名作函数参数和用数组名作函数参数对比**

| 实参类型 | 变量名 | 数组名 |
|---|---|---|
| 要求形参的类型 | 变量名 | 数组名或指针变量 |
| 传递的信息 | 变量的值 | 实参数组首元素的地址 |
| 通过函数调用能否改变实参的值 | 不能 | 能 |

C 语言调用函数时，如果用变量名作为函数参数，则传递的是变量的值；如果用数组名作为函数参数，则传递的是数组的地址值，因此，形参应为指针变量或数组名。

实参数组名代表一个固定的地址值，是指针型常量，而形参数组并不是一个固定的地址值。在函数调用开始时，实参数组起始地址赋值给形参数组，但在函数执行期间，实参数组可以被再次赋值。

例如：

```
int f(int arr[ ],int n)
{
    printf("%d\n",*arr);                /*输出 array[0]的值*/
    arr=arr+3;
    printf("%d\n",*arr);                /*x 输出 array[3]的值*/
}
```

**例 7.21**　将数组 a 中 n 个整数按相反顺序存放，如图 7-8 所示。

算法分析：先将 a[0]与 a[n−1]对换，再将 a[1]与 a[n−2]对换……直到将 a[int(n−1) / 2]与 a[n−int((n−1) / 2)−1]对换。

具体做法：设两个“位置指示变量”i 和 j，i 的初值为 0，j 的初值为 n−1。将 a[i]与 a[j]交换，然后使 i 的值加 1，j 的值减 1，再将 a[i]与 a[j]对换，直到 i＝(n−1) / 2 为止。

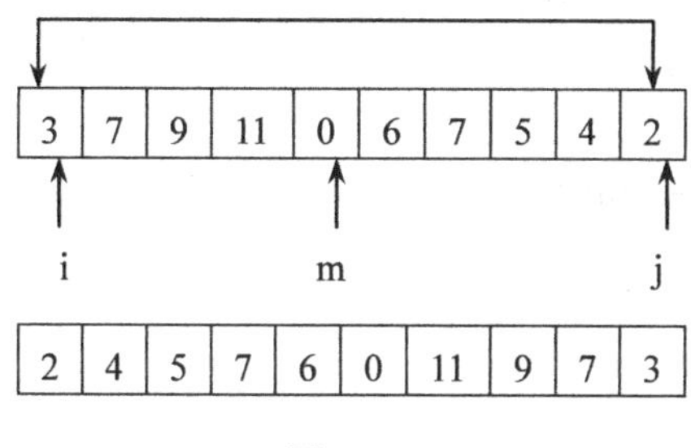


图 7-8

程序如下：

```
void inv(int x[ ],int n)        /*形参 x 是数组名*/
{
   int temp,i,j,m=(n−1)/2;
   for(i=0;i<=m;i++)
     {j=n−1−i; temp=x[i];x[i]=x[j];x[j]=temp;}
}

main()
{
  int i,a[10]={3,7,9,11,0,6,7,5,4,2};
  printf("The original array:\n");
  for(i=0;i<10;i++)
     printf("%d",a[i]);
  printf("\n");
  inv(a,10);
  printf("The array has been inverted:\n");
  for(i=0;i<10;i++)
     printf("%d",a[i]);
  printf("\n");
}
```

运行结果如下：

```
The original array:
3，7，9，11，0，6，7，5，4，2
The array has been inverted:
2，4，5，7，6，0，11，9，7，3
```

上述程序还可以写成下面的形式（用指针变量作函数的形参）。

程序如下：

```
void inv(int *x,int n)                    /*形参 x 为指针变量*/
{
  int *p,temp,*i,*j,m=(n-1)/2;
  i=x;j=x+n-1;p=x+m;
  for(;i<=p;i++,j--)
    {temp=*i;*i=*j;*j=temp;}
}

main ()
{
  int i,a[10]={3,7,9,11,0,6,7,5,4,2};
  printf("The original array:\n");
  for(i=0;i<10;i++)
  printf("%d",a[i]);
  printf("\n");
  inv(a,10);
  printf("The array has been inverted:\n");
  for(i=0;i<10;i++)
     printf("%d",a[i]);
  printf("\n");
}
```

运行结果如下：

```
The original array:
3，7，9，11，0，6，7，5，4，2
The array has been inverted:
2，4，5，7，6，0，11，9，7，3
```

**例 7.22** 从 10 个数中找出其中最大值和最小值。

分析：本题不要求改变数组元素的值，只要求得到最大值和最小值。但是调用一个函数只能得到一个返回值，为了能得到两个结果值，今用全局变量在函数之间“传递”数据。程序如下：

```
int max,min;                              /*全局变量*/
void max_min_value(int array[ ],int n)
{
  int *p,*array_end;
  array_end=array+n;
  max=min=*array;
  for(p=array+1;p<array_end;p++)
     if(*p>max)max=*p;
```

```
    else  if(*p<min)min=*p;
}

main()
{
   int i,number[10];
   printf("enter 10 integer numbers:\n");
   for(i=0;i<10;i++)
      scanf("%d",&number[i]);
   max_min_value(number,10);
   printf("\nmax=%d，min=%d\n",max,min);
}
```

运行结果如下：

```
enter 10 integer numbers:
-2 4 6 8 0 -3 45 67 89 100↙
max＝100，min＝-3
```

上述程序还可以写成下面的形式（用指针变量作函数的形参）。

程序如下：

```
int max,min;
void max_min_value(int *array,int n)
{
   int *p,*array_end;
   array_end=array+n;
   max=min=*array;
   for(p=array+1;p<array_end;p++)
       {
          if(*p>max)max=*p;
          else if(*p<min)min=*p;
       }
}
main()
{
   int I,number[10],*p;
   p=number;       /*使 p 指向 number 数组*/
   printf("enter 10 integer numbers:\n");
   for(i=0;i<10;i++,p++)
      scanf("%d",p);
   printf("the 10 integer numbers:\n");
   for(p=number,i=0;i<10;i++,p++)
```

```
    printf("%d",*p);
    p=number;
    max_min_value(p,10);              /*实参用指针变量*/
    printf("\nmax=%d,min=%d\n",max,min);
  }
```

运行结果如下：

```
enter 10 integer numbers:
-2 4 6 8 0 -3 45 67 89 100↙
max=100, min=-3
```

归纳起来：有一个实参数组，如果想要在被调函数中改变此数组元素的值，函数调用时实参与形参的对应关系有以下4种情况：

（1）形参和实参都用数组名。

例如：

```
int f(int x[], int n)
{
 ⋮
}
main()
{
    int a[10]
     ⋮
   f(a, 10);
     ⋮
   }
```

由于形参数组名接收了实参数组的地址，在函数调用期间，与实参数组共用一段内存单元，改变形参数组元素的值就是改变实参数组元素的值。例 7.21 的第一个程序就属于这种情况。

（2）实参用数组名，形参用指针变量。

例如：

```
int f(int * x, int n)
  {
   ⋮
  }
 main()
 {
    int a[10];
      ⋮
  f(a, 10);
      ⋮
```

```
    }
```

实参 a 为数组名，形参 x 为指向整型变量的指针变量，函数开始执行时，x 指向 a[0]，即 x=&a[0]，通过 x 值的改变，可以指向 a 数组的任何一个元素，改变 x 所指向的数据值等同于改变 a 数组的元素值。例 7.21 的第二个程序就属于这种情况。

（3）实参形参都用指针变量。

例如：

```
int f(int *x, int n)
{
  ⋮
}
main()
{
  int a[10], *p;
  p=a;
   ⋮
   f(p, 10);
   ⋮
}
```

实参 p 和形参 x 都是指针变量。先使实参指针变量 p 指向数组 a,则 p 的值是&a[0]。函数调用时，将 p 的值传给形参指针变量 x，此时 x 的初始值也是&a[0]，即 p 和 x 共同指向同一段内存单元。通过 x 值的改变可以使 x 指向数组 a 的任何一个元素，改变 x 所指向的数据值等同于改变 a 数组的元素值。例 7.22 的第二个程序就属于这种情况。

（4）实参为指针变量，形参为数组名。

例如：

```
int f(int x[], int n)
{
  ⋮
}
main()
{
  int a[10], *p;
  p=a;
   ⋮
 f(p, 10);
   ⋮
}
```

实参 p 为指针变量，先使指针变量 p 指向 a[0]，即 p＝a 或 p＝&a[0]。形参为数组名 x，从前面的介绍可以知道，程序在编译时，将数组名 x 作为指针变量处理，函数调用时，将 a[0]的地址传给形参 x，使指针变量 x 指向 a[0]。可以理解为形参数组 x 和 a 数组共用同一段内存单元。在函数执行过程中改变 x[i]的值，就是改变 a[i] 的值。例 7.21 的程序可以改写为例 7.23 中的程序。

**例 7.23** 用实参指针变量改写例 7.21。

程序如下：

```
void inv(int *x,int n)
  {
   int *p,m,temp,*i,*j;
   m=(n-1)/2;
   i=x;j=x+n-1;p=x+m;
   for(;i<=p;i++,j--)
      {temp=*i;*i=*j;*j=temp;}
  }

  main()
  {
   int i,arr[10],*p=arr;
   printf("The original array:\n");
   for(i=0;i<10;i++,p++)
      scanf("%d",p);
   printf("\n");
   p=arr;
   inv(p,10);                    /*实参为指针变量*/
   printf("The array has been inverted:\n");
   for(p=arr;p<arr+10;p++)
   printf("%d",*p);
   printf("\n");
  }
```

运行结果如下：

The original array：

3，7，9，11，0，6，7，5，4，2

The array has been inverted：

2，4，5，7，6，0，11，9，7，3

**注意：**

上面的 main 函数中的指针变量 p 是有确定值的。如果在 main 函数中不设数组，只设指针变量，就会出错。

假如将程序中的 main 函数修改如下：

```
main()
{
 int i,*arr;
 printf("The original array:\n");
 for(i=0;i<10;i++)
 scanf("%d",arr+i);
```

```
    printf("\n");
    inv(arr,10);       /*实参为指针变量，但未被赋值*/
    printf("The array has been inverted:\n");
    for(i=0;i<10;i++)
    printf("%d",*(arr+i));
    printf("\n");
  }
```

main 函数在编译运行时将会出错，原因是指针变量 arr 没有确定值，没有指向一个确定的内存单元，无法进行正确的数据存取。因此，当使用指针变量作函数的实参时，必须先使该指针变量有一个确定值，明确指向一个已定义的内存单元。

以上四种方法，实质上都是地址的传递。其中(3)、(4)两种只是形式上不同，实际上都是使用指针变量。

**2. 用字符串指针作函数参数**

将一个字符串从一个函数传递到另一个函数，可以用地址传递的方法，即用字符数组名作参数或用指向字符的指针变量作参数。如果在被调函数中改变字符串的内容，在主调函数中可以得到改变了的字符串。

（1）用字符数组作参数。

**例 7.24** 用函数调用实现字符串的复制。

程序如下：

```
 void copy_string(char from[ ],char to[ ])
 {
   int i=0;
   while(from[i]!='\0')
    {
      to[i]=from[i];i++;}
      to[i]='\0';
    }
    main()
    {
     char a[ ]="I am a teacher.";
     char b[ ]="you   are a student.";
     printf("string a=%s\nstring b=%s\n",a,b);
     copy_string(a,b);
     printf("\nstring a=%s\nstring b=%s\n",a,b);
    }
 }
```

程序运行结果如下：

```
string_a=I am a teacher
string_b=you are a student
string_a=I am a teacher
```

string_b=I am a teacher

上面程序中，a 和 b 都是字符数组。初值如图 7-9(a)所示。copy_string 函数的作用是将 from[i]赋给 to[i]，直到 from[i]的值等于'\0'为止。在调用 copy_string 函数时，将 a 和 b 第 1 个字符的地址分别传递给形参数组 from 和 to。因此 from[i]和 a[i]是同一个单元，to[i]和 b [i]是同一个单元。程序执行完以后，b 数组的内容如图 7-9(b)所示。可以看出，由于 b 数组原来的长度大于 a 数组，因此在将 a 数组复制到 b 数组后，未能全部覆盖 b 数组原有内容。b 数组最后 3 个元素仍保留原状。在输出 b 时由于按%s(字符串)输出，遇'\0'表示输出结束，因此，第一个'\0'后的字符不输出。 如果不采取%s 格式输出而用%c 逐个输出字符是可以输出后面这些字符的。

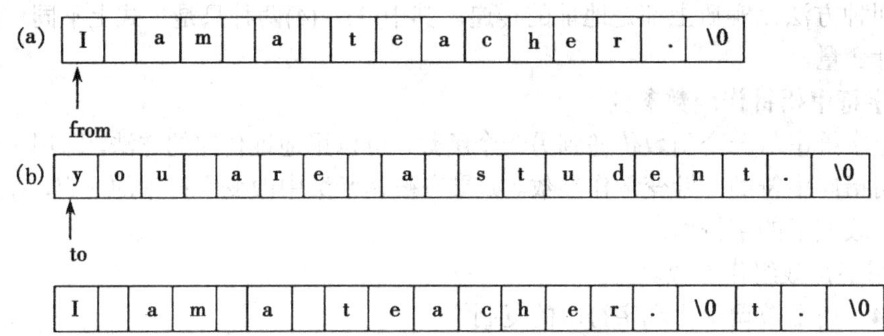


图 7-9

在 main 函数中也可以不定义字符数组，而用字符型指针变量。main 函数可改写如下：

```
main()
{
  char *a ="I am a teacher.";
  char *b ="you   are a student.";
  printf("string a=%s\nstring b=%s\n",a,b);
  copy_string(a,b);
  printf("\nstring a=%s\nstring b=%s\n",a,b);
}
```

程序的运行结果不变。

（2）形参用字符指针变量。

例 7.24 的程序中，可以使用指针变量作为被调函数的形参。

程序如下：

```
void copy_string(char *from,char *to)
{
for(;*from!='\0';from++,to++)
 *to=*from;
 *to='\0';
}
```

```
main()
{
 char  *a="I am a teacher.";
 char  *b="you are a student.";
 printf("\nstring a=%s\nstring b=%s\n",a,b);
 copy_string(a,b);
 printf("\nstring a=%s\nstring b=%s\n",a,b);
 }
```

程序运行结果如下：

```
string_a=I am a teacher.
string_b=you are a student.
string_a=I am a teacher.
string_b=I am a teacher.
```

上面的程序中，形参 from 和 to 是字符指针变量。在调用 copy_string 时，将数组 a 首元素的地址传给 from，把数组 b 首元素的地址传给 to 。在函数 copy_string 中的 for 循环中，每次将*from 赋给*to,第 1 次就是将 a 数组中第 1 个字符赋给 b 数组的第 1 个字符。在执行 from++和 to++以后，from 和 to。就分别指向 a[1]和 b[1]。再执行*to=*from，就将 a[l]赋给 b[1]，依次类推，最后将'＼0'赋给*to。

**注意**：

上面被调函数的形式可以写成多种形式。

① 将 copy_string 函数改写为：

```
void copy_string(char *from， char *to)
{
  while((*to=*from)!='＼0')
    {
      to++;
      from++;
    }
}
```

上述代码将"*to＝*from"的操作放在 while 语句的表达式中，并且将赋值运算与判断是否为'\0'的运算放在一个表达式中，先赋值后判断。在循环体中使 to 和 from 每次增 1，指向下一个元素，直到*from 的值为'\0'为止。

② copy_string 函数还可改写为：

```
void copy_string(char *from， char *to)
{
  while((*to++=*from++)!='\0');
 }
```

上面程序是将 to++和 from++运算与*to＝*from 合并，它的执行过程是，先将*from 赋给*to，然后使 to 和 from 增值。这样，程序显得更加简洁。

③ 函数还可改写成

```
void copy_string(char *from, char *to)
{
  while(*from!='\0')
  *to++=*from++;
  *to='\0';
}
```

上面的程序代码中，当*from 不为'\0'时，将*from 赋给*to，然后使 to 和 from 增值。

④ 字符可以用其 ASCII 码来代替。例如，ch='a'可以用 ch=97 代替，while(ch!='a')可以用 while(ch!=97)代替。因此，while(*from!='\0')可以用 while(*from!=0)代替(因为'\0'的 ASCII 代码为 0)。另外，关系表达式*from!=0 还可简化为*from，这是因为如果*form 的值不等于 0，则表达式*from 为真，同时*from!=0 也为真。因此 while(*from!=0)和 while(*from)是等价的。所以，copy_string 函数体可简化为：

```
void copy_string(char *from, char *to)
{
  while(*from)
  *to++=*from++;
  *to='\0';
}
```

⑤ 如果使用指针变量，函数 copy_string 还可改写为：

```
void copy_string(char from[ ], char to[ ])
{
 char *p1, *p2;
p1=from;p2=to;
while((*p2++=*pl++)!='\0');
}
```

以上程序代码写法多样，使用十分灵活、方便，初看起来不太习惯，含义也不直观。初学者要全面掌握可能有些困难，也容易出错。但对 C 程序熟练之后，就比较容易理解了。在 C 语言程序设计中，以上多种形式的代码使用是比较常见的，希望读者逐渐熟悉它，掌握它。

### 7.4.3 返回指针值的函数

函数的返回值可以是整型、实型或字符型的数据，也可以是一个指针类型的数据。如果一个函数的返回值是一个地址值（指针），那么该函数就是一个返回指针值的函数，简称指针函数。

指针函数定义一般形式如下：

函数类型 *函数名(形参表列);

例如：

```
    int *max(int x,int y);
```

此时，max 是一个指针函数，其返回值是一个指向 int 型数据的指针。

**例 7.25** 某数理化三项竞赛训练组有 3 个人，找出其中至少有一项成绩不合格者。

程序如下：

```
#include "stdio.h"
int *seek( int (*pp1)[3])                    /* 定义返回指针值的函数 */
{
  int i,*pp2;
    for(i=0,pp2=*pp1+3;i<3;i++)
      if(*(*pp1+i)<60)
        {
          pp2=*pp1;
          break;
        }
  return(pp2);
}

main ()
{
 int grade[3][3]={{55,65,75},{75,83,85},{75,50,90}};
 int i,j,k=0,*p;
 for(i=0;i<3;i++)
    {
      p=seek(grade+i);           /* 调用 seek 函数，函数的返回值赋给指针变量 p */
      if(p= =*(grade+i))
        { printf("No.%d grade list: ", i+1);
          for(j=0;j<3;j++) printf("%d   ",*(p+j));
          printf("\n");
          k=1;
        }
    }
  if(k= =0)printf("all students passed the test!");
 }
```

程序运行结果如下：

```
No.1 grade list: 55   65   75
No.3 grade list: 75   50   90
```

程序中，函数 seek 用来查找有一门课程不及格的学生，其形参 pp1 是一个指向一维数组，该函数的返回值是一个指针值，指向 grade 数组的某一行。在主调函数 main 中，可以直接输出该行的元素值。

# 第 8 章 结构体与共用体

## 8.1 结构体的概念

前面介绍了数组中的各个数据元素是同一类型的，如果在程序设计时，需要将不同类型的数据组成一个有机整体来引用，此时，用数组是无法完成的。C 语言程序允许用户可以根据实际编程的需要，在程序中定义这种特殊的数据结构，称为结构体。结构体中可以包含若干个类型不同的数据项。

例如：在对学生的信息进行管理时，一个学生的学号、姓名、性别、年龄、成绩、家庭住址等都与该学生相联系，是该学生的信息组成部分，但这些数据又不属于同一数据类型，用数组无法正确描述，但用结构体来描述就显得简单多了。

### 8.1.1 结构体类型的定义

C 语言中没有成型的结构体类型，如果用户要使用结构体类型，必须在程序中自行定义。结构体类型的一般定义形式如下：

```
struct   结构体名
{
 类型名 1   成员名 1;
 类型名 2   成员名 2;
    ⋮
 类型名 n   成员名 n;
};
```

**注意：**

定义结构体类型时，“结构体名”是结构体类型标志，与 struct 共同组成结构体类型名。例如：

```
struct student
{
  int number;
  char name[10];
  char sex;
  int age;
  float scroce;
  char address[50];
};
```

上述定义中， struct student 是一个结构体类型名，在使用过程中与系统提供的标准类型（如 int、float 等）具有同样的地位和作用。一个结构体类型可以包含若干个成员，每个成员的类型可以不一样。一个结构体类型数据在存储时所占的内存单元字节数相当于每个成员所占内存单元字节数的总和。例如：前面定义的 struct student 结构体类型数据存储时所占内存单元为 69 字节。

### 8.1.2　结构体类型变量的定义

如果要在程序中使用结构体类型数据，必须先定义结构体类型，然后再定义该结构体类型变量。结构体类型变量一旦被定义，就可以对其中的成员进行各种运算。结构体类型变量通常采取以下三种形式定义：

**1. 先定义结构体类型，再定义结构体类型变量**

具体定义形式为：

结构体类型名 结构体变量名;

例如：

```
struct student
{
  int number;
  char name[10];
  char sex;
  int age;
  float scroce;
  char address[50];
};                              /* 定义 struct student 结构体类型 */
struct student stud1,stud2;     /* 定义 struct student 结构体类型的变量 */
```

上述定义中，stud1 和 stud2 同为 struct student 类型变量，具有 struct student 类型结构，在计算机中存储时各占 69 字节内存单元。存储结构如图 8-1 所示。

| | | | | | | |
|---|---|---|---|---|---|---|
| stud1: | 10001 | Li Ming | M | 19 | 85.0 | Wuhan |
| stud2: | 10002 | Zhang Hong | F | 18 | 94.5 | Beijing |

图 8-1

**2. 在定义结构体类型的同时定义变量**

具体定义形式为：

struct　结构体名

{

类型名 1　成员名 1;

类型名 2　成员名 2;

```
  ⋮
 类型名n  成员名n;
}变量名表列;
```

例如：

```
struct student
{
 int number;
 char name[10];
 char sex;
 int age;
 float scroce;
 char address[50];
}stud1,stud2;          /* 定义stud1和stud2 为struct studen类型变量 */
```

**3. 直接定义结构体类型变量**

具体定义形式为：

```
struct
{
 类型名1  成员名1;
 类型名2  成员名2;
   ⋮
 类型名n  成员名n;
}变量名表列;
```

例如：

```
struct
{
 int number;
 char name[10];
 char sex;
 int age;
 float scroce;
 char address[50];
}stud1,stud2;          /* 直接定义stud1和stud2 为结构体类型变量 */
```

**注意：**

① 结构体类型和结构体类型变量是两个不同的概念，使用时，先定义结构体类型，然后利用该结构体类型定义变量。

② 在程序中只能对结构体类型变量进行各种运算操作，不能对结构体类型进行各种运算操作。

③ 结构体变量中的成员可以单独使用，使用时相当于一个普通变量，成员名可以和程序中的普通变量同名，互不干扰。

④ 结构体中的成员可以是一个结构体变量。

例如：

```
struct date
{
  int month;
  int day;
  int year;
};

struct student1
{
  int number;
  char name[10];
  char sex;
  struct date birthday;
  float scroce;
  char address[50];
}stu1,stu2;
```

### 8.1.3　结构体类型变量的引用和初始化

结构体类型变量一旦被定义，就可以在程序中使用。与数组类似，在程序中只能引用各个成员，不能直接引用结构体类型变量；只能对结构体类型变量的各个成员进行输入输出，不能对结构体类型的变量进行整体输入输出。引用结构体变量的成员像引用普通变量一样，可以直接进行各种运算。

**1. 结构体类型变量的引用**

引用结构体类型变量的成员的一般形式如下：

结构体类型变量名.成员名

前面已经定义了结构体类型变量 stud1 和 stud2，可以对变量的各个成员进行各种操作。例如：

```
stud1.number=10001;
stud2.number=10002;
    ⋮
printf("%d,%d",stud1.number, stud2.number);
```

另外，在程序中，还可以用指向结构体变量的指针变量来引用结构体变量成员。

**例 8.1**　利用结构体变量输出学生信息。

程序如下

```
#include "stdio.h"
#include "string.h"
struct student
{
  int number;
  char name[10];
```

```
   int age;
   float score;
}a;

main ()
{
   struct student b;
   a.number=1001;
        strcpy(a.name,"liming");
        a.age =18;
        a.score=89.5;
        printf("%d   %s    %d     %6.1f",a.number,a.name,a.age,a.score);
        b=a;
        printf("%d   %s    %d     %6.1f",b.number,b.name,b.age,b.score);
}
```

程序运行结果如下：

```
1001   liming    18      89.5
1001   liming    18      89.5
```

上面程序中，分别对结构体类型变量 a 的各个成员进行了赋值。C 语言规定：如果两个结构体类型变量是属于同一结构体类型的，可以互相赋值。因此，语句 b=a;是合法的。C 语言还规定：不能将所有的成员一致性赋给一个结构体类型变量。

例如：

```
#include "stdio.h"
#include "string.h"
struct student
{
   int number;
   char name[10];
   int age;
   float score;
}a;
 ⋮
a={1001,"liming",18,89.0};
 ⋮
```

a 的赋值方式是错误的，C 语言不允许这样赋值。

**2. 结构体类型变量的初始化**

编写程序时，可以在定义结构体类型变量时直接对变量的成员进行初始化。其初始化的一般形式如下：

struct 结构体类型名 变量名={成员数据表列}；

例如：

```
struct student
{
   int number;
   char name[10];
   int age;
   float score;
};
  ⋮
struct student a={1001, "liming",18,89.5};/* 对结构体变量进行初始化 */
  ⋮
```

C 语言还允许在定义结构体类型时定义结构体类型变量，并对其进行初始化。

例如：

```
struct student
{
   int number;
   char name[10];
   int age;
   float score;
}a ={1001, "liming",18,89.5};   /* 对结构体变量进行初始化 */
  ⋮
```

**例 8.2**　例 8.1 中的程序可以写成下面的形式。

程序如下：

```
#include "stdio.h"
struct student
{
   int number;
   char name[10];
   int age;
   float score;
}a={1001, "liming",18,89.5};                /* 对结构体变量进行初始化 */

main ()
{
  struct student b;
  b=a;
  printf("%d   %s   %d   %6.1f\n",a.number,a.name,a.age,a.score);
  printf("%d   %s   %d   %6.1f\n",b.number,b.name,b.age,b.score);
}
```

程序运行结果如下：

```
1001  liming  18    89.5
1001  liming  18    89.5
```

### 8.1.4 结构体类型数据的输入与输出

在上一节中，已经介绍了结构体变量的初始化和引用。本节将进一步讨论结构体数据的输入和输出方式。

结构体类型数据的输入一般有两种方式：

（1）在程序中对结构体变量进行赋值，就是进行初始化的工作。这种方式简便、清晰，但灵活性和实用性较差，不适合实际应用。

（2）由用户根据自己的实际需要，在程序运行时采用人机对话的方式对结构体变量的成员赋值，完成相关数据的输入。这种方式方便、灵活，通用性强，比较适合编程实际。

下面通过一个例子来说明结构体变量的输入和输出。

**例 8.3** 利用结构体变量输入并输出某个学生信息。

```
#include "stdio.h"
struct student
{
   char name[10];
   int num;
   float score[3];                /*三门课成绩*/
   float ave;                     /*平均分*/
 }stud;
main()
{
   int sum;
   printf("Name?\n");
   scanf("%s",stud.name);
   printf("No?\n");
   scanf("%d",&stud.num);
   printf("Score1, Score2, Score3?\n");
   scanf("%f,%f,%f",&stud.score[0],&stud.score[1],&stud.score[2]);
   sum=stud.score[0]+stud.score[1]+stud.score[2];
   stud.ave=sum/3.0;
   printf("\n NAME       No.   SCORE1     SCORE2     SCORE3     AVE\n");
   printf("--------------------------------------------------------\n");
   printf("%-10s%3d%8.1f%8.1f%8.1f%8.1f\n",stud.name,stud.num,stud.score[0],
         stud.score[1],stud.score[2],stud.ave);
}
```

程序运行结果如下：

```
Name?
zhangsan↙
 No?
 101↙
Score1, Score2, Score3?
85,70,91↙
NAME        No.   SCORE1    SCORE2    SCORE3    AVE
-----------------------------------------------------
zhangsan    101    85.0      70.0      91.0     82.0
```

**说明：**

①上面程序利用 scanf 函数语句对结构体变量 stud 的各个成员进行了输入赋值。结构体变量成员的数据输入与普通变量的数据输入相同。

②变量的 name 成员是数组名，本身是地址，因此，在输入语句中不要加上“&”，如果写成 scanf("%s",&stud.name)是错误的。

③结构体变量不能作为一个整体输出，只能输出其成员。

## 8.2　结构体类型数组

### 8.2.1　结构体类型数组的定义和引用

如果要处理多个同一结构体类型的数据，可以将这些数据构成一个集合来进行处理，这个集合称为结构体类型数组。结构体类型数组同普通数组一样，所有元素类型相同，是同一个结构体类型。

**1. 结构体类型数组的定义**

要定义一个结构体类型数组，必须先定义结构体类型，定义结构体类型数组的一般形式如下：

struct 结构体类型名 数组名[常量表达式];

例如：

```
struct student
{
   int number;
   char name[10];
   char sex;
   int age;
   float score;
};                                  /* 定义结构体类型 */
struct student a[3];                /* 定义结构体数组 */
     ⋮
```

C 语言还允许在定义结构体类型时定义结构体类型数组。

例如：

```
struct student
{
  int number;
    char name[10];
    char sex;
    int age;
    float score;
  }a[3];                        /* 定义结构体类型数组 */
    ⋮
```

**2. 结构体类型数组的引用**

同普通数组相似，在程序中不能整体引用结构体类型数组，也不能引用结构体类型数组元素，只能引用结构体类型数组元素的成员。

例如：

```
a[1].number=10001;              /* 引用正确 */
a[2].number=10002;              /* 引用正确 */
a[1]=10001;                     /* 引用错误 */
a=10002;                        /* 引用错误 */
```

### 8.2.2 结构体类型数组初始化和应用

结构体数组初始化与普通数组初始化相似，在程序中先定义结构体类型，然后定义结构体数组并对数组元素的成员进行初始化。

例如：

```
struct sst
{
 int num;
 char name[10];
 int age;
};

 struct sst a[3]={{1001, "zhangsan",18},
                  {1002, "lisi",19},
                  {1003, "wangwu",20}};
     ⋮
```

上面程序段定义了一个结构体数组 a[3],并对数组元素的每个成员进行了初始化。

**例 8.4** 某班级学生进行学生干部选举，候选人有张三、李四、王五三位同学，全班共有学生 40 名，编写一个程序统计候选人的得票数。

分析：此题使用结构体类型数组编程比较方便，在编程时，先定义一个结构体类型数组，该数组有 3 个元素，每个元素都包含两个成员，分别为姓名和所得选票的数量。如果输入的选票上姓名与某个候选人的姓名相同，该候选人的所得选票数增 1。

程序如下：

```
#include "string.h"
#include "stdio.h"
struct num
{
   char name[10];
   int number;
};

main()
{
   struct num a[3]={{"zhangsan",0},{"lisi",0},{"wangwu",0}};
   int i,j;
   char inputname[20];
   printf("please input the list of candidate:\n");
   for(i=0;i<40;i++)
   {
      scanf("%s",inputname);
      for(j=0;j<3;j++)
         if(strcmp(inputname,a[j].name)==0) a[j].number++;
    }
      printf("\n");
      for(i=0;i<3;i++)
         printf("%10s:%2d\n",a[i].name,a[i].number);
}
```

### 8.2.3　结构体类型数组的输入与输出

C语言规定：在程序中不能直接对结构体类型数组元素进行输入输出，只能对结构体类型数组元素的成员进行输入输出。结构体类型数组元素的成员的输入与输出与普通数组元素的输入与输出类似，通常利用循环语句来完成。

**例 8.5**　利用结构体数组输入并输出一个班学生的信息。

```
#include "stdio.h"
#define SIZE 100
struct student
{
   char name[10];
   int num;
   float score[3];
   float ave;
}stud[SIZE];                        /* 定义结构体类型数组 stud[] */

main()
```

```
{
   int n,i,sum[SIZE];
   printf("How many students?\n");
   scanf("%d",&n);
   for(i=0;i<n;i++)
    {
      printf("Name?\n");
      scanf("%s",stud[i].name);
      printf("No?\n");
      scanf("%d",&stud[i].num);
      printf("Score1,Score2,Score3?\n");
     scanf("%f,%f,%f",&stud[i].score[0],&stud[i].score[1],&stud[i].score[2]);

      sum[i]=stud[i].score[0]+stud[i].score[1]+stud[i].score[2];
      stud[i].ave=sum[i]/3.0;
    }
   printf("\n NAME        No.   SCORE1    SCORE2    SCORE3     AVE\n");
   printf("------------------------------------------------------\n");
   for(i=0;i<n;i++)
   printf("%-10s%3d%8.1f%8.1f%8.1f%8.1f\n",stud[i].name,stud[i].num,
            stud[i].score[0],stud[i].score[1],stud[i].score[2],stud[i].ave);
}
```

程序运行结果如下：

```
How many students?
3↙
Name?
Zhangsan↙
 No?
 101↙
Score1,Score2,Score3?
85.0, 70.0, 91.0↙
Name?
Li si↙
 No?
 103↙
Score1,Score2,Score3?
88.0, 77.0, 99.0↙
Name?
Wang wu↙
```

```
No?
102↙
Score1,Score2,Score3?
60.0, 45.0, 75.0↙
NAME      No.    SCORE1    SCORE2    SCORE3    AVE
---------------------------------------------------------
Zhangsan  101     85.0      70.0      91.0     82.0
Li si     103     88.0      77.0      99.0     88.0
Wang wu   102     60.0      45.0      75.0     60.0
```

### 8.2.4　应用举例

结构体类型数组应用比较广泛，利用结构体类型数组可以编写出各种应用程序。

**例8.6**　建立同学通讯录。

分析：同学通讯录中应包含同学的基本信息，如姓名、电话等，用结构体类型数组编程比较方便。

程序如下：

```
#include"stdio.h"
#define NUM 3
struct mem
{
  char name[16];
  char phone[12];
  char qq[16];
};
main()
{
  struct mem man[NUM];
  int i;
  for(i=0;i<NUM;i++)
    {
      printf("input name:");
      gets(man[i].name);
      printf("input phone:");
      gets(man[i].phone);
      printf("input QQ:");
      gets(man[i].qq);
    }
  printf("name\t\tphone\t\tQQ\n\n");
  for(i=0;i<NUM;i++)
     printf("%s\t\t%s\t\t%s\n",man[i].name,man[i].phone,man[i].qq);
```

```
}
```

程序运行结果如下：

```
input name:zhang san↙
input phone:13998764562↙
input QQ:25349981↙
input name:li si↙
input phone:13998764497↙
input QQ:25344681↙
input name:wang wu↙
input phone:13938264562↙
input QQ:25343601↙
name              phone             QQ
zhang san         13998764562       25349981
li si             13998764497       25344681
wang wu           13938264562       25343601
```

上面程序中定义了一个 struct mem 类型，包含有三个成员 name、phone 和 qq，用来表示姓名、电话号码和 QQ 号。在 main 函数中定义 man 为 struct mem 类型的数组。在 for 语句中，用 gets 函数分别输入各个元素中三个成员的值。然后又在 for 语句中用 printf 语句输出各元素中的三个成员值。

**例 8.7** 输入一个班上学生的信息，按照平均成绩升序排列输出。

程序如下：

```
#include "stdio.h"
#define SIZE 100                /*最大学生数*/
struct student
{
   char name[10];
   int num;
   float score[3];
   float ave;
}stud[SIZE];                    /*结构体数组*/
main()
{
  int n,i,j,sum[SIZE];
  struct student work;
       printf("How many students?\n");
       scanf("%d",&n);
       for(i=0;i<n;i++)
       {
          printf("Name?\n");
```

```
            scanf("%s",stud[i].name);
            printf("No?\n");
            scanf("%d",&stud[i].num);
            printf("Score1,Score2,Score3?\n");
           scanf("%f,%f,%f",&stud[i].score[0],&stud[i].score[1],&stud[i].score[2]);
          sum[i]=stud[i].score[0]+stud[i].score[1]+stud[i].score[2];
          stud[i].ave=sum[i]/3.0;
      }
    printf("The list before sorting as following:\n");
    printf("\n NAME          No.   SCORE1     SCORE2     SCORE3     AVE\n");
    printf("--------------------------------------------------------\n");
    for(i=0;i<n;i++)
      printf("%-10s%3d%8.1f%8.1f%8.1f%8.1f\n",stud[i].name,stud[i].num,
                 stud[i].score[0],stud[i].score[1],stud[i].score[2],stud[i].ave);
    for(i=1;i<n;i++)
      {
        for(j=0;j<n-i;j++)
        if(stud[j].ave>stud[j+1].ave)
            {work=stud[j];stud[j]=stud[j+1];stud[j+1]=work;}        /*冒泡排序*/
       }
    printf("The list after sorting as following:\n");
    printf("\n NAME          No.   SCORE1     SCORE2     SCORE3     AVE\n");
    printf("--------------------------------------------------------\n");
    for(i=0;i<n;i++)
      printf("%-10s%3d%8.1f%8.1f%8.1f%8.1f\n",stud[i].name,stud[i].num,
                 stud[i].score[0],stud[i].score[1],stud[i].score[2],stud[i].ave);
}
```

上面程序中定义了一个 struct student 类型，包含四个成员 name、num、score 和 ave，用来表示姓名、学号、各科成绩和平均成绩。在 main 函数中定义 stud 为 struct student 类型的数组。在 for 语句中，通过 scanf 函数分别输入每个学生的姓名、学号、各科成绩，并利用各科成绩计算出每个学生的平均成绩；然后采用冒泡法对平均成绩进行从高到低排序；最后通过 for 语句利用 printf 语句分别输出排序后的学生姓名、学号、各科成绩和平均成绩。

## 8.3　指向结构体类型数据的指针

一个结构体类型变量的指针就是该结构体类型变量所占据的内存单元的起始地址。在 C 语言程序中，可以设置一个指针变量，用来指向一个结构体类型的数据。

## 8.3.1 指向结构体类型变量的指针

**1. 指向结构体类型变量的指针变量**

在程序中，如果设置了一个指针变量来专门存放一种结构体类型变量的地址，则该变量就是指向这种结构体类型数据的指针变量，该变量的值就是存放某个结构体类型数据的内存单元的起始地址。

指向结构体类型数据的指针变量一般说明形式如下：

struct 结构体类型名 变量名;

例如：

```
struct student
{
  int number;
    char name[10];
    int age;
    float score;
  }                                   /* 定义结构体类型 */
        ⋮
struct student *p;                    /* 定义指向结构体类型变量的指针变量 */
        ⋮
```

上面的程序段中，p是一个指向struct student类型数据的指针变量。

**2. 指向结构体类型变量的指针变量引用**

利用指向结构体类型的指针变量引用结构体变量成员的一般形式如下：

(*指针变量名).成员名

或　指针变量名->成员名

例如：

```
struct student
{
    int number;
    char name[10];
    int age;
    float score;
}
struct student stud1， stud2;
        ⋮
struct student *p1=&stud1， *p2=&stud2;
(*p1).number=10001;
        ⋮
printf("%d,&d",(*p1).number,(*p2).number);
printf("%d,&d",p1->number,p2->number);
```

**注意：**

① “->”是指向结构体成员运算符，“.”是取结构体成员运算符，它们的结合方式从左到

右，优先级别最高。

② 在程序中只能将结构体类型变量的地址赋给一个指向结构体类型的指针变量，一个指向结构体类型的指针变量只能指向结构体类型变量，不能指向变量的成员。

**例 8.8**　指向结构体变量的指针的应用。

程序如下：

```
#include "stdio.h"
struct student
{
   int num;
   char name[20];
   char sex;
   float score;
};
main()
{
   struct student stu1={1001,"Li Ming",'M',95.0};
   struct student *p;
   p=&stu1;
   printf("%d,%s,%c,%.1f\n",stu1.num,stu1.name,stu1.sex,stu1.score);
   printf("%d,%s,%c,%.1f\n",(*p).num,(*p).name,(*p).sex,(*p).score);
   printf("%d,%s,%c,%.1f\n",p->num,p->name,p->sex,p->score);
 }
```

程序运行结果如下：

```
1001,Li Ming,M,95.0
1001,Li Ming,M,95.0
1001,Li Ming,M,95.0
```

上述程序中，首先声明了struct student类型，然后在main函数中定义一个struct student类型的变量stu1，并进行了初始化。同时又定义一个指针变量p，p指向一个struct student类型的数据。在main函数的执行部分将结构体变量stu1的起始地址赋给指针变量p，此时，p指向stu1(如图8-2所示)。第一个printf函数输出stu1的各个成员的值。最后两个printf函数用来输出p所指向的结构体类型变量的各成员的值，而p所指向的结构体类型变量是stu1,所以输出的还是stu1各成员的值。*p两侧的括弧不可省，因为成员运算符“.”优先于“*”运算符，*p.num等价于*(p.num)。

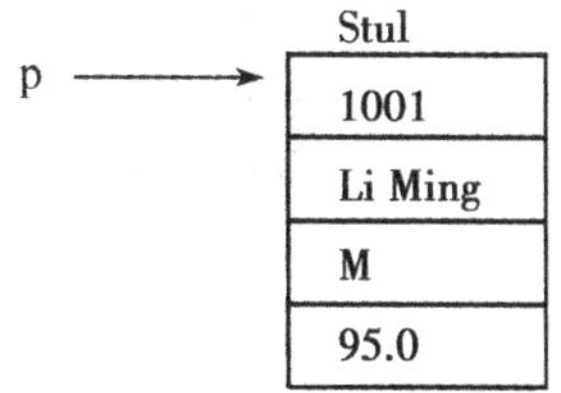


图 8-2

### 8.3.2 指向结构体类型数组的指针

在程序中，如果将一个结构体类型数组的地址赋给一个结构体类型的指针变量，那么该变量就是一个指向结构体类型数组的指针变量。可以利用该指针变量来引用数组元素的各个成员。

**例8.9** 指向结构体类型数组的指针的应用。

程序如下：

```
#include "stdio.h"
struct student
{
   int num;
   char *name;
   char sex;
   float score;
}boy[5]={{101,"Zhou ping",'M',45},{102,"Zhang ping",'M',62.5},
           {103,"Liu fang",'F',92.5},{104,"Cheng ling",'F',87},
           {105,"Wang ming",'M',58},
           };

main()
{
   struct student *ps;
   printf("No.\tName\t\t\tSex\tScore\t\n");
   for(ps=boy;ps<boy+5;ps++)
   printf("%d\t%s\t\t%c\t%f\t\n",ps->num,ps->name,ps->sex,ps->score);
}
```

程序运行结果如下：

```
No      Name            Sex     Score
101     Zhou ping       M       45.0
102     Zhang ping      M       62.5
103     Liu fang        F       92.5
104     Cheng ling      F       87.0
105     Wang ming       M       58.0
```

上面的程序中，ps是指向struct student结构体类型数据的指针变量。在for语句中先使ps的初值为boy(将数组boy的起始地址赋给ps，ps指向boy[0])。在第一次循环中输出boy[0]的各个成员值。然后执行ps++，使ps指向boy[1]，在第二次循环中输出boy[1]的各个成员值。以此类推，最终全部输出boy数组的所有元素的各成员值。

**注意：**

ps是指向结构体类型数据的指针变量，只能将数组的地址或某个数组元素的地址赋给ps，不能将数组元素的成员或成员的地址赋给ps，否则，程序将会出错。

例如：

```
ps=boy;                    /* 正确 */
ps=&boy[0];                /* 正确 */
ps=boy[0].num;             /* 错误 */
ps=&boy[0].num;            /* 错误 */
```

## 8.4　结构体类型数据与函数

### 8.4.1　结构体类型变量作函数参数

**1. 结构体类型变量的成员作函数参数**

前面介绍了在程序中可以直接引用结构体类型变量各成员的值，因此，在函数调用时，也可以将结构体类型变量各成员的值作为函数的实参进行数据传递。其用法和用普通变量作函数实参是一样的，属于"值传递"方式。

例如：

```
#include "stdio.h"
struct student
{
    int num;
    char name[20];
    char sex;
    float score;
};

void f(float x)
{
   ⋮
}

main()
{
   struct student a;
   ⋮
   f(a.score);
   ⋮
}
```

注意：

在调用函数时，实参与形参的类型要保持一致。

**2. 结构体类型变量作函数参数**

C语言（ANSI C）允许使用结构体变量作实参进行数据传递，将主调函数中结构体变量所占用内存单元的内容全部顺序传递给形参。这是一种"值传递"方式，要求形参也必须是同类型的结构体变量。

例如：

```
#include "stdio.h"
struct student
{
    int num;
    char name[20];
    char sex;
    float score;
};

void f(struct student x)
{
  ⋮
}

main()
{
   struct student a;
   ⋮
   f(a);
   ⋮
}
```

**例8.10** 有一个结构体变量stu，内含学生学号、姓名和3门课的成绩。要求分别编写两个不同的函数输出学生的学号、姓名和3门课的成绩及总成绩。

程序如下：

```
#include "stdio.h"
#include "string.h"
#define FORMAT "%5d%9s%8.1f%8.1f%8.1f"
struct student
{
 int num;
 char name[20];
 float score[3];
};                                        /* 定义结构体类型 */
void pri1(struct student stt)             /* 输出stt的各成员值 */
{
 printf("  num        name        score1     score2     score3     sumscore\n");
 printf(FORMAT,stt.num,stt.name,stt.score[0],stt.score[1],stt.score[2]);
}
void pri2(float xx[])                     /* 计算sum，并输出sum的值 */
{
```

```
  float sum;
  sum=xx[0]+xx[1]+xx[2];
  printf("%9.1f",sum);
}

main()
{
  struct student stu={1001,"LiMing",67.5,89.0,78.6};
  pri1(stu);
  pri2(stu.score);
}
```

程序运行结果如下：

```
num    name     score1   score2  score3  sumscore
1001   LiMing   67.5     89.0    78.6     235.1
```

上面的程序中，定义了一个struct student类型，在main函数中定义了一个struct student类型变量stu，并对stu进行初始化。调用pri1函数时，以结构体类型变量stu作函数的实参进行数据传递；调用pri2函数时，以结构体类型变量stu的score成员作函数的实参进行数据传递。在主调函数中使用结构体类型变量或变量的成员作函数的实参进行数据传递时，一定要保证形参的类型与实参一致。

### 8.4.2 指向结构体类型变量的指针作为函数参数

在程序中，如果用指向结构体变量的指针作函数的实参，可以将结构体变量的地址传给形参，使实参和形参共同指向同一段存储单元，得到函数的返回值。

**例8.11** 有一个结构体变量stu，内含学生学号、姓名和3门课的成绩，利用函数编程按升序输出学生的成绩。

程序如下：

```
#include "stdio.h"
#include "string.h"
#define FORMAT "%5d%9s%8.1f%8.1f%8.1f"
#define N 3

struct student
{
  int num;
  char name[20];
  float score[N];
};                                        /* 定义结构体类型 */
```

```
void pri(struct student *stt)
{
 int i,j;
 float t;
 for(i=0;i<N;i++)
    for(j=0;j<N-1;j++)
       if(stt->score[j]>stt->score[j+1])
          {
            t=stt->score[j];
            stt->score[j]=stt->score[j+1];
            stt->score[j+1]=t;
          }
}

main()
{
   struct student stu={1001,"Liming",67.5,89.0,78.6};
   struct student *p=&stu;
   pri(p);
   printf(FORMAT,stu.num,stu.name,stu.score[0],stu.score[1],stu.score[2]);
}
```

程序运行结果如下：

```
1001   Liming   67.5    78.6    89.0,
```

上面的程序中，定义了一个struct student类型，在main函数中定义了一个struct student类型变量stu和一个struct student类型的指针变量p，并将&stu赋给p，使p指向stu。调用pri函数时，以指针变量p作函数的实参进行数据传递，将stu的地址传给形参stt，此时，stt与p共同指向stu，在pri函数中改变stt所指向的变量的成员的值就是改变了main函数中stu的各成员的值。在程序中，用指针作函数参数比较方便，能提高程序的运行效率。

### 8.4.3 结构体类型数组作为函数参数

前面介绍了普通数组（包括整型数组、浮点型数组和字符型数组）作为函数的参数，即用数组作参数时，实参向形参传递的实际是数组的起始地址，是地址传递，对形参数据的修改实际上就是对实参数据的修改。同样，在程序中也可以使用结构体类型数组作函数的参数，将该结构体类型数组的地址传给形参。

**例 8.12** 有一个结构体类型数组 student，内含几个学生学号、姓名、性别和成绩。要求编程计算这组学生的平均成绩，并统计不及格的人数。

程序如下：

```
#include "stdio.h"
```

```
#define N 5
struct stu
{
  int num;
  char *name;
  char sex;
  float score;
};

void ave(struct stu *ps)
{
  int c=0,i;
   float ave,s=0;
  for(i=0;i<N;i++,ps++)
     {
        s+=ps->score;
        if(ps->score<60) c+=1;
     }
   ave=s/N;
   printf("average=%.1f\ncount=%d\n",ave,c);
}

main()
{
  struct stu student[N]={{101,"Li ping",'M',45.0},
                         {102,"Zhang ping",'M',62.5},
                         {103,"He fang",'F',92.5},
                         {104,"Cheng ling",'F',87.0},
                         {105,"Wang ming",'M',58.0}};
   ave(student);
}
```

程序运行结果如下：

```
average=69.0
count=2
```

上面的程序中，定义了一个 struct stu 类型，在 main 函数中定义了一个 struct stu 类型数组 student。调用 ave 函数时，以数组名 student 作函数的实参进行数据传递，将数组 student 的地址传给形参 ps，此时，ps 指向数组 student。ave 函数对 ps 所指向的数组进行操作，就是对 main 函数中的 student 数组进行操作。

当使用数组名作函数的实参进行数据传递时，要求形参也应当为同类型的数组名或指向同类型数据的指针变量。

### 8.4.4 指向结构体类型数组的指针作为函数参数

在 7.4.2 节中详细介绍了数组名和指针的关系，并且还详细讲述了用数组名或指针作函数参数的四种形式。在程序中，可以用指向结构体类型数组的指针作函数参数，将该结构体类型数组的地址传给形参。

**例 8.13** 例 8.12 中的程序可以改写为下面程序代码。

程序如下：

```
#include "stdio.h"
#define N 5
struct stu
{
  int num;
  char *name;
  char sex;
  float score;
};

void ave(struct stu *ps)
{
  int c=0,i;
   float ave,s=0;
  for(i=0;i<N;i++,ps++)
    {
      s+=ps->score;
      if(ps->score<60) c+=1;
    }
   ave=s/N;
   printf("average=%.1f\ncount=%d\n",ave,c);
}

main()
{
  struct stu student[N]={{101,"Li ping",'M',45.0},
                         {102,"Zhang ping",'M',62.5},
                         {103,"He fang",'F',92.5},
                         {104,"Cheng ling",'F',87.0},
                         {105,"Wang ming",'M',58.0}};
   struct stu *p= student;
  ave(p);
}
```

程序运行结果如下：

```
average=69.0
count=2
```

## 8.4.5　返回值作为结构体类型的函数

函数的返回值可以是某种类型的数据，也可以是指向某种类型数据的指针。C 语言允许函数调用时，返回结构体类型指针值。其函数原型如下：

struct 结构体类型名 *函数名（参数表列）;

**例 8.14**　在一组的学生信息中查找某个学生的信息。如果找到，输出该学生信息；否则输出没有找到。

程序如下：

```
#include "stdio.h"
#define SIZE 100
#define N 6
#define FORMAT "%-11s%3d%8d%8d%8d\n"

struct student
{
 char name[30];
 int num;
 int score[3];
};                                /* 定义结构体类型 */

struct student *search(struct student *p,int *kk)

                                  /*查询函数，返回结构体类型指针*/
{
 char nam[30];
 struct student *pp;
 printf("input the name of the student you want to look for\n");
 scanf("%s",nam);
 for(pp=p;pp<N+p;pp++)
 if(strcmp(pp->name,nam)==0) {*kk=1;break;}          /*查找成功*/
 return pp;
 }

void print(struct student *stu)        /*输出打印函数，参数为结构体类型数据*/
{
 printf("\n NAME          No.      SCORE1    SCORE2    SCORE3\n");
 printf("---------------------------------------------\n");
 printf(FORMAT,stu->name,stu->num,stu->score[0],stu->score[1],stu->score[2]);
}
```

```
main()
{
   int kk=0;
   struct student *result;
   struct student stud[N]={{"zhangsan",1001,75,80,68},{"lisi",1002,66,90,82},
                           {"wangwu",1003,77,86,64},{"liuli",1005,66,70,72},
                           {"zhouqi",1006,79,96,74},{"shunba",1007,76,79,92}
                           };
   result=search(stud,&kk);              /*调用查询函数，结果赋给 result*/
   if(kk>0) print(result);
   else printf("Not found!");
}
```

程序运行结果如下：

```
Lisi↙
NAME         No.     SCORE1   SCORE2   SCORE3
----------------------------------------------
Lisi         1002     66        90       82
```

如果输入：

```
Liwu↙
Not found!
```

上面的程序中，定义了一个struct student类型，在main函数中定义了一个struct student类型数组stud和一个指向struct student类型数据的指针变量result。调用search函数时，将数组名stud作函数的实参传递给形参p，此时，p指向数组stud，search函数对p所指向的数组进行操作就是对main函数中的stud数组进行操作。操作完毕后，返回一个指向struct student类型数据的指针。为了保证程序的正确性，必须使形参类型、实参类型、被调函数类型和返回值类型都保持一致。

## 8.5 链表

### 8.5.1 链表概述

链表是一种比较特殊的数据结构，主要利用内存动态分配来实现数据的存取。在 C 语言程序中，为了节约内存资源，常用链表来代替结构体数组。在结构体类型变量中，如果定义最后一个成员为下一个结构体类型变量的指针，就形成一种链表关系，如图 8-3 所示。

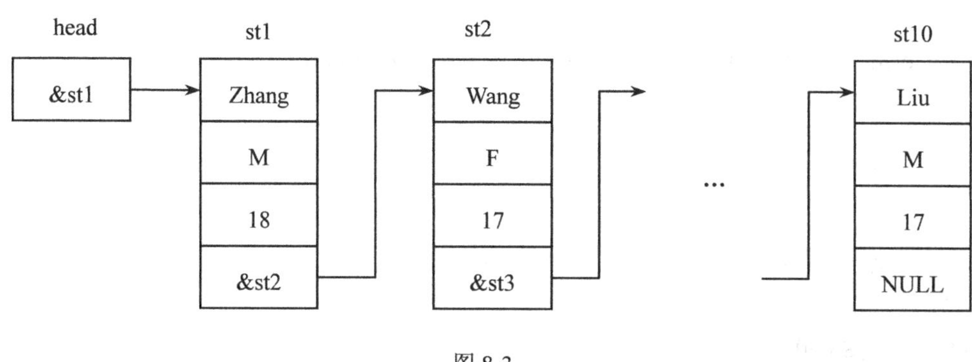


图 8-3

链表中的结构体变量称为“节点”，很明显，链表有一个“头指针”，图中用 head 表示，还有一个“表尾”，图中用 NULL 表示。每个节点都包含两个部分：用户所需的数据和下一个节点的地址。链表中的所有元素在内存中不是连续存放的，要找到某一元素，必须先找到上一个元素，根据上一元素提供的地址才能找到下一个元素，如果不知道“头指针”的值，整个链表无法访问。

## 8.5.2　简单链表建立

下面通过一个例子来说明如何建立和输出一个简单链表。

**例 8.15**　建立一个由 4 个学生数据组成的简单链表，输出节点中的数据。

程序如下：

```
#include "string.h"
#include "stdio.h"
#define NULL 0
struct student
{
  int num;
  char name[10];
  float score;
  struct student *next;
 };

main()
{
  struct student a,b,c,d,*head,*p;
  a.num=1001;b.num=1002;c.num=1003;d.num=1004;
  strcpy(a.name,"li");strcpy(b.name,"wang");
  strcpy(c.name,"liu");strcpy(d.name,"zhang");
  a.score=95.0;b.score=83.5;c.score=78.0;d.score=69.5;
  head=&a;a.next=&b;b.next=&c;c.next=&d;d.next=NULL;
  p=head;
```

```
   while(p!=NULL)
      {
        printf("%5d %10s %4.2f\n",p->num,p->name,p->score);
        p=p->next;
      }
}
```

程序运行结果如下：

```
 1001 li 95.00
 1002 wang 83.50
 1003 liu 78.00
 1004 zhang 69.50
```

这是一种建立静态链表的方法，所有节点都是在程序中定义的，不是临时开辟的，也不能在用完后释放。编写程序时，常利用内存动态分配方式来建立链表，在需要时才临时开辟一个节点的存储空间，用完后立即释放。

### 8.5.3　动态链表建立

在编程时，为了节约内存资源，提高程序的执行速度，通常根据处理实际数据的多少从堆中临时申请存储空间，数据处理完毕后，再释放这些临时申请的存储空间。在建立链表时，也通常采取这种方法，不再需要定义结构体类型数组。

建立动态链表的一般步骤如下：

① 先定义一个结构体类型，要求该类型的最后一个成员必须是指向同结构体类型的指针。该指针主要用来指向链表中的下一个节点。

② 定义一个结构体类型的指针变量作为指向链表的指针。

③ 利用动态内存分配函数从堆中申请存储空间作为链表的节点，将该存储空间的地址作为链表的头指针，并对该节点的各成员赋值。其中，最后一个成员赋值为 NULL。如果要求链表的节点数等于 1，此链表创建成功，如果链表的节点数大于 1，执行第④步操作。

④ 再次利用动态内存分配函数从堆中申请存储空间作为链表的下一个节点，将该存储空间的地址赋给上一个节点的最后一个成员，同时，对新节点的各成员赋值。其中，最新节点的最后一个成员赋值为 NULL。

⑤ 重复第④步操作，直到整个链表创建成功。

**例 8.16**　建立一个由 5 个学生数据组成的单向动态链表，输出节点中的数据。

程序如下：

```
#include "stdio.h"
#include "stdlib.h"
#include "string.h"
#define NULL 0
#define LEN sizeof(struct student)
struct student
{
```

```
  int num;
  char name[10];
  int score;
  struct student *next;
};

struct student *create(int);                   /*声明函数类型*/
void print(struct student *head);              /*声明函数类型*/

main ()
{
  struct student *p,*head;
  int n;
  printf("input the number of node!");
  scanf("%d",&n);
  head=create(n);                              /*调用创建链表函数，n 表示节点数*/
  print(head);                                 /*打印输出链表*/
}

struct student *create(int n)                  /*创建链表函数，n 表示节点数*/
{
  struct student *head,*p1,*p2;
  head=p1=(struct student * )malloc(LEN);      /*从堆中申请存储空间*/
  if(p1==NULL)
      {
       printf("memory failed,can not creat a chain!");
       exit(0);
      }
  scanf("%d%s%d",&p1->num,p1->name,&p1->score);
  p1->next=NULL;
  while(n>1)
    {
      p2=(struct student * )malloc(LEN);       /*从堆中申请存储空间*/
      if(p2==NULL)
         {
           printf("memory failed,can not creat a chain!");
           exit(0);
         }
      scanf("%d%s%d",&p2->num,p2->name,&p2->score);
      p1->next=p2;
      p1=p2;
```

```
    p1->next=NULL;
    n--;
  }
 return head;
}

void print(struct student *head)            /*打印输出链表函数*/
{
 struct student *p;
 p=head;
 while(p!=NULL)
  {
   printf("%5d %s %4d\n",p->num,p->name,p->score);
   p=p->next;
  }
 }
```

程序运行结果如下：

```
input the number of node!5↙

1 zhang 95↙
  2 liu 85↙
   3 li 78↙
 4 wang 69↙
 5 zhao 55↙
output the number of 5 node:
    1 zhang 95
     2 liu 85
      3 li 78
    4 wang 69
    5 zhao 55
```

上面的程序中，create 函数是用来创建链表的一个自定义函数，形参 n 表示链表中节点的个数。函数体中定义了三个指向结构体类型数据的指针变量 head、p1、p2，其中 head 表示链表的头指针， p2 表示最新节点的指针，p1 表示上一个节点的指针，通过语句 p1->next=p2;p1=p2;p1->next=NULL;实现节点链接。

### 8.5.4 链表的输出操作

链表的输出操作比较特殊，不同于普通数据的输出。在程序中，如果要输出一个链表各节点的成员值，必须事先知道链表第一个节点的地址（头指针），然后设置一个指针变量，

先使其指向第一个节点，输出该指针变量所指向的节点各成员值，然后使该指针变量的值后移一个节点，再输出其所指向的节点各成员值，直到链表的尾节点。

**例 8.17**　编写一个输出链表的函数 print。

程序代码如下：

```
void print(struct student *head)
{
  struct student *p;
  p=head;
  while(p!=NULL)
   {
     printf("%5d %s %4.2f\n",p->num,p->name,p->score);
     p=p->next;
   }
}
```

上述函数体中，形参 head 的值由实参传递过来，表示要输出的链表的头指针。函数体中还定义了一个指向结构体类型数据的指针变量 p，将 head 的值赋给 p，使 p 指向要输出的链表的第一个节点，然后输出该节点各成员的值。语句 p=p->next;是使 p 指向链表中下一个要输出的节点。这样，就可以通过 p 顺序输出链表中所有节点的成员值。

### 8.5.5　链表的删除操作

对已经存在的一个链表，有时希望能删除其中的某个节点。怎么考虑这个问题的解决方案呢？先打个比方：有一队小孩（A，B，C，D，E）手拉手，如果一个小孩（C）想离队，并要求队形保持不变，只需将 C 的手从两边脱开，B 改为和 D 拉手即可。与此类似，从一个动态链表中删除一个节点，只需将该节点从链表中分离出来，撤销原来的链接关系即可。

**例 8.18**　编写链表的节点删除函数 del。

```
struct student *del(struct student *head,int num)
{
  struct student *p1,*p2;
  if(head==NULL)
    {
      printf("\n the chain not exit!\n");
      return NULL;
    }
  p1=head;
  while(num!=p1->num&&p1->next!=NULL)
   {
     p2=p1;
     p1=p1->next;
    }
```

```
    if(num==p1->num)
      {
        if(p1==head) head=p1->next;
        else p2->next=p1->next;
        printf("delete:%d\n",num);
      }
    else printf("%d not been found!\n",num);
    return head;
}
```

上述函数体中，形参 head 表示要删除节点的某个链表的头指针，num 表示要删除节点的 num 成员值。函数体中还定义了一个指向结构体类型数据的指针变量 p1，p2，将 head 的值赋给 p1，使 p1 指向链表的第一个节点，然后通过循环语句查找符合删除条件的节点，如果找到符合删除条件的，使该节点从链表中分离出来。

### 8.5.6 链表的插入操作

在链表中插入一个新的节点与从链表中删除一个节点相类似，只要撤销原来的链接关系，并接入新的链接关系即可。

**1. 将新节点插入到链表的某个节点后面**

将新节点 st 插入到节点 st1 后面。相应函数为：

```
void insert(struct student *st1, struct student *st)
{
    st->next=st1->next;
    st1->next=st;
 }
```

**2. 将新节点插入到链表中成为链表的首节点**

将新节点 st 插入到链表中，成为链表的首节点。相应函数为：

```
void struct student *insert(struct student *head, struct student *st)
{
   st->next=head;
   head=st;
   return head;
 }
```

### 8.5.7 链表的综合操作

将以上的建立、输出、插入、删除函数组织在一起，用 main 函数作主调函数，形成对链表的综合操作。现将完整的程序编写如下。

**例 8.19** 编写一个程序，用链表方式实现学生信息的综合管理。

程序如下：

```
#include "stdio.h"
```

```
#include "stdlib.h"
#include "string.h"
#define NULL 0
#define LEN sizeof(struct student)
struct student
{
   int num;
   char name[12];
   int score;
   struct student *next;
};

struct student *creat(int);                          /*函数声明*/
void print(struct student *head);
struct student *insert(struct student *head,int k,struct student *stud);
struct student *del(struct student *head,int num);

struct student *creat(int n)                         /* 创建链表函数 */
{
   struct student *head,*p1,*p2;
   head=p1=(struct student * )malloc(LEN);
   if(p1= =NULL){printf("内存不够，无法创建链表!");exit(0);}
   printf("请输入链表节点数据(学号   姓名   成绩):\n");
   scanf("%d%s%d",&p1->num,p1->name,&p1->score);
   p1->next=NULL;
   while(n>1)
     {
       p2=(struct student * )malloc(LEN);
       if(p2= =NULL)
          {
            printf("内存不够，无法创建链表!");

            exit(0);                                 /* 退出程序 */
          }
       scanf("%d%s%d",&p2->num,p2->name,&p2->score);
       p1->next=p2;
       p1=p2;
       p1->next=NULL;
       n--;
     }
   return head;
```

```
}
void print(struct student *head)              /* 打印输出链表函数 */
{
   struct student *p;
   p=head;
   while(p!=NULL)
      {
         printf("%5d %s %4d\n",p->num,p->name,p->score);
         p=p->next;
      }
   return;
}
struct student *insert(struct student *head,int k,struct student *stud)
 /* 在链表 head 的第 k 个位置上插入新节点*stud */
{
   int i;
   struct student *p=head;
   if(k= =1){stud->next=p;head=stud;return head;}     /*插入到第一个位置*/
      else
         {
           for(i=1;i<k-1;i++){p=p->next;}             /*移动指针到插入点前一位置*/
           stud->next=p->next;                        /*插入*/
           p->next=stud;
           return head;
         }
}
struct student *del(struct student *head,int num)     /*删除节点函数*/
{
   struct student *p1,*p2;
   if(head= =NULL){printf("\n 链表不存在，无法删除！ \n");return NULL;}
   p1=head;
   while(num!=p1->num&&p1->next!=NULL)
      {
        p2=p1;
        p1=p1->next;
      }
   if(num= =p1->num)
      {
```

```
            if(p1= =head)    head=p1->next;
            else p2->next=p1->next;
            printf("\n 删除操作成功\n");
        }
    else printf("删除操作不成功\n");
    return head;
}

main ()
{
    struct student *p,*head;
    int no,pos,choice,i,n;
    do
      {
        printf("\n");
        printf("链表操作综合应用程序\n");
        printf("1.创建新链表  2.插入节点\n");
        printf("3.删除节点  4.退出程序\n");
        printf("-----------------------------------------\n");
        printf("  请输入您的选择(1, 2, 3, 4): ");
        scanf("%d",&choice);
        switch(choice)
          {
            case 1:
                    {
                      printf("输入要创建的链表中节点数：");
                     scanf("%d",&n);
                     head=creat(n);                /*创建长度为 n 链表*/
                     print(head);                  /*打印输出链表*/
                    }break;
            case 2:
                    {
                     p=(struct student * )malloc(LEN);       /*生成新节点*/
                     if(p= =NULL)
                         {
                           printf("内存不够，无法插入新节点!");
                           exit(0);
                         }
                     printf("请输入插入的数据(学号    姓名    成绩):");
                     scanf("%d%s%d",&p->num,p->name,&p->score);/*输入新节点数据*/
```

```
                    printf("请输入节点插入的位置:");
                    scanf("%d",&pos);
                    head=insert(head,pos,p);        /*插入新节点到位置 pos 上*/
                    print(head);
                  }break;
            case 3:
                  {
                    printf("请输入要删除的学生学号:");
                    scanf("%d",&no);
                    head=del(head,no);              /*删除节点*/
                    print(head);                    /*打印输出删除节点后的链表*/
                  }break;
            case 4: exit(0);
         }
   }while(choice<=4);
  printf(" \n 程序正常结束运行，欢迎下次使用！ ");
  }
```

上述程序的运行结果请读者自己分析。

结构体和指针的应用很宽广，除了单向链表之外，还有双向链表、循环链表、队列、堆栈、树、图等数据结构。读者可以在学完本章内容后学习数据结构课程，了解这些问题的基本算法。

## 8.6 共用体的概念

在程序中，为了节省内存资源，经常将几个类型不同的数据存放到同一段内存单元中，要保证这些数据正确存取，只能在某一具体时间段内存放其中的一个数据。这种使几个不同类型的数据共同占用同一段内存的结构，称为“共用体”类型结构。

### 8.6.1 共用体类型的定义

与结构体类型相似，如果要使用共用体类型数据，必须先定义共用体类型，定义共用体类型的一般形式如下：

```
union   共用体名
{
 类型名 1   成员名 1;
 类型名 2   成员名 2;
    ⋮
   类型名 n   成员名 n;
 };
```

例如：

```
union data
{
   char name[10];
   int age;
   float score;
 };
```

上述定义中，union data是一个共用体类型，与结构体类型相似，共用体类型在使用过程中和系统提供的标准类型具有同样的地位和作用。一个共用体类型包含若干个成员，每个成员的类型可以不一样。共用体类型数据的所有成员共同占用同一段存储空间，在存储时所占的内存单元字节数等于其中最长的成员所占内存单元字节数。例如：前面定义的union data共用体类型数据存储时所占内存单元为10字节。

### 8.6.2 共用体类型变量的定义

共用体类型变量的定义与结构体类型变量的定义相似，通常采取以下三种形式：

**1. 先定义共用体类型，再定义共用体类型变量**

定义形式为：

共用体类型名 共用体变量名;

例如：

```
union data
{
   char name[10];
   char sex;
   int age;
   float score;
};                /* 定义 union data 共用体类型 */
union data stt1,stt2;
```

上述定义中，stt1,stt2为union data类型变量，存储时，各占10字节内存单元。

**2. 在定义共用体类型的同时定义变量**

定义形式为：

```
union   共用体名
{
 类型名1   成员名1;
 类型名2   成员名2;
   ⋮
 类型名n   成员名n;
}变量名表列;
```

例如：

```
union data
{
   char name[10];
```

```
    char sex;
    int age;
    float score;
}stt1,stt2;        /* 定义 stt1 和 stt2 为 union data 类型变量 */
```

**3. 直接定义共用体类型变量**

定义形式为：

```
union
{
 类型名 1   成员名 1；
 类型名 2   成员名 2；
   ⋮
 类型名 n   成员名 n；
}变量名表列；
```

例如：

```
union
{
   char name[10];
   char sex;
   int age;
   float score;
}stt1,stt2;        /* 直接定义 stt1 和 stt2 为 union data 类型变量 */
```

### 8.6.3 共用体类型变量的引用

同样，在 C 语言程序中只能引用共用体类型变量的成员，不能直接引用共用体变量。引用共用体变量成员一般形式如下：

变量名.成员名

例如：stt1.age=18;

注意：

① 共用体是在同一个内存段中存放几种不同类型的成员，但在某一个具体的瞬间，只能存放其中的一个成员，即某一瞬间只有一个成员起作用，不是所有的成员都同时起作用。

② 共用体变量中起作用的成员是最后一次存放的成员，前面存放的成员被后面存放的成员所覆盖。

例如：

```
union
{
   char name[10];
   int age;
   float score;
}stt1,stt2;
   ⋮
stt1.age=18;
```

```
stt1.score=89.5;
```

执行完这两条语句后，只有 stt1.score 成员有效，stt1.age 成员已经被 stt1.score 成员覆盖了。

③ 共用体变量的地址与其各成员的地址是同一个地址。即&stt1、&stt1.age、&stt1.score 和&stt1.name 是同一个值。

④ 不能直接对共用体变量赋值，也不能直接引用共用体变量，更不能对共用体变量进行初始化。

⑤ 共用体变量不能作为函数的参数，函数的返回值不能为共用体变量。

⑥ 共用体类型可以用于结构体类型定义中，也可以定义共用体类型数组。结构体类型也可以出现在共用体类型定义中，另外，数组可以作为共用体的成员。

⑦ 可以使用指向共用体变量的指针变量。

**例 8.20**　一个简单的学校人员管理程序。输入一组人员信息，包含姓名、性别、年龄、身份（如果是学生，包含学号，如果是教师，包含职称）。

程序如下：

```
#include "stdio.h"
union vocation
{
  long grades;
  char titles[10];
 };

struct person
{
  char name[10];
  char sex;
  int age;
  char judge;
  union vocation pp;
 };

main ()
{
  struct person st[4];
  int i;
  for(i=0;i<4;i++)
   {
     scanf("%s %c %d %c",&st[i].name,&st[i].sex,&st[i].age,&st[i].judge);
     if(st[i].judge= ='s') scanf("%ld",&st[i].pp.grades);
     if(st[i].judge= ='t') scanf("%s",st[i].pp.titles);
   }
  printf("\n");
```

```
    for(i=0;i<4;i++)
     {
       if(st[i].judge= ='s')
       printf("%s %c %d %c %ld\n",st[i].name,st[i].sex,st[i].age,
                                          st[i].judge,st[i].pp.grades);
       if(st[i].judge= ='t')
       printf("%s %c %d %c %s\n",st[i].name,st[i].sex,st[i].age,
                                          st[i].judge,st[i].pp.titles);
     }
  }
```

程序运行结果如下：

zhangsan f 18 s↙
2001008↙
lisi m 40 t↙
lecturer↙
wangwu f 55 t↙
professor↙
zhaoliu m 27 t↙
assiatant↙

zhangsan f 18 s 2001008
lisi m 40 t lecturer
wangwu f 55 t professor
zhaoliu m 27 t assiatant

上面的程序中，将学生的学号和教师的职称作为一个共用体类型（union vocation）的数据的成员，存放在同一段内存单元中，通过结构体类型（struct person）数据的judge成员来进行判定，如果是学生，则输出其学号，如果是教师，则输出其职称。

## 8.7 用 typedef 定义数据类型

C语言允许用户直接使用系统提供的标准数据类型(如int、char、float、double、long等)和用户根据编程需要所声明的构造类型（如结构体类型、共用体类型、指针类型、枚举类型等），还允许用户用typedef声明新的类型名来代替已有的类型名。

定义数据类型的一般形式如下：

typedef 已有的类型名 新的类型名；

例如：

```
typedef int INTEGER;
typedef float REAL;
```

指定用INTEGER代表int类型，用REAL代表float类型。这样，在程序中,用int和INTEGER定义变量是等价的，用float和REAL定义变量是等价的。

例如：

```
int i,j;  和INTEGER i,j;结果完全一样。
float a,b;和REALa,b;结果完全一样。
```

C语言程序不仅允许使用typedef定义简单数据类型，还允许使用它来定义其他各种已经定义过的类型。

**1. 定义函数类型**

例如：

```
typedef float FUN();
FUN fx;
```

等价于

```
float fx();
```

**2. 定义数组类型**

例如：

```
typedef float NUM[100];
NUM a;
```

等价于

```
float a[100];
```

**3. 定义指针类型**

例如：

```
typedef float * POINT;
POINT p;
```

等价于

```
float *p;
```

**4. 定义结构体类型**

例如：

```
struct data
{
   int month;
        int day;
        int year;
    }
typedef struct data DATA
DATE birthday;
```

等价于

```
struct data
{
   int month;
  int day;
```

```
    int year;
  }
  struct data birthday;
```

说明：

① 用typedef可以声明各种数据类型，但不能用来定义变量。

② 用typedef只能对已经存在的数据类型增加一个类型名，不能创造出新的数据类型。

③ 当不同源文件中用到同一类型数据(如结构体、共用体等数据类型)时，常用typedef声明一些数据类型，把它们单独放在一个文件中，然后在需要用到它们的文件中用#include命令把它们包含进来。

④ 使用 typedef 定义数据类型有利于程序的通用与移植。

# 第9章　位　运　算

## 9.1　位运算概念及运算符

所有数据在计算机中都是用二进制位（bit）表示的。C语言既具有高级语言的特点，也具有低级语言的特点，能够对二进制数进行位运算，可以像汇编语言一样进行系统编程。对二进制位进行的运算称为“位运算”，具体由位运算符和操作数实现。

大多数系统中，用8位二进制数表示一个字节，它是一个char型变量的标准存储单位，其他的类型如整型数要用两个字节存储，下面介绍的位运算符是用于unsigned型的整数，若整数的高8位是0，可以只表示低8位。

C语言提供了6种位运算符，见表9-1。

表9-1

| 运算符 | 含　义 | 操作类型 | 结合方向 |
|---|---|---|---|
| ～ | 按位取反 | 单目运算符 | 自右至左 |
| << | 左移位 | 双目运算符 | 自左至右 |
| >> | 右移位 | 双目运算符 | 自左至右 |
| & | 按位与 | 双目运算符 | 自左至右 |
| ∧ | 按位异或 | 双目运算符 | 自左至右 |
| \| | 按位或 | 双目运算符 | 自左至右 |

表9-1列出了位运算符的名称和含义，同时它们在表中从上到下的顺序也是运算符优先级由高到低的顺序表示。下面对这些运算符的计算方式分别进行描述。

**1．按位与运算符（&）**

功能是参加运算的两操作数，按二进制位进行“与”运算。如果两个相应的二进制位都为1，则该位的结果值为1，否则为0。即

0&0=0；0&1=0；1&0=0；1&1=1

例如：9&5并不等于45，应该是按位与。

```
          9=00001001
 （&）    5=00000101
 ---------------------
            00000001
```

所以9&5的值是1。

根据按位与运算符的运算性质，通常用来进行清0或保留某些位的运算。

例如:操作数 a 的值是 1001101000101011，要将此数的高 8 位清 0，低 8 位保留。解决办法就是和 0000000011111111 进行按位与运算。

```
    1001101000101011
(&) 0000000011111111
--------------------
    0000000000101011
```

从运算结果中看出，操作数 a 的高 8 位与 0 进行‘&’运算后，全部变为 0，由‘&’运算的性质决定。同时操作数 a 的低 8 位与 1 进行‘&’运算时，根据 1&0=0，1&1=1 运算性质而得出的结果是与原数相同的。

**2. 按位或运算符（|）**

其功能是参加运算的两个操作数的对应二进制位进行或运算。两个相应的二进制位中只要有一个为 1，该位的结果值就为 1。即 0|0=0，0|1=1，1|0=1，1|1=1。

例如：9|5 的值为 13

```
    00001001
(|) 00000101
------------
    00001101
```

根据按位或运算符的运算性质，可进行将操作数的某几位设定为 1 的运算。例如：将操作数 9 的高 4 位改为 1，低 4 位不变。那么就与 11110000 进行按位或运算。

```
    00001001
(|) 11110000
------------
    11111001
```

**3. 按位异或运算符（∧）**

按位异或运算符，它的运算规则是当参加按位异或运算的两操作数的对应位不同时，结果为 1，相同时结果为 0。即

0∧0=0，0∧1=1，1∧0=1，1∧1=0。

例如：9∧5 的值是 12

```
    00001001
(∧) 00000101
------------
    00001100
```

根据按位异或运算符的运算性质，可作如下应用：

有操作数 10110101，将其高 4 位保留，低 4 位翻转，即 1 变为 0，0 变为 1。那么将它与 00001111 进行∧运算，即

```
    10110101
(∧) 00001111
------------
    10111010
```

得出保留原值的结果，这是因为原数中的 1 与 0 进行∧运算得 1，0∧0 得 0，故保留原

数。得到翻转的值，是因为 1 与 1 进行∧运算得 0，1∧0 得 1，故得此值。

**4. 按位取反运算符(~)**

按位取反“～”是单目运算符，功能是用来对一个二进制数按位取反，即将 0 变 1，1 变 0。例如：对操作数 9（即二进制 00001001）进行按位求反：

```
          00001001
    (～)      ↓
-------------------
          11110110
```

因此，～9 的值为 246。

**5. 左移运算符(<<)**

功能是把“<<”左边的操作数的各二进位全部左移若干位，由“<<”右边的数指定移动的位数，低位空缺处补 0。

例如：a 的值为 9，进行运算 a<<1, a<<2：

```
          00001001
   (<<)          1
-------------------
          00010010          a<<1 的值为 18

          00001001
   (<<)          2
-------------------
          00100100          a<<2 的值为 36
```

左移运算比较简单，容易掌握。实际上在没有溢出的情况下，左移运算可以很方便地实现有符号数和无符号数乘 $2^n$ 的运算（$n$ 为移位次数），即左移 1 位相当于乘 2，左移 2 位相当于乘 4，左移 $n$ 位相当于乘 $2^n$。但是需要强调的是，不是所有的左移运算都是乘 $2^n$ 的，例如：

```
          01001001  （十进制数 73）
   (<<)          2
-------------------
          00100100  （十进制数 36）
```

这次的运算结果就不是乘 $2^2$ 的，因为移出的高位中含有 1，这样就产生了溢出，所以大家计算时需谨慎使用。

**6. 右移运算符(>>)**

右移运算符与左移运算符相似，功能是把“>>”左边的操作数的各二进位全部右移若干位，由“>>”右边的数指定移动的位数，高位空缺处补 0，移出的低位被舍弃。

例如：a 的值为 39，进行运算 a>>2：

```
          00100111
   (>>)          2
-------------------
          00001001          a>>2 的值为 9
```

注意：

（1）操作数是有符号负数，即最高位为 1 时，进行右移后高位空缺处要补 1，否则高位空缺处补 0。

（2）右移运算可以很方便地实现有符号数除 $2^n$ 的运算（$n$ 为移位次数），即右移 1 位相当于除 2，右移 2 位相当于除 4，右移 $n$ 位相当于除 $2^n$。

**7. 位运算赋值运算符**

&=，|=，<<=，<<=，∧=，这些就是位运算符与赋值运算符组合成的位运算赋值运算符。它与复合的赋值运算符类似。例如：

a&=b 相当于 a=a&b

a<<=2 相当于 a=a<<2

## 9.2 位运算举例

**例 9.1** 将一个 8 位二进制数 a 右端起 3～5 位取出。

解题步骤：

① 将操作数 a 右移 3 位。目的是将原数右起的 3～5 位变为 0～2 位。

假如 a 的值是 11101100，进行按位右移运算：

```
       11101100
(>>)          3
---------------
       00011101
```

操作数 a 的当前值为 00011101。

② 再将操作数 a 进行按位与运算，保留右端 0～2 位，其余位清 0。

```
       00011101
（&）   00000111
---------------
       00000101
```

程序如下：

```
#include "stdio.h"
main()
{
   unsigned a,b;
   scanf("%d",&a);
   b=a>>3;
   b=b&7;
   printf("%d\n",b);
}
```

程序运行结果如下：

44↙

5

**例 9.2** 输入无符号整数，输出其对应的二进制数。

程序如下：

```
#include "stdio.h"
main()
{
  unsigned a,c;
  int i;
  scanf("%u",&a);
  printf("%u=",a);
  c=1<<15;
  for(i=1;i<=16;i++)
   {putchar(a&c?'1': '0');
    a=a<<1;}
  printf("\n");
}
```

程序运行结果如下：

65432↙

65432=1111111110011000

分析说明：此程序主要是利用按位与运算取出每一位数字，再输出。先进行如下运算：

|  |  |  |
|---|---|---|
|  | 1111111110011000 | （变量 a 的初始值） |
| （&） | 1000000000000000 | （1<<15 即变量 c 的值） |
|  | 1000000000000000 | （运算结果是取得 a 的最高位） |

再判断取得最高位后的值是不是非 0 值，若是则输出 1，否则输出 0；然后将 a 左移 1 位后再次进行上面的按位与运算，目的是取得此时的最高位即原值的第 2 位，再通过判断语句将此位输出，然后再左移 1 位重复上述操作……依次循环 16 遍，取出其全部 16 位分别输出，这样通过位运算就把原数的二进制形式显示出来了。

**例 9.3** 将一个无符号整数的高低 8 位互换，显示换后的无符号整数值。

分析：要想将 16 位的无符号整数 i 的高 8 位与低 8 位互换，首先要分离出高 8 位和低 8 位，用 i 和 127 进行与运算分离出低 8 位，将 i 右移 8 位分离出高 8 位。然后，把 i 的高 8 位与低 8 位合并成一个无符号整数。

程序如下：

```
#include "stdio.h"
main()
{
  unsigned int i,j;
  scanf("%u",&i);
  j=i&225;
  j<<=8;
```

```
    i>>=8;
    i+=j;
    printf("%u\n",i);
}
```

程序运行结果如下：

128↙

32768

# 第10章　文　　件

## 10.1　文件类型指针的概念

计算机的主要功能是计算和存储数据，各种数据都是以二进制形式存储在计算机的辅助存储器上，而且相关的数据以集合的形式供系统存取，这种存储在外部介质上的数据集合称为“文件”。

在前面的章节中已经涉及了文件，例如，C 语言源程序就存储在扩展名为.c 的文件中，编译连接后生成的可执行程序就存储在扩展名为.exe 的文件中。

### 10.1.1　文件数据的存储形式

文件中数据的存储形式有两种形式：一种是字符形式，另一种是二进制形式。

以字符形式存储数据的文件称为文本文件，字符可以是字母、数字、运算符等，每个字符通过相应的编码存储在文件中，常用编码是 ASCⅡ码，即一个字符有一个 ASCⅡ代码，占用一个字节的存储空间。这种存储形式的缺点是占用空间大，比如存储一个整数 12345，在这里就被看做是 5 个字符，因此需占用 5 个字节的存储空间。

以二进制形式存储数据的文件称为二进制文件，它是按照数据在内存中的存储形式原样存储数据的。如上面的整数 12345 在二进制文件中只需占用 2 个字节的存储单元。

### 10.1.2　文件的处理方法

C 语言对文件的处理方法有两种：一种叫“缓冲文件系统”，一种叫“非缓冲文件系统”。

所谓缓冲文件系统是指系统自动地在内存区为每一个正在使用的文件开辟一个缓冲区。从内存向外部存储器输出数据必须先送到内存中的缓冲区，装满缓冲区后才一起送出去。如果从外部存储器向内存读入数据，则一次从磁盘文件将一批数据输入到内存缓冲区（充满缓冲区），然后再从缓冲区逐个地将数据送到程序数据区（给程序变量），如图 10-1 所示。

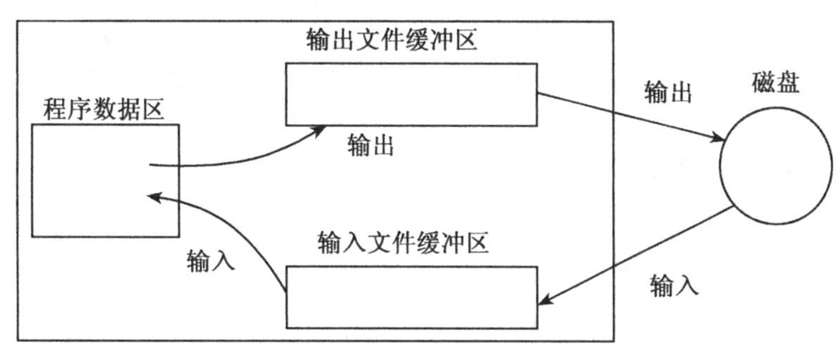


图 10-1

所谓“非缓冲文件系统”是指系统不自动开辟确定大小的缓冲区，而由程序为每个文件设定缓冲区。

在 UNIX 系统下，用缓冲文件系统来处理文本文件，用非缓冲文件系统处理二进制文件。用缓冲文件系统进行的输入输出又称为高级（或高层）磁盘输入输出（高层 I/O），用非缓冲文件系统进行的输入输出又称为低级（低层）输入输出系统。ANSI C 标准决定不采用非缓冲文件系统，而只采用缓冲文件系统。即既用缓冲文件系统处理文本文件，也用它来处理二进制文件，也就是将缓冲文件系统扩充为可以处理二进制文件。

C 语言提供了相应的文件操作函数，它们都是标准库函数，用它们可以实现对文件的读写、打开和关闭等操作。

本章主要学习掌握的是用缓冲文件系统处理文件。

缓冲文件系统中，关键的概念是“文件指针”。在对一个缓冲文件进行操作时，系统需要许多控制信息，如：文件名、文件当前的读写位置、与该文件对应的内存缓冲区的地址、缓冲区中未被处理的字符数、文件的操作方式等。缓冲文件系统为每一个文件定义一个 FILE 型的结构体变量来存放这些控制信息。FILE 定义在头文件 stdio.h 中，声明如下：

```
typedef struct
{
    short levle;                          /*缓冲区“满”或“空”的程度*/
    unsigned  flags;                      /*文件状态标志*/
    char fd;                              /*文件描述符*/
    unsigned char hold;                   /*如无缓冲区不读取字符*/
    short bsize;                          /*缓冲区的大小*/
    unsigned char  * baffer;              /*数据缓冲区的位置*/
    unsigned char  * curp;                /*指针，当前的指向*/
    unsigned  istemp;                     /*临时文件，指示器*/
    short  token;                         /*用于有效性检查*/
}FILE;
```

有了结构体 FILE 类型以后，可以用它来定义若干个 FILE 类型的变量，以便存放若干个文件的信息。

```
FILE  *fp;
```

fp 是一个指向 FILE 类型结构体的指针变量,通过该结构体变量中的文件信息能够访问该文件。也就是说，通过文件指针变量能够找到与它相关的文件。如有 *n* 个文件，一般应设 *n* 个 FILE 类型结构体的指针变量，使它们分别指向 *n* 个文件，实现对文件的访问。

## 10.2 文件的常用操作

### 10.2.1 文件的打开与关闭

进行文件读写之前，要先将文件打开；文件操作完毕后，要将文件关闭。

### 1. 文件的打开

在C语言程序中，打开文件的操作用函数fopen( )来实现，它的一般使用形式如下：

```
FILE  *fp;
fp=fopen(文件名，文件使用方式);
```

例如：

```
fp=fopen（"fal"，"r"）;
```

其中fal是要打开的文件名，此文件的使用方式为“读入”（r代表read，即读入），fopen函数带回指向fal文件的指针并赋给fp，或者说，fp指向al文件。那么，在打开一个文件时，需要给出3条信息：需要打开的文件名；文件的使用方式（“读”还是“写”等）；哪个指针变量指向被打开的文件。

注意：fopen函数返回一个指向要打开文件的指针，若未成功打开，则返回一个NULL（空）指针。

文件的使用方式有很多种，具体见表10-1。

表10-1

| 文件使用方式 | 含　义 |
| --- | --- |
| "r"(只读) | 为输入打开一个文本文件 |
| "w"(只写) | 为输出打开一个文本文件 |
| "a"(追加) | 向文本文件尾增加数据 |
| "rb"(只读) | 为输入打开一个二进制文件 |
| "wb"(只写) | 为输出打开一个二进制文件 |
| "ab" (追加) | 向二进制文件尾增加数据 |
| "r+"(读写) | 为读/写打开一个文本文件 |
| "w+"(读写) | 为读/写建立一个新的文本文件 |
| "a+"(读写) | 为读/写打开一个文本文件 |
| "rb+"(读写) | 为读/写打开一个二进制文件 |
| "wb+"(读写) | 为读/写建立一个新的二进制文件 |
| "ab+"(读写) | 为读/写打开一个二进制文件 |

下面是常用的文件打开程序段：

```
#include "stdio.h"
FILE  *fp;
if((fp=fopen("filename","r"))= =NULL)
 {
   printf("cannot open this file\n");
   exit(0);
  }
```

### 2. 文件的关闭

在C程序中，用fclose函数关闭文件。fclose函数调用的一般形式如下：

fclose（文件指针）；

例如：

fclose（fp）

前面曾用 fp 指向被打开的文件，现在用 fclose 函数把 fp 所指向的文件关闭。即 fp 不再指向该文件。

fclose 函数也返回一个值，若顺利地执行了关闭操作，则返回值为 0；否则返回 EOF（-1）。

## 10.2.2 文件的读写与定位

**1. 文件的读写操作**

（1）以字符方式读写文件。

以下函数是以字符为单位进行文件读写的，此类函数主要用于对由字符组成的文本文件进行读写操作。

① int fputc(int ch,FILE *fp)

写字符函数。该函数的功能是将字符 ch 写入文件指针 fp 所指的文件中去。若写入成功，则返回值是字符 ch；若写入失败，则返回 EOF（值为-1）。

② int fgetc(FILE *fp)

读字符函数。该函数功能是从文件指针 fp 所指文件读取一个字符，并返回该字符。若读取失败，则返回 EOF（值为-1）。

③ int feof(FILE *fp)

该函数的功能是检查文件是否结束。若文件指针指向文件末尾，则函数返回值为 1；否则，函数返回值为 0。

**例 10.1** 将一个文本文件的内容复制到另一个文本文件中。

程序如下：

```
#include "stdio.h"
main( )
{
    FILE *fpin,*fpout;
    char ch,infile[100],outfile[100];
    printf("Enter the infile name:\n");
    scanf("%s",infile);                     /*输入要复制的源文件名*/
    printf("Enter the outfile name:\n");
    scanf("%s",outfile);                    /*输入要复制的目标文件名*/
    fpin=fopen(infile,"r");                 /*以读方式打开源文件*/
    fpout=fopen(outfile,"w");               /*以写方式打开目标文件*/
    while(!feof(fpin))                      /*判断文件是否结束*/
     {
       if((ch=fgetc(fpin))!=EOF)            /*读取文件 infile 的一个字符*/
       fputc(ch,fpout);
```

```
  }                                  /*将字符写入文件 outfile 中*/
  fclose(fpin);                      /*关闭文件*/
  fclose(fpout);                     /*关闭文件*/
}
```

程序运行结果如下：

Enter the infile name:

File1.c↙

Enter the outfile name:

file2.c↙

程序运行结果是将 file1.c 文件中的内容复制到 file2.c 中去。可以用下面 DOS 命令验证：

c>type filel.c↙

command while for　　　　　(file1.c 中的信息)

c>type file2.c↙

command while for　　　　　(file2.c 中的信息)

（2）以字符串方式读写文件。

以字符串为单位进行文件读写的函数主要有以下两个：

① int fputs(char *string, FILE *fp)

写字符串函数。该函数功能是将字符串 string 写入文件指针 fp 所指文件中去,字符串结束符'\0'不写入。若写入成功，则返回值为 0；否则，返回 EOF。

② char fgets(char *string,int n, FILE *fp)

读字符串函数。该函数的功能是从文件指针 fp 所指文件中，读取字符到字符串 string 中，只读取 $n$-1 个字符，再在末尾加一个结束符'\0'，这样字符串 string 就是 $n$ 个字符。若在读完 $n$-1 个字符之前遇到换行符或 EOF，读取被结束。函数返回值为 string 的首地址。

**例 10.2**　将例 10.1 用字符串函数编程。

程序如下：

```
#include "stdio.h"
main ()
{
  FILE *fpin,*fpout;
  char ch[81],infile[20],outfile[10];
  printf("Enter the infile name:");
  scanf("%s",infile);
  printf("Enter the outfile name:");
  scanf("%s",outfile);
  fpin=fopen(infile,"r");
  fpout=fopen(outfile,"w");
  while(!feof(fpin))
    {
      fgets(ch,80,fpin);
```

```
        fputs(ch,fpout);
      }
   fclose(fpin);
   fclose(fpout);
}
```

程序运行结果如下：

Enter the infile name:

filel.c↙

Enter the outfile name:

file2.c↙

程序运行结果是将 filel.c 文件中的内容复制到 file2.c 中去。

**例 10.3** 向文本文件写入一个字符串。

程序如下：

```
#include "stdio.h"
main ()
{
   FILE *fp;
   char string[100];
   fp=fopen("c:\text.c","w");              /*以写方式打开文件*/
   printf("please input a string:\n");
   gets(string);                           /*输入要写入的字符串*/
   fputs（string,fp）;                      /*将字符串写入文件 text.c 中*/
   fclose(fp);                             /*关闭文件*/
}
```

程序运行结果如下：

please input a string:

welcome to c↙

程序运行结果是将字符串“welcome to c”写入到文件 text.c 中去。可以用下面的 DOS 命令验证

c>type text.c↙

welcome to c (text.c 中的信息)

（3）格式化读写文件。

格式化读写函数主要有以下两个：

① int fprintf(FILE *fp,char *format)

格式化输出函数。该函数的功能是按照 format 规定的格式把数据写入文件指针 fp 所指的文件中去。其中 format 参数的含义与 printf 相同，此函数与 printf 函数类似。

② int fscanf(FILE *fp,char *format)

格式化输入函数。该函数的功能是按照 format 规定的格式从文件指针 fp 所指的文件中读取数据。其用法与 scanf 函数类似。

**例 10.4** 文件格式化输入输出的实例。

程序如下：

```
#include "stdio.h"
main()
{
    FILE *fp;
    int num,i;
    char name[20];
    float score;
    if((fp=fopen("student.txt","w"))==NULL)
      {
        printf("open file error.\n");
        exit(-1);
      }
     for(i=1;i<=3;i++)
      {
         printf("\ninput name,num,score:");
         scanf("%s %d %f ",name,&num,&score);
         fprintf(fp,"name=%s    num=%d    score=%f\n",name,num,score);
      }
     fclose(fp);
}
```

程序运行结果如下：

```
input name,num,score:liping 011 87.5↙
input name,num,score:liuying 012 67.3↙
input name,num,score:wangmei 013 89.4↙
```

程序运行结果是将 3 个学生的基本信息（包括姓名，学号，成绩）写入到文件 student.txt 中去。可以用下面 DOS 命令验证：

```
c>type student.txt↙
name=liping      num=011     score=87.5
name=liuying     num=012     score=67.3
name=wangmei     num=013     score=89.4            (student.txt 中的信息)
```

（4）二进制文件的读写。

二进制文件读写函数主要有以下两个：

① unsigned fwrite(void *ptr,unsigned size,unsigned n, FILE *fp)

二进制输出函数。该函数的功能是将指针 ptr 所指的内存区域中的数据写入文件指针 fp 所指的文件中去，这些数据共 *n* 项，每项 size 个字节。

② unsigned fread(void *ptr,unsigned size,unsigned n, FILE *fp)

二进制输入函数。该函数的功能是从文件指针 fp 所指的文件中读取数据，存入指针 ptr

所指的内存区域中，读取的数据共 *n* 项，每项 size 个字节。

**例 10.5** 二进制文件格式化输入输出实例。

程序如下：

```
#include "stdio.h"
struct student_type
{
  char name[20];
  int num;
  float score;
 }stud[3];
main( )
{
  int i;
  FILE * fp;
  if((fp=fopen("stu_list","wb"))= =NULL)
    {
      printf("file open error\n");
      return;
    }
   for(i=0;i<3;i++)
     {
       printf("\ninput name,num,score: ");
       scanf("%s %d %f ",stud[i].name, &stud[i].num,&stud[i].score);
     }
   for(i=0;i<3;i++)
      if(fwrite(&stud[i],sizeof(struct student_type),1,fp)!=1)
         printf("file write error\n");
   fclose(fp);
}
```

程序执行情况和例 10.3 相同。不同的是，本例用二进制输出函数实现，程序中用结构体类型变量存储数据，再用 fwrite 函数将这个长度为 26 个字节的数据块写入 stu_list 文件中。而且，本例处理的数据直接生成二进制文件，在内存与外存频繁交换数据的情况下，二进制文件的读取效率较高。

**2. 文件的定位**

文件中有一个位置指针，指向当前读写的位置。当打开一个文件时，该指针指向文件的开头，当顺序读写该文件时，每次读写完一个字符后，该指针自动指向下一个字符位置。若想改变这种规律，使位置指针指向其他位置，可使用以下文件定位的函数。

① void rewind(FILE *fp)

重新位置指针函数。该函数的功能是使位置指针重新返回文件的开头。此函数无返回值。

② void fseek(FILE *fp,long m,int n)

随机定位函数。该函数的功能是将位置指针指向新位置，该位置距离起始点 *n* 有 *m* 个字节的位移量，起始点 *n* 的值有三个，分别代表三个位置，具体见表 10-2。

表 10-2

| 起始点名称 | 起始点位置 | 起始点 *n* 的值 |
|---|---|---|
| SEEK_SET | 文件开始 | 0 |
| SEEK_CUE | 文件当前位置 | 1 |
| SEEK_END | 文件末尾 | 2 |

例如：

设文件指针为 fp，有如下函数调用语句：

```
fseek(fp,100L,0);      /*将位置指针定位在离文件头 100 个字节处。*/
fseek(fp,50L,1);       /*将位置指针定位在离当前位置 50 个字节处。*/
fseek(fp, -20L,2);     /*将位置指针定位在离文件尾处向后 20 个字节处。*/
```

### 10.2.3　文件的检测

C 语言提供一些函数用来检查输入输出函数调用中的错误，主要有以下两个：

① ferror(FILE *fp)

该函数的功能是检测函数调用是否有错误。当调用输入输出函数后，可再调用此函数。若函数返回值为 0，表明前面的输入输出操作没有错误；若返回值为非 0 值，则表明有错误，应及时检查。

② clearerr(FILE *fp)

该函数的功能是使文件错误标志和文件结束标志置为 0。若文件检测有错误（即函数返回值为非 0 值），可调用本函数，使 ferror(fp)的值变为 0。

# 第11章 程序设计综合应用

前面介绍了C语言程序设计的一般知识，为了进一步让读者深入了解并掌握C语言综合编程技术，本章将对Turbo C作一些综合应用方面的介绍。

## 11.1 产生随机数

在编写应用程序时，有时需要通过计算机自动产生随机数，C语言提供了两个随机数产生函数返回一个整型随机数。

**1. rand()函数**

rand()函数的原型如下：

int rand(void);

例如：

```
#include "Stdio.h"
#include "stdlib.h"
main(void)
{
    int i,x;
    for(i=1;i<=8;i++)
      {
          x=rand()%10;                    /* 产生小于10的整数 */
          printf("%5d",x);
      }
}
```

程序运行后将随机产生8个小于10的整数。使用rand()函数时，必须将其相应的头文件stdlib.h包含到程序中来。

实际上rand()函数得到的是一个伪随机数，多次调用时，只能得到一组相同顺序的随机数，但如果事先给出不同的随机种子，就能得到不同顺序的随机数。因此，在程序中为了得到真正的随机数，通常先给出不同的随机种子。C语言提供了随机数发生器函数srand()，其函数原型如下：

void srand(unsigned seed);

例如：

```
#include "Stdio.h"
#include "stdlib.h"
```

```
    main()
    {
       int i,x;
       unsigned seed;
       printf("input the seeds:");
       scanf("%u",&seed);
       srand(seed);
       for(i=1;i<=8;i++)
          {
             x=rand()%10;
             printf("%5d",x);
          }
    }
```

程序运行时，先输入一个随机种子，然后输出一组小于 10 的随机整数。如果输入的种子数相同，则给出的随机数相同；如果输入的种子数不同，则给出的随机数不同。

在程序中为了改善随机数的随机性，可以采用 C 语言提供的 time()函数取系统时间作为随机种子。time()函数原型如下：

```
time_t time(time_t *timer);
```

time()函数以秒为单位，将当前系统时间和 1970 年 1 月 1 日格林威治时间 00：00：00 的间隔存入 timer 所指的位置中。timer 不能为空指针。

例如：

```
#include "Stdio.h"
#include "stdlib.h"
#include "time.h"
main()
{
   int i,x;
   long *p;
   srand(time(p));
   for(i=1;i<8;i++)
      {
        x=rand()%10;
        printf("%5d",x);
      }
}
```

每次运行程序时，由于随机种子不同，得到的随机数也不同。使用 time()函数时，必须将其相应的头文件 time.h 包含到程序中来。

**2. random()函数**

random()函数原型如下：

int random(int num);

调用 random()函数，将得到一个从 0 到 num-1 的随机数。该函数的功能及使用与 rand()相类似。

例如：

```
#include "Stdio.h"
#include "stdlib.h"
#include "time.h"
main()
{
  int i,x;
  long *p;
  srand(time(p));
  for(i=1;i<8;i++)
    {
      x=random(10);
      printf("%5d",x);
    }
}
```

每次运行本程序将得到 8 个不同的小于 10 的一组随机数。

## 11.2 程序设计的几个常用函数

C 语言系统提供了 400 多个标准函数供用户使用，下面介绍几个常用的标准函数。

### 11.2.1 clrscr()函数

clrscr()函数主要用来清除文本窗口，将光标放在屏幕显示区域的左上角。其函数原型如下：

void clrscr(void);

例如：

```
#include "Stdio.h"
#include "conio.h"
main(void)
{
  clrscr();
  printf("nihao! ");
}
```

使用 clrscr()函数时，必须将其相应的头文件 conio.h 包含到程序中来。

### 11.2.2 getpass()函数

getpass()函数常用来读入程序的口令。其函数原型如下：

char *getpass(char *prompt);

执行该函数后读入的，先显示提示信息 prompt，然后从系统控制台读入一个不超过 8 的字符的口令，并禁止回显。调用 getpass()时，应将其相应的头文件 conio.h 包含到程序中来。

例如：

```
#include "Stdio.h"
#include "conio.h"
main(void)
{
    char *password;
    clrscr();
    password=getpass("input the password:");
    printf("the password is %s",password);
}
```

程序运行结果如下：

```
input the password:123zxc↙                    /* 输入的字符串不显示出来 */
the password is 123zxc
```

### 11.2.3 exit()函数

exit()函数常用来终止程序的调用进程。在退出程序之前，所有文件均被关闭，缓冲输出的内容将刷新定义。其函数原型如下：

void exit(int status);

例如：

```
#include "Stdio.h"
#include "stdlib.h"
main()
{
    int i;
    printf("input the data:");
    scanf("%d",&i);
    if(i<0) exit(0);
    else    printf("*******");
}
```

运行程序，提示输入数据，如果输入的数据小于 0，直接终止程序运行，否则，输出字符串"*******"。

### 11.2.4 system()函数

直接调用 DOS 命令。函数原型如下：

```
int system (const char *command);
```

例如：system ("dir");　　　　调用 DOS 命令：DIR

## 11.3 屏幕文本与图形处理

C 语言系统为用户提供了一整套屏幕文本处理函数和图形处理函数，支持 CGA、EGA、VGA 等多种图形适配器的各种显示模式，利用这些标准函数不仅可以绘制出各种基本图形对象，还可以输出各种字体和着色填充等，给程序设计带来了很大的方便。

### 11.3.1 图形系统和要素

**1. 视频模式**

计算机的显示与其配制的适配器密切相关，每种适配器可在许多模式下进行工作。用户可以调用模式定义函数来定义屏幕的工作模式。

在文本模式中，计算机的屏幕被划分成许多单元，每个单元由一个字符和一个属性组成。字符是指将要显示的 ACSⅡ码字符，属性是指该字符的显示颜色、亮度等。C 语言系统提供了一系列的标准函数来控制字符在屏幕上的输入和输出。在文本模式下，屏幕的左上角坐标为（1，1），$x$ 坐标值从左向右增加，$y$ 坐标从上向下增加。

在图形模式中，计算机的屏幕被划分成一个个像素，每个像素在屏幕上均显示为一个点。像素的多少称为分辨率，其具体值取决于计算机的适配器类型和适配器工作模式。用户可以利用 C 语言提供的标准绘图函数在屏幕上绘制图形对象，并控制图形对象的显示。在图形模式下，屏幕的左上角坐标为（0，0），$x$ 坐标值从左向右增加，$y$ 坐标从上向下增加。

**2. 窗口与视区**

窗口是文本模式时，系统在计算机屏幕上划定的一个特定的、可以进行特定信息的交流矩形区域。编程人员可以通过窗口输入、输出文本，实现人机交互。

视区是图形模式时，系统在计算机屏幕上划定的一个特定的、可以绘制图形对象的矩形区域。编程人员可以通过视区绘制各种图形对象，实现人机交互。

### 11.3.2 文本窗口与屏幕文本

**1. 文本窗口**

C 语言的字符操作函数都是通过窗口来实现的，系统的默认窗口是整个屏幕，编程时，可以直接利用 C 语言提供的标准函数确定一个矩形区域，作为窗口进行数据的输入输出。

定义窗口应使用 window()函数，其函数原型如下：

```
void window(int x1,int y1,int x2,int y2);
```

其中，形参（x1,y1）表示窗口的左上角坐标，（x2,y2）表示窗口的右下角坐标。C 语言规定整个屏幕的左上角坐标为（1，1），右下角坐标为（80，25），水平向右方向为 $x$ 轴正方向，垂直向上方向为 $y$ 轴正方向。

例如：

```
window(14,5,64,19);
```

表示定义一个左上角在屏幕坐标（14,5）处，大小为 14 列 5 行的窗口。

可以在一个屏幕上定义多个窗口，但当前激活的窗口只能有一个，是最后定义的那个窗口。利用这个特点，可以在屏幕上定义具有立体感的窗口。

**2. 文本窗口中的字符属性**

字符属性是指该字符的颜色、背景色，显示亮度等特性。在程序中可以通过 C 语言的标准函数来控制字符的是属性，其相关函数如表 11-1 所示。

表 11-1　**字符属性函数**

| 函数原型 | 函数功能 |
| --- | --- |
| void highvideo(void) | 将字符设置成高亮度显示 |
| void lowvideo(void) | 将字符设置成低亮度显示 |
| void norvideo(void) | 将字符设置成正常亮度显示 |
| void textattr(int attribute) | 同时设置字符颜色和背景色 |
| void textbackground(int color) | 设置背景色 |
| void textcolor(int color) | 设置字符颜色 |
| void textmode(int mode) | 设置屏幕为字符状态 |

① 表中函数形参 color 表示显示颜色，其值如表 11-2 所示。

② 形参 attribute 表示颜色信息，其一般的表示方法是将所选定的背景色乘以 16，然后与字符颜色进行按位或运算。

例如：字符为黄色，背景为红色的颜色信息可以写成：YELLOW|RED*16。

表 11-2　**颜色符号和对应的数字值**

| 符号值 | 颜色 | 数值 | 应用范围 | 符号值 | 颜色 | 数值 | 应用范围 |
| --- | --- | --- | --- | --- | --- | --- | --- |
| BLACK | 黑 | 0 | 字符和背景 | DARKGRAY | 深灰 | 8 | 字符 |
| BLUE | 蓝 | 1 | 字符和背景 | LIGHTBLUE | 淡蓝 | 9 | 字符 |
| GREEN | 绿 | 2 | 字符和背景 | LIGHTGREEN | 淡绿 | 10 | 字符 |
| CYAN | 青 | 3 | 字符和背景 | LIGHTCYAN | 淡青 | 11 | 字符 |
| RED | 红 | 4 | 字符和背景 | LIGHTRED | 淡红 | 12 | 字符 |
| MAGE NTA | 洋红 | 5 | 字符和背景 | LIGHTMAGENTA | 淡洋 | 13 | 字符 |
| BROWN | 棕 | 6 | 字符和背景 | YELLOW | 黄 | 14 | 字符 |
| LIGHTGRAY | 浅灰 | 7 | 字符和背景 | WHITE | 白 | 15 | 字符 |
| BLINK | 闪烁 | 128 | 字符 | | | | |

③ 形参 mode 表示屏幕显示模式，其值如表 11-3 所示。

表 11-3　　　　字符屏幕显示模式参数 mode 的值

| 符号值 | 数值 | 字符显式模式 | 符号值 | 数值 | 字符显式模式 |
|---|---|---|---|---|---|
| BW40 | 0 | 40 列黑白 | C80 | 3 | 80 列彩色 |
| C40 | 1 | 40 列彩色 | MONO | 7 | 80 列单色 |
| BW80 | 2 | 80 列黑白 | LAST | -1 | 启用原来的字符模式 |

### 3. 文本窗口内的输入、输出函数

利用文本窗口的输入、输出函数可以将文本输入和输出限定在有效的文本窗口区域内。Turbo C 提供的文本输入、输出函数如表 11- 4 所示。

表 11- 4　　　　窗口输入、输出函数

| 函数 | 函数功能 |
|---|---|
| cprintf() | 将格式化的输出送到当前窗口 |
| couts() | 将一个字符串送到当前窗口 |
| putch() | 将单个字符送到当前窗口 |
| getche() | 读入一个字符并回显到当前窗口 |
| cgets() | 读入一个字符串并回显到当前窗口 |

### 4. 屏幕操作函数

C 语言系统还提供了一系列的屏幕操作函数，如表 11-5 所示。

表 11-5　　　　屏幕操作函数

| 函数原型 | 函数功能 |
|---|---|
| void clrscr(void); | 清除窗口 |
| void clreol(void) | 清楚光标至行尾所有字符 |
| void deline(void) | 删除光标所在行 |
| int gettext(int x1,int y1,int x2,int y2); | 将屏幕上一个区域的文字复制到内存 |
| void gotoxy(int x,int y); | 将光标移动到指定位置 |
| void insline(void) | 在光标所在行的下面插入一空行 |
| int movetext(int x1,int y1,int x2,inty 2,int x,int y); | 将屏幕上一个区域的文字复制到另一个区域 |
| int puttext(int x1,int y1,int x2,int y2,void *sc); | 将内存中的文本复制到屏幕上的一个区域 |
| textmode(int newmode); | 将屏幕设置为字符状态 |
| void window(int x1,int y1,int x2,int y2); | 定义一个窗口 |
| int wherex(void); | 返回当前窗口下光标的 x 坐标 |
| int wherey(void); | 返回当前窗口下光标的 y 坐标 |

**注意：**

使用上面的函数时，应将其相应的头文件 conio.h 包含到程序中来。

**例 11.1**　利用文本窗口显示立体式菜单。

程序如下：

```
#include "stdio.h"
#include "conio.h"
void windows()                     /* 创建立体窗口 */
{
   window(16,6,68,22);
   textbackground(1);
   clrscr();
   window(14,5,66,20);
   textbackground(4);
   textcolor(14);
   clrscr();
}

void text1()                       /* 创建窗口菜单 */
{
   clrscr();
   gotoxy(16,3);cprintf(" List Operate   Program");
   gotoxy(6,6); cprintf(" 1.Create List              2.Insert One Element");
   gotoxy(6,9); cprintf(" 3.Delete One Element       4.Exit");
   gotoxy(6,12);cprintf(" Inpurt The Word:");
   gotoxy(20,12);
}

main()
{
  windows();
  text1();
}
```

程序运行结果如图 11-1 所示。

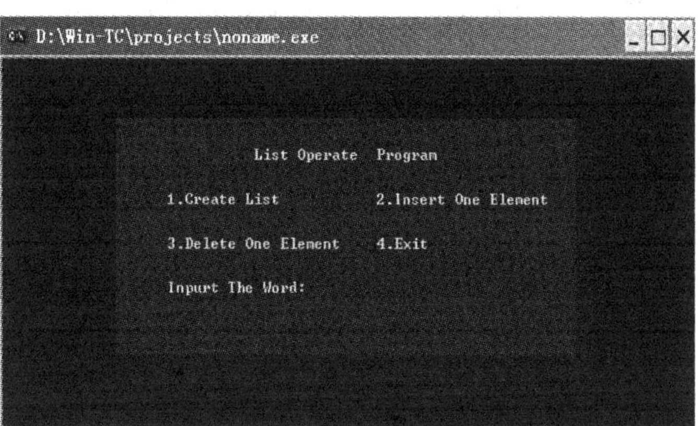


图 11-1

## 11.3.3　视区与图形处理

C 语言系统提供了许多图形处理函数供用户使用，使用这些函数编程，必须将其相应的头文件 graphics.h 包含到程序中来。

### 1. 图形模式的初始化

C 语言系统默认的计算机屏幕显示模式为文本模式。如果要绘制图形，应先将屏幕显示模式转换成图形模式，因此，必须事先对图形模式进行初始化。

图形模式初始化函数的原型如下：

void far initgraph(int far *gdriver,int far *gmode,char *path);

其中，gdriver 表示图形驱动器，gmode 表示图形模式（如表 11-6 所示），path 表示图形驱动程序所在的目录及路径，如果没有指明路径，即为当前目录。

表 11-6　　图 形 模 式

| 适配器 | 数值 | 图形模式 | 数值 | 分辨率 | 适配器 | 数值 | 图形模式 | 数值 | 分辨率 |
|---|---|---|---|---|---|---|---|---|---|
| CGA | 1 | CGAC0 | 0 | 320×200 | EGAMONO | 5 | EGAMONOHI | 6 | 640×350 |
| | | CGAC1 | 1 | 320×200 | HERC | 7 | HERCMONOHI | 0 | 720×348 |
| | | CGAC2 | 2 | 320×200 | ATT400 | 8 | ATT400C0 | 0 | 320×200 |
| | | CGAC3 | 3 | 320×200 | | | ATT400C0 | 1 | 320×200 |
| | | CGAC4 | 4 | 640×200 | | | ATT400C0 | 2 | 320×200 |
| MCGA | 2 | MCGAC0 | 0 | 320×200 | | | ATT400C0 | 3 | 320×200 |
| | | MCGAC0 | 1 | 320×200 | | | ATT400MED | 4 | 640×200 |
| | | MCGAC0 | 2 | 320×200 | | | ATT400HI | 5 | 640×400 |
| | | MCGAC0 | 3 | 320×200 | VGA | 9 | VGALO | 0 | 640×200 |
| | | MCGAC0 | 4 | 640×200 | | | VGAMED | 1 | 640×350 |
| | | MCGAC0 | 5 | 640×480 | | | VGAHI | 2 | 640×480 |
| EGA | 3 | EGALO | 0 | 640×200 | PC3270 | 10 | PC3270HI | 0 | 720×350 |
| | | EGAHI | 1 | 640×350 | IBM8514 | 6 | IBM8514LO | 0 | 640×480 |
| EGA64 | 4 | EGA64LO | 0 | 640×200 | | | IBM8514HI | 1 | 1024×768 |
| | | EGA64HI | 1 | 640×350 | DETECT | 0 | 自动检测硬件 | | |

例如：

```
void initgr(void)                         /* BGI 初始化 */
{
   int gd = DETECT, gm = 0;
   registerbgidriver(EGAVGA_driver);     /* 注册 BGI 驱动, */
   initgraph(&gd, &gm, "");
}
```

上述程序代码是采用硬件自动检测的方式初始化图形模式。

### 2. 屏幕颜色的设置

Turbo C 图形模式下常用的屏幕函数有两个，其函数原型如下：

void far setbkcolor(int color);

void far setcolor(int color);

其中，setbkcolor()函数用来设置屏幕的背景颜色，setcolor()函数用来设置所绘制的图形对象颜色。color 取值如表 11-2 所示。

**例 11.2**

程序如下：

```
#include "Conio.h"
#include "graphics.h"
#define closegr closegraph
void initgr(void)                          /* BGI 初始化 */
{
  int gd = DETECT, gm = 0;
  registerbgidriver(EGAVGA_driver);       /* 注册 BGI 驱动, */
  initgraph(&gd, &gm, "");
}

 main()
{
  initgr();                                 /* BGI 初始化 */
  setbkcolor(14);
  setcolor(1);
  line(25, 25, 220, 220);
  circle(100, 100, 50);
  getch();                                  /* 暂停，查看前面绘图代码的运行结果 */
  closegr();                                /* 恢复文本屏幕模式 */
}
```

程序运行结果是在黄色的底色上绘制一个蓝色的圆和一个蓝色的直线段。

**3. 图形窗口和图形屏幕函数**

（1）图形窗口设置函数。

设置图形窗口的函数为 setviewport(),其函数原型如下：

void far setviewport(int x1,int y1,int x2,int y2， int clipfiag);

其中，（x1,y1）表示视区左上角坐标，（x2,y2）表示右下角坐标，clipflag 表示裁剪标志，如果取 1，表示超出图形窗口的图形对象将自动被裁剪，如果取 0，表示超出图形窗口的图形对象不被裁剪。

（2）清屏函数。

常用的清屏函数有两个，其函数原型如下：

void far cleardevice(void);

void far clearviewport(void);

其中，cleardevice()函数用来清除整个屏幕，将光标位置移到原点（0，0），clearviewport()用来清除当前窗口，将光标位置移到原点（0，0），当前窗口消失。

（3）窗口图形存取函数。

窗口图形存取函数为 getviewsettings(),其函数原型如下：

void getviewsettings(struct viewporttype far *viewport);

该函数主要作用是获取当前窗口的信息，并将其存储在 struct viewporttype 定义的结构体变量中。struct viewporttype 结构体类型定义如下：

```
struct viewporttype
{
    int left,top,right,bottom;
    int clipflag;
}
```

其中，（left,top）表示当前窗口的左上角，（right,bottom）表示当前窗口的右下角屏坐标，clipflag 表示超出当前窗口的图形是否被切断。

（4）设置图形活动页和可见页。

C 语言系统提供了设置图形活动页和可见页的函数，其原型分别如下：

```
void far setactivepage(int pagenum);
void far setviaualpage(int pagenum);
```

其中，setactivepage()函数是将 pagenum 设置成为活动的图形页，使输出的图形都是针对 pagenum 图形页的。setviaualpage()函数是使 pagenum 图形页成为可见的。

（5）图形屏幕管理函数。

C 语言图形库提供了三个图形管理函数，其函数原型分别如下：

```
void far getimage(int left,int top,int right,int bottom,void far *bitmap);
void far putimage(int left,int top,void far *bitmap,int op);
unsigned far imagesize(int left,int top,int right,int bottom);
```

其中，getimage()函数用来获取当前屏幕上的图形，形参 bitmap 指向存放图像的存储空间。imagesize()函数用来计算存放所获取的图形所需存储空间的字节数。putimage()函数将存储的图形输送到屏幕的任意位置，形参 op 用来控制图形以何种方式出现在屏幕上，具体值如表 11-7 所示。

表 11-7　　　屏幕操作函数

| 符号常量 | 操作方式 | 数值 | 操作结果 |
|---|---|---|---|
| COPY_PUT | MOV | 0 | 复制 |
| XOR_PUT | XOR | 1 | 与屏幕图形取异或后复制 |
| OR_PUT | OR | 2 | 与屏幕图形取或后复制 |
| AND_PUT | AND | 3 | 与屏幕图形取与后复制 |
| NOT_PUT | NOT | 4 | 原图形取反后复制 |

#### 4. 图形方式下的文本操作函数

如果要在图形方式下显示输出文本，可以直接调用 C 语言提供的标准函数来实现。如果要使用这些操作函数，必须将其头文件 graphics.h 包含到程序中来。

（1）outtext()函数。

函数原型如下：

```
void far outtext(char far *textstring);
```

按照当前对齐方式和当前字体、方向、大小在视区中显示一个字符串。

例如：

```
outtext("How are you ?");
```

（2）textheight()函数和 textwidth()函数。

函数原型分别如下：

```
int far textheight(char far *textstring);
int far textwidth(char far *textstring);
```

其中，textheight()函数用来自动计算并确定字符串 textstring 的高度。Textwidth()函数用来自动计算并确定字符串 textstring 的宽度。

例如：

```
y=textheight("How are you ?");
z=textwidth("How are you ?");
```

（3）outtextxy()函数。

函数原型如下：

```
void far outtextxy(int x,int y,char far *textstring);
```

利用 outtextxy()函数可以按照当前对齐方式及当前字体、方向、大小在视区中的指定位置输出一个字符串。

例如：

```
outtextxy(5,5,"How are you ?");
```

表示在视区坐标（5，5）位置处输出字符串"How are you ?"。

（4）settextstyle()函数。

函数原型如下：

```
void far settextstyle(int font,int direction,int charsize);
```

settextstyle()函数用来设置图形方式下输出文本的字体、显示方向和字符的大小。调用该函数后，将直接影响 outtext()函数和 outtextxy()函数的输出结果。

① 形参 font 表示输出文本的字体，取值如表 11-8 所示。

表 11-8　**font 取值表**

| 符号常量 | 数值 | 说　明 |
|---|---|---|
| DEAULT_FONT | 0 | 8×8 位图字体 |
| TRIPLEX_FONT | 1 | 三重矢量字体 |
| SMALL_FONT | 2 | 小号矢量字体 |
| SANS_SERIF_FONT | 3 | 无衬线矢量字体 |
| GOTHIC_FONT | 4 | 哥特矢量字体 |

② 形参 direction 表示文字的输出方向，取值如表 11-9 所示。

表 11-9 **font 取值表**

| 符号常量 | 数值 | 说　明 |
|---|---|---|
| HORIZ_DIR | 0 | 从左到右 |
| VERT_DIR | 1 | 从底到上 |

③ 形参 charsize 表示字体放大因子，取值为 0～10。

（5）moveto()函数。

函数原型如下：

void far moveto(int x,int y);

将当前光标位置移动到视区坐标（x,y）。

例如：

```
moveto(5,10);
```

（6）restorecrtmode()函数和 closegraph()函数。

函数原型分别如下：

void far restorecrtmode(void);

void far closegraph(void);

其中，restorecrtmode()函数是将屏幕显示恢复到 initgraph()函数所检测到的原视频模式，closegraph()函数释放所有图形系统分配的存储区，恢复到调用 initgraph()函数之前的视频模式。

**例 11.3** 图形方式下的屏幕显示。

```
#include "Conio.h"
#include "graphics.h"
#define closegr closegraph
void initgr(void)                          /* BGI 初始化 */
{
  int gd = DETECT, gm = 0;
  registerbgidriver(EGAVGA_driver);        /* 注册 BGI 驱动后可以不需要.BGI 文件的支
                                              持运行 */
  initgraph(&gd, &gm, "");
}

void box(int x1,int y1,int x2,int y2,int color)
{
 setcolor(color);
 line(x1,y1,x1,y2);
 line(x1,y1,x2,y1);
 line(x2,y1,x2,y2);
 line(x2,y2,x1,y2);
}

main()
```

```
{
  int i,j;
  unsigned size;
  void *buf;
  initgr();                               /* BGI 初始化 */
  box(20,20,200,200,15);
  setcolor(4);
  line(20,20,200,200);
  setcolor(2);
  line(20,200,200,20);
  size=imagesize(20,20,200,200);
  if(size!=-1)
  buf=malloc(size);
  if(buf)
       {
          getimage(20,20,200,200,buf);
          putimage(100,100,buf,COPY_PUT);
          putimage(300,50,buf,COPY_PUT);
          putimage(400,200,buf,COPY_PUT);
       }
  outtext("**********");
  outtextxy(550,340,"########");
  getch();                       /* 暂停一下，看看前面绘图代码的运行结果 */
  closegraph();                  /* 恢复 TEXT 屏幕模式 */
}
```

程序运行结果读者自行分析。

**例 11.4**　图形方式下输出文字。

程序如下：

```
#include "Conio.h"
#include "graphics.h"
#define closegr closegraph
void initgr(void)                       /* BGI 初始化 */
{
  int gd = VGA, gm = VGAMED;
  initgraph(&gd, &gm, "");
}
main()
{
  initgr();                             /* BGI 初始化 */
  outtext("Normal:How are you?");
```

```
    settextstyle(GOTHIC_FONT,HORIZ_DIR,2);
    outtextxy(50,30,"Normal:How are you?");
    settextstyle(TRIPLEX_FONT,HORIZ_DIR,5);
    outtextxy(50,60,"Normal:How are you?");
    getch();                    /* 暂停一下，看看前面绘图代码的运行结果 */
    closegraph();               /* 恢复 TEXT 屏幕模式 */
}
```

程序运行结果读者自行分析。

## 11.3.4 基本图形对象处理函数

C 语言系统为用户提供了一系列的基本图形对象处理函数，编程时调用这些函数可以绘制出各种图形。

**1. 点对象处理函数**

（1）putpixel()函数。

函数原型如下：

void far putpixel(int x,int y,int color);

作用：在坐标（*x*,*y*）处按 color 颜色绘制一个点。

（2）getpixel()函数。

函数原型如下：

void far getpixel(int x,int y,int color);

作用：获取坐标（*x*,*y*）处点的颜色值。

（3）getmaxx()函数。

函数原型如下：

int far getmaxx(void);

作用：返回当前图形驱动程序和模式下屏幕的 *x* 轴的最大值。

（4）getx()函数。

函数原型如下：

int far getx(void);

作用：返回当前点的 *x* 坐标。

（5）gety()函数。

函数原型如下：

int far gety(void);

作用：返回当前点的 *y* 坐标。

（6）moveto()函数。

函数原型如下：

void far moveto(int x,int y);

作用: 将当前点移到坐标（*x*，*y*）处。

（7）moverel()函数。

函数原型如下：

void far moverel(int dx,int dy);

作用：把当前点从坐标（$x$，$y$）处移到坐标（$x$+dx，$y$+dy）处。

**2. 直线对象处理函数**

（1）void far line () 函数。

函数原型如下：

void far line(int x0,int y0,int xl,int y1);

作用：画一条从点（$x_0$，$y_0$）到（$x_1$，$y_1$）的直线。

（2）lineto () 函数。

函数原型如下：

void far lineto(int x,int y);

作用：画一条从当前点到坐标（$x$，$y$）的直线。

（3）linerel () 函数。

函数原型如下：

void far linerel(int dx,int dy);

作用：画一条从坐标（$x$，$y$）的当前点到坐标为（$x$+dx,$y$+dy）的直线。

**3. 圆弧类对象处理函数**

（1）circle。

void far circle(int x,int y,int radius);

以坐标（x，y）为圆心，画一个圆半径为 radius 圆。

（2）arc () 函数。

函数原型如下：

void far arc(int x,int y,int stangle,int endangle,int radius);

作用：以坐标（$x$，$y$）为圆心，以 radius 为半径，从角度 stangle 开始到角度 endangle 为止，逆时针画一段弧线。角度以度为单位，逆时针转动。

**4. 椭圆类对象处理函数**

ellipse () 函数

函数原型如下：

void far ellipse(int x,int y,int stangle,int endangle,int xradius,int yradius);

作用:以坐标（$x$，$y$）为圆心，以 xradiu，yradius 为 $x$ 轴和 $y$ 轴半径，从角度 stangle 开始到角度 endangle 为逆时针画一段椭圆线。当 stangle=0,endangle=360 时画出一个完整的椭圆。

**5. 矩形对象处理函数**

rectangle () 函数

函数原型如下：

void far rectangle(int x0,int y0,int x1,int y1);

作用：画一个以点（$x_0$，$y_0$）为左上角，点（$x_1$，$y_1$）为右下角的矩形。

**6. 多边形对象处理函数**

drawpoly () 函数

函数原型如下：

void far drawpoly (int numpoints,int far * polypoints);

作用:画一个顶点数为 numpoints,各顶点坐标由 polypoints 给出的多边形。Polypoints 整型数组必须至少有两倍 numpoints 个元素，每个顶点的坐标顺次为 *x*，*y*，当画一个封闭多边形时，numpoints 的值取实际多边形边数加 1，并且数组 numpoints 中第一个和最后一个点的坐标相同。

**7. 多边形对象处理函数**

setlinestyle()函数

函数原型如下：

```
void far setlinestyle (int linestyle,unsigned upattern,int thickness);
```

作用:用来设置线型和线宽。其中 linestyle 是线的形状,取值如表 11-10 所示。thickness 是线的宽度，取值如表 11-11 所示。

表 11-10　　**线型的取值**

| 符号常量 | 数值 | 线　　型 |
|---|---|---|
| SOLID__LINE | 0 | 实线 |
| DOTTED__LINE | 1 | 点线 |
| CENTER__LINE | 2 | 中心线 |
| DASHED__LINE | 3 | 点画线 |
| USERBIT__LINE | 4 | 用户定义线 |

表 11-11　　**线宽的取值**

| 符号常量 | 数值 | 线　　宽 |
|---|---|---|
| NORM__WIDTH | 1 | 一点宽 |
| THICK__WIDTH | 3 | 三点宽 |

**8. 封闭图形的填充函数**

（1）setfillstyle()函数。

函数原型如下：

```
void far setfillstyle(int pattern,int color);
```

作用：设置当前填充式样和填充颜色，用于填充一个区域。形参 pattern 用来设置填充式样，取值如表 11-12 所示。

（2）setfillpattern（）函数。

函数原型如下：

```
void far setfillpattern(char far * upattern,int color);
```

作用：给当前的年图形区域填充 color 颜色.其中形参 upattern 是一个指向连续 8 个字节的指针,每个字节与该式样下的 8 个像素相对应。Setfillpattern( )函数与 setfillstyle( )函数除了设置用户定义的8*8 式样而不是预定义的式样这一点不同外,其余完全相同.color 参数为当前色。

表 11-12　**线型的取值 pattern**

| 符号常量 | 数值 | 填充式样 |
|---|---|---|
| EMPTY__FILL | 0 | 背景色着色 |
| SOLID__FILL | 1 | 全部着色 |
| LINE__FILL | 2 | 填水平线 |
| LTSLASH__FILL | 3 | 填左斜线 |
| SLASH__FILL | 4 | 填粗左斜线 |
| BKSLASH__FILL | 5 | 填粗右斜线 |
| LTBKSLASH__FILL | 6 | 填右斜线 |
| HATCH__FILL | 7 | 填浅阴影线 |
| XHATCH__FILL | 8 | 填重交叉阴影线 |
| INTERLEAVE__FILL | 9 | 填交替影线 |
| WIDE__DOT__FILL | 10 | 填稀点 |
| CLOSE__DOT__FILL | 11 | 填密点 |
| USER__FILL | 12 | 用户定义 |

**例 11.5**　建立一新填充模式，并填充矩形。

程序如下：

```
# include<graphics.h>
main( )
{
   int driver,mode;
   char p[8]={15,15};
   driver=DETECT;
   mode=0;
   initgraph(&driver,&mode,"");
   setcolor(GREEN);
   rectangle(100,200,500,400);
   setfillpattern(p,CYAN);
   floodfill(150,250,GREEN);
   getch( );
   restorecrtmode( );
}
```

程序运行结果读者自行分析。

# 第12章 课 程 设 计

课程设计是课程教学中的一个重要环节，是检验学生对本课程知识掌握程度及综合运用的一个重要手段。对学生而言，不仅加深了对知识的掌握和理解，还锻炼了自己对所学知识的实际运用。对于程序设计语言类课程，课程设计显得更加重要。

## 12.1 课程设计的一般要求

课程设计是针对某具体课程而设置的，具有较强的针对性，因此，在选题上应符合本课程的特点，题目不宜太大，并且课程设置的时间一般比较短（一般 2 周左右），题目也不能太难。任课教师可以根据本班学生的实际情况，列出 3～5 个题目供学生选择，学生可以一人一题或组成一个小组共同完成一题。

## 12.2 课程设计的题目分析

课程设计的题目应全面兼顾本课程的主要知识点，既要突出知识重点，又要侧重实际应用，与生活实际紧密相关。例如，C 语言程序设计课程可以列出以下几个具有代表性的题目供学生选择。

### 12.2.1 中小型超市销售程序设计

随着社会经济的发展，超市作为一种新型的商品销售模式出现在大家的日常生活中，人们一般的日常生活用品都在超市中选购。超市的商品销售一般都采用计算机进行统一管理，通过相应的软件进行操作。选用本题作为课程设计题目比较贴近生活实际，学生可以直观地感受到程序设计对商品销售管理带来的诸多好处。另外，本题还兼顾了 C 语言程序设计课程的大部分知识内容，难度也比较适中。

**1. 程序主要功能要求**

（1）建立一个文件，将商品的基本信息保存在该文件中。商品的基本信息主要包括：商品编号、进货单价、进货数量、进货日期、保质日期、售货单价、售货日期、售货数量、剩余数量等。

（2）创建一个友好的程序界面，通过该界面对程序进行统一操作。

（3）程序应包括以下几个主要功能模块：

① 商品进货管理模块：对商品进货进行管理。

② 商品售货管理模块：对商品的售货进行统一管理。

③ 商品信息查询管理模块：对商品的基本信息进行查询管理。

④ 商品的耗损及特殊处理模块：对商品的耗损等特殊情况进行统一管理。

**2. 程序设计及测试**

程序采用模块化程序设计方法，各模块相对独立，数据处理通过相应的数据文件进行，既保持了数据的整体性，又保持了单个模块数据操作的独立性。每个模块可以由不同的学生来单独完成，在测试成功后统一组合到一起进行综合调试，最后完成整个程序设计。

### 12.2.2 学生成绩管理程序设计

学生的成绩管理对学生来说是比较贴近生活实际的，大多数高校都采用计算机对学生成绩进行统一管理。选用本题作为课程设计题目比较实用，兼顾了C语言程序设计课程的大部分知识内容。难度适中。

**1. 程序主要功能要求**

（1）建立一个文件，将学生的基本信息保存在该文件中。学生的基本信息主要包括：姓名、性别、身份证号、专业班级、课程各科成绩等。

（2）创建一个友好的程序界面，通过该界面对程序进行统一操作。

（3）程序应包括以下几个主要功能模块：

① 创建学生信息。

② 插入学生信息。

③ 删除指定学号的学生信息。

④ 成绩排序。

⑤ 检索学生信息。

**2. 程序设计及测试**

程序采用模块化程序设计方法，各模块相对独立，数据处理通过相应的数据文件进行。该题目中的模块设计相对简单，一个学生可以单独完成两个或两个以上的模块，在测试成功后统一组合到一起进行综合调试，最后完成整个程序设计。

### 12.2.3 一、二年级小学生数学能力测试程序

现在一般的家庭都配制了电脑供孩子学习，家长们希望有专门的学习软件来辅导孩子学习。本题目是希望学生在学习C语言程序设计课程后，结合实际情况，设计出一套实用的程序，辅导孩子的数学学习。选用本题作为课程设计题目比较实用，兼顾了C语言程序设计课程的大部分知识内容。难度适中。

**1. 程序主要功能要求**

（1）创建一个友好的程序界面，通过该界面对程序进行统一操作。

（2）程序应包括以下几个主要功能模块：

① 一年级数学测试练习模块。小学一年级的学生可以进行平时的数学练习，由计算机随机出题，测试题难度可以选择，并给出成绩和正确答案。

② 二年级数学测试练习模块。小学二年级的学生可以进行平时的数学练习，由计算机随机出题，测试题难度可以选择，并给出成绩和正确答案。

③ 一年级数学考试模块。对小学一年级的学生进行数学综合考试，由计算机随机出题，自动计时，自动交卷，自动评分。

④ 二年级数学考试模块。对小学二年级的学生进行数学综合考试，由计算机随机出题，自动计时，自动交卷，自动评分。

**2. 程序设计及测试**

程序采用模块化程序设计方法，各模块相对独立。该题目中的模块设计相对简单，最好由两个学生共同完成整个程序设计。

## 12.3 课程设计文档的基本格式

课程设计的文档格式不同于一般的软件开发文档格式，与毕业设计的文档的格式也不完全相同。一般而言，课程设计文档应包含以下几个方面的内容：

**1. 课程设计目的和要求**

主要介绍本课程设计的主要目的、要解决的实际问题和设计的具体要求。

**2. 程序主要功能的介绍**

对程序的主要功能进行划分，构建程序的整个框架，对程序进行总体设计，理清各功能模块之间的相互关系。

**3. 各功能模块的具体分析和详细设计**

对程序的各功能模块进行具体的过程分析，画出流程图，编写详细的程序代码，并进行修改调试。

**4. 程序综合测试**

对编写完成的程序进行多方面的数据测试和验证，检测程序是否存在错误，并写出相应的测试结果。

**5. 总结**

学生根据自己的课程设计过程，写出总结和体会。

# 附录1　ASCII码字符表

<table>
<tr><td>0:</td><td>26:→</td><td>52:4</td><td>78:N</td><td>104:h</td><td>130:é</td><td>156:£</td><td>182:╢</td><td>208:╨</td><td>234:Ω</td></tr>
<tr><td>1:☺</td><td>27:←</td><td>53:5</td><td>79:O</td><td>105:i</td><td>131:â</td><td>157:¥</td><td>183:╖</td><td>209:╤</td><td>235:δ</td></tr>
<tr><td>2:☻</td><td>28:∟</td><td>54:6</td><td>80:P</td><td>106:j</td><td>132:ä</td><td>158:₧</td><td>184:╕</td><td>210:╥</td><td>236:∞</td></tr>
<tr><td>3:♥</td><td>29:↔</td><td>55:7</td><td>81:Q</td><td>107:k</td><td>133:à</td><td>159:ƒ</td><td>185:╣</td><td>211:╙</td><td>237:φ</td></tr>
<tr><td>4:♦</td><td>30:▲</td><td>56:8</td><td>82:R</td><td>108:l</td><td>134:å</td><td>160:á</td><td>186:║</td><td>212:╘</td><td>238:ε</td></tr>
<tr><td>5:♣</td><td>31:▼</td><td>57:9</td><td>83:S</td><td>109:m</td><td>135:ç</td><td>161:í</td><td>187:╗</td><td>213:╒</td><td>239:∩</td></tr>
<tr><td>6:♠</td><td>32:</td><td>58::</td><td>84:T</td><td>110:n</td><td>136:ê</td><td>162:ó</td><td>188:╝</td><td>214:╓</td><td>240:≡</td></tr>
<tr><td>7:•</td><td>33:!</td><td>59:;</td><td>85:U</td><td>111:o</td><td>137:ë</td><td>163:ú</td><td>189:╜</td><td>215:╫</td><td>241:±</td></tr>
<tr><td>8:◘</td><td>34:"</td><td>60:<</td><td>86:V</td><td>112:p</td><td>138:è</td><td>164:ñ</td><td>190:╛</td><td>216:╪</td><td>242:≥</td></tr>
<tr><td>9:○</td><td>35:#</td><td>61:=</td><td>87:W</td><td>113:q</td><td>139:ï</td><td>165:Ñ</td><td>191:┐</td><td>217:┘</td><td>243:≤</td></tr>
<tr><td>10:◙</td><td>36:$</td><td>62:></td><td>88:X</td><td>114:r</td><td>140:î</td><td>166:ª</td><td>192:└</td><td>218:┌</td><td>244:⌠</td></tr>
<tr><td>11:♂</td><td>37:%</td><td>63:?</td><td>89:Y</td><td>115:s</td><td>141:ì</td><td>167:º</td><td>193:┴</td><td>219:█</td><td>245:⌡</td></tr>
<tr><td>12:♀</td><td>38:&</td><td>64:@</td><td>90:Z</td><td>116:t</td><td>142:Ä</td><td>168:¿</td><td>194:┬</td><td>220:▄</td><td>246:÷</td></tr>
<tr><td>13:♪</td><td>39:'</td><td>65:A</td><td>91:[</td><td>117:u</td><td>143:Å</td><td>169:⌐</td><td>195:├</td><td>221:▌</td><td>247:≈</td></tr>
<tr><td>14:♫</td><td>40:(</td><td>66:B</td><td>92:\</td><td>118:v</td><td>144:É</td><td>170:¬</td><td>196:─</td><td>222:▐</td><td>248:°</td></tr>
<tr><td>15:☼</td><td>41:)</td><td>67:C</td><td>93:]</td><td>119:w</td><td>145:æ</td><td>171:½</td><td>197:┼</td><td>223:▀</td><td>249:∙</td></tr>
<tr><td>16:►</td><td>42:*</td><td>68:D</td><td>94:^</td><td>120:x</td><td>146:Æ</td><td>172:¼</td><td>198:╞</td><td>224:α</td><td>250:·</td></tr>
<tr><td>17:◄</td><td>43:+</td><td>69:E</td><td>95:_</td><td>121:y</td><td>147:ô</td><td>173:¡</td><td>199:╟</td><td>225:ß</td><td>251:√</td></tr>
<tr><td>18:↕</td><td>44:,</td><td>70:F</td><td>96:`</td><td>122:z</td><td>148:ö</td><td>174:«</td><td>200:╚</td><td>226:Γ</td><td>252:ⁿ</td></tr>
<tr><td>19:‼</td><td>45:-</td><td>71:G</td><td>97:a</td><td>123:{</td><td>149:ò</td><td>175:»</td><td>201:╔</td><td>227:π</td><td>253:²</td></tr>
<tr><td>20:¶</td><td>46:.</td><td>72:H</td><td>98:b</td><td>124:|</td><td>150:û</td><td>176:░</td><td>202:╩</td><td>228:Σ</td><td>254:■</td></tr>
<tr><td>21:§</td><td>47:/</td><td>73:I</td><td>99:c</td><td>125:}</td><td>151:ù</td><td>177:▒</td><td>203:╦</td><td>229:σ</td><td>255:</td></tr>
<tr><td>22:▬</td><td>48:0</td><td>74:J</td><td>100:d</td><td>126:~</td><td>152:ÿ</td><td>178:▓</td><td>204:╠</td><td>230:µ</td><td></td></tr>
<tr><td>23:↨</td><td>49:1</td><td>75:K</td><td>101:e</td><td>127:⌂</td><td>153:Ö</td><td>179:│</td><td>205:═</td><td>231:τ</td><td></td></tr>
<tr><td>24:↑</td><td>50:2</td><td>76:L</td><td>102:f</td><td>128:Ç</td><td>154:Ü</td><td>180:┤</td><td>206:╬</td><td>232:Φ</td><td></td></tr>
<tr><td>25:↓</td><td>51:3</td><td>77:M</td><td>103:g</td><td>129:ü</td><td>155:¢</td><td>181:╡</td><td>207:╧</td><td>233:Θ</td><td></td></tr>
</table>

# 附录2 关 键 字

| | | | | |
|---|---|---|---|---|
| auto | break | case | char | const |
| continue | default | do | double | else |
| enum | extern | float | for | goto |
| if | int | long | register | return |
| short | signed | sizeof | static | struct |
| switch | typedef | union | unsigned | void |
| volatile | while | | | |

# 附录3 运 算 符

| 优先级 | 运算符 | 含 义 | 运算对象个数 | 结合方向 |
|---|---|---|---|---|
| 1 | ( )<br>[ ]<br>-><br>. | 圆括号<br>下标运算符<br>指向结构体成员运算符<br>结构体成员运算符 | | 自左至右 |
| 2 | !<br>~<br>++<br>——<br>-<br>(类型)<br>*<br>&<br>sizeof | 逻辑非运算符<br>按位取反运算符<br>自增运算符<br>自减运算符<br>负号运算符<br>类型转换运算符<br>指针运算符<br>地址与运算符<br>长度运算符 | 1<br>(单目运算符) | 自右至左 |
| 3 | *<br>/<br>% | 乘法运算符<br>除法运算符<br>求余运算符 | 2<br>(双目运算符) | 自左至右 |
| 4 | +<br>- | 加法运算符<br>减法运算符 | 2<br>(双目运算符) | 自左至右 |
| 5 | <<<br>>> | 左移运算符<br>右移运算符 | 2<br>(双目运算符) | 自左至右 |
| 6 | < <=<br>> >= | 关系运算符 | 2<br>(双目运算符) | 自左至右 |
| 7 | ==<br>! = | 等于运算符<br>不等于运算符 | 2<br>(双目运算符) | 自左至右 |
| 8 | & | 按位与运算符 | 2<br>(双目运算符) | 自左至右 |
| 9 | ∧ | 按位异或运算符 | 2<br>(双目运算符) | 自左至右 |
| 10 | \| | 按位或运算符 | 2<br>(双目运算符) | 自左至右 |

续表

| 优先级 | 运算符 | 含　义 | 运算对象个数 | 结合方向 |
|---|---|---|---|---|
| 11 | && | 逻辑与运算符 | 2<br>(双目运算符) | 自左至右 |
| 12 | | | | 逻辑或运算符 | 2<br>(双目运算符) | 自左至右 |
| 13 | ？ ： | 条件运算符 | 3<br>(三目运算符) | 自右至左 |
| 14 | = += −= *<br>= /= %= >><br>= <<= &= ∧<br>= |= | 赋值运算符 | 2<br>(双目运算符) | 自右至左 |
| 15 | ， | 逗号运算符<br>(顺序求值运算符) | | 自左至右 |

说明：

① 同一优先级的运算符优先级别相同，运算次序由结合方向决定。例如*与 / 具有相同的优先级别，其结合方向为自左至右，因此 3*5 / 4 的运算次序是先乘后除。−和＋＋为同一优先级，结合方向为自右至左，因此−i＋＋相当于−(i＋＋)。

② 不同的运算符要求有不同的运算对象个数，如＋(加)和−(减)为双目运算符，要求在运算符两侧各有一个运算对象(如 3＋5、8−3 等)。而＋＋和−(负号)运算符是单目运算符，只能在运算符的一侧出现一个运算对象(如−a、i＋＋、−−i、(float)i、sizeof(int)、*P 等)。条件运算符是 C 语言中唯一的一个三目运算符，如 x ？ a ：b。

③ 从上述表中可以大致归纳出各类运算符的优先级：

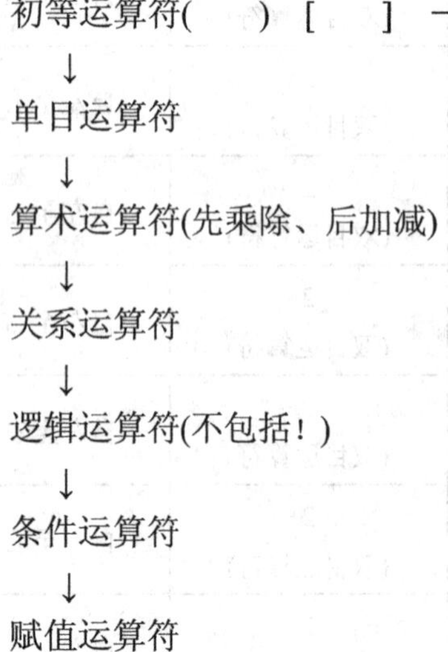

逗号运算符

以上的优先级别由上到下递减。初等运算符优先级最高，逗号运算符优先级最低。位运算符的优先级比较分散，有的在算术运算符之前(如～)，有的在关系运算符之前(如＜＜和＞＞，有的在关系运算符之后(如＆、∧、)。为了便于记忆，使用位运算符时可加圆弧号。

# 附录4 常用标准函数

## 1. 数学函数

使用数学函数时，应该在该源文件中使用以下命令行：

#include＜math.h＞或 #include"math.h"

| 函数名 | 函数原型 | 功　能 | 返回值 | 说　明 |
|---|---|---|---|---|
| abs | int abs (int x); | 求整数 x 的绝对值 | 计算结果 | |
| acos | double acos (double x); | 计算 $\cos^{-1}(x)$的值 | 计算结果 | x 应在-1 到 1 范围内 |
| asin | double asin(double x); | 计算 $\sin^{-1}(x)$的值 | 计算结果 | x 应在-1 到 1 范围内 |
| atan | double atan (double x); | 计算 $\tan^{-1}(x)$的值 | 计算结果 | |
| atan2 | double atan2 (double x, double y); | 计算 $\tan^{-1}(x/y)$的值 | 计算结果 | |
| cos | double cos (double x); | 计算 cos(x)的值 | 计算结果 | x 单位为弧度 |
| cosh | double cosh (double x); | 计算 x 的双曲余弦 cosh(x)的值 | 计算结果 | |
| exp | double exp (double x); | 求 $e^x$ 的值 | 计算结果 | |
| fabs | double fabs (double x); | 求 x 的绝对值 | 计算结果 | |
| floor | double floor (double x); | 求出不大于 x 的最大整数 | 该整数的双精度实数 | |
| fmod | double fmod (double val , int *eptr); | 求整除 x/y 的余数 | 返回余数的双精度数 | |
| frexp | double frexp(double val, int *eptr); | 把双精度数 val 分解为数字部分（尾数）x 和以 2 为底的指数 n，即 $val=x*2^n$,n 存放在 eptrr 指向的变量中 | 返回数字部分 x<br>0.5≤x＜1 | |
| log | double log (double x); | 求 $\log e^x$,即 lnx | 计算结果 | |
| log10 | double log10 (double x); | 求 $\log_{10}x$ | 计算结果 | |
| modf | double modf (double val, double *iptr); | 把双精度数 val 分解为整数部分和小数部分，把整数部分存到 iptr 指向的单元 | val 的小数部分 | |

续表

| 函数名 | 函数原型 | 功　能 | 返回值 | 说　明 |
|---|---|---|---|---|
| pow | double pow (double x ,double y); | 计算 $x^y$ 的值 | 计算结果 | |
| rand | int rand (void); | 产生-90 到 32767 间的随机整数 | 随机整数 | |
| sin | double sin (double x); | 计算 sinx 的值 | 计算结果 | x 单位为弧度 |
| sinh | double sinh (double x); | 计算 x 的双曲正弦函数 sinh(x)的值 | 计算结果 | |
| sqrt | double sqrt (double x); | 计算 $\sqrt{x}$ | 计算结果 | x 应≥0 |
| tan | double tan (double x); | 计算 tan (x)的值。 | 计算结果 | x 单位为弧度 |
| tanh | double tanh (double x); | 计算 x 的双曲正切函数 tanh (x) | 计算结果 | |

**2. 字符函数和字符串函数**

ANSI C 标准要求在使用字符串函数时要包含头文件"string.h"，在使用字符函数时要包含头文件"ctype.h"。有的 C 编译不遵循 ANSI C 标准的规定，而使用其他名称的头文件。使用时请查有关手册。

| 函数名 | 函数原型 | 功　能 | 返回值 | 包含文件 |
|---|---|---|---|---|
| isalnum | int isalnum (int ch); | 检查 ch 是否字母或数字 | 是，返回 1；不是，返回 0 | ctype.h |
| isalpha | int isalpha (int ch); | 检查 ch 是否字母 | 是，返回 1；不是，返回 0 | ctype.h |
| iscntrl | int iscntrl (int ch); | 检查 ch 是否控制字符（其 ASCII 码在 0 和 31 之间） | 是，返回 1；不是，返回 0 | ctype.h |
| isdigit | int isdigit (int ch); | 检查 ch 是否数字（0～9） | 是，返回 1；不是，返回 0 | ctype.h |
| isgraph | int isgraph (int ch ); | 检查 ch 是否可打印字符（其 ASCII 码在 33 到 126 之间），不包括空格 | 是，返回 1；不是，返回 0 | ctype.h |
| islower | int islower (int ch); | 检查 ch 是否小写字母（a～z） | 是，返回 1；不是，返回 0 | ctype.h |
| isprint | int isprint (int ch); | 检查 ch 是否可打印字符(包括空格),其 ASCII 码在 32 到 126 之间 | 是，返回 1；不是，返回 0 | ctype.h |

续表

| 函数名 | 函数原型 | 功　能 | 返回值 | 包含文件 |
|---|---|---|---|---|
| ispunct | int isprint (int ch); | 检查ch是否可打印字符（不包括空格），即除字母、数字和空格以外的所有可打印字符 | 是，返回1；<br>不是，返回0 | ctype.h |
| isspace | int isprint (int ch); | 检查ch是否空格、跳格符或换行符 | 是，返回1；<br>不是，返回0 | ctype.h |
| isupper | int isupper (int ch); | 检查ch是否大写字母（A～Z） | 是，返回1；<br>不是，返回0 | ctype.h |
| isxdigit | int isxdigit (int ch); | 检查ch是否一个16进制数学字符（即0～9,A～F，a～f） | 是，返回1；<br>不是，返回0 | ctype.h |
| strcat | char *strcat (char *strl, char *str2); | 把字符串str2接到str1后面，str1后面的'\0'被取消 | strl | string.h |
| strchr | char * strchr (char *str ,int ch );str; | 找出strr指向的字符串中第一次出现字符ch的位置 | 返回指向该位置的指针，如找不到，则返回空指针 | string.h |
| strcmp | int strcmp (char * strl, char * str2); | 比较两个字符串str1、str2 | str1＜str2，返回负数；<br>str1=str2，返回0；<br>str1＞str2，返回正数 | string.h |
| strcpy | char * strcpy (char * str1, char * str2); | 把str2指向的字符串拷贝到str1中去 | 返回str1 | string.h |
| strlen | unsigned int strlen (char * str) ; | 统计字符串str中字符的个数（不包括终止符'\0'） | 返回字符个数 | String.h |
| strstr | char * strcpy (strl, char, str2 ) ; | 找出str2字符串在strl字符串中第一次出现的位置（不包括str2的串结束符） | 返回该位置的指针。如找不到，返回空指针 | string.h |
| tolower | int tolower (int ch) | 将ch字符转换为小写字母 | 返回ch所代表的字符的小写字母 | string.h |
| toupper | int toupper (int ch) | 将ch字符转换成大写字母 | 返回ch相应的大写字母 | |

**3. 输入输出函数**

凡用以下的输入输出函数，应该使用 #include"stdio.h"。

| 函数名 | 函数原型 | 功　　能 | 返回值 | 说　明 |
|---|---|---|---|---|
| clearerr | void clearer (FILE * fp) | 清除文件指针错误指示器。 | 无 | |
| close | int close (int fp) | 关闭文件 | 关闭成功返回 0；不成功，返回-1 | 非 ANSI 标准函数 |
| creat | int creat (char * filename , int mode ); | 以 mode 所指定的方式建立文件 | 成功则返回正数；否则返回-1 | 非 ANSI 标准函数 |
| eof | int eof (int fd) | 检查文件是否结束 | 遇文件结束，返回 1；否则返回 0 | 非 ANSI 标准函数 |
| fclose | int feof (FILE * fp) | 关闭 fp 所指的文件,释放文件缓冲区 | 有错则返回非 0；否则返回 0 | |
| feof | int feof (FILE * fp) | 检查文件是否结束 | 遇文件结束符返回非零值；否则返回 0 | |
| fgetc | int fgetc (FILE * fp) | 从 fp 所指定的文件中取得下一个字符 | 返回所得到的字符；若读入出错，返回 EOF | |
| fgets | char * fgets (char * buf , int n , FILE *fp) | 从 fp 指向的文件读取一个长度为(n-1)的字符串,存入起始地址为 buf 的空间 | 返回地址 buf；若遇文件结束或出错，返回 NULL | |
| fopen | FILE * fopen (char * filename, char * mode) | 从 mode 指定的方式打开名为 filen3me | 成功，返回一个文件指针(文件信息区的起始地址)；否则返回 0 | |
| fprintf | int fprintf (FILE * fp, char *format , args，…) | 把 args 的值以 format 指定的格式输出到 fp 所指定的文件中 | 实际输出的字符数 | |
| fputc | int fputc (char ch , FILE * fp) ; | 将字符 ch 输出到 fp 指向的文件中 | 成功，返回该字符；否则返回非 0 | |
| fputs | int fputs (char ch , file * fp) ; | 将 str 指向的字符串输出到 fp 所指定的文件 | 返回 0，若出错返回非 0 | |
| fread | Int fread (char * pt , unsigned size, un-signed n, FILE * fp) ; | 从 fp 所指定的文件中读取长度为 size 的 n 个数据项，存到 pt 所指向的内存区 | 返回所读的数据项个数；如遇文件结束或出错返回 0 | |
| fscanf | int fscanf (FILE * fp , char format , args，…) | 从 fp 指定的文件中按 format 给定的格式将输出数据送到 args 所指向的内存单元(args)是指针 | 已输入的数据个数 | |

续表

| 函数名 | 函数原型 | 功 能 | 返回值 | 说 明 |
|---|---|---|---|---|
| fseek | int fseek (FILE * fp , long offset , int base) ; | 将 fp 所指向的文件的位置指针移到以 base 所指出的位置为基准、以 offset 为位移量的位置 | 返回当前位置；否则，返回-1 | |
| ftell | long ftell(File *fp); | 返回 fp 所指向的文件中的读写位置 | 返回 fp 所指向的文件中的读写位置 | |
| fwrite | int fwrite (char * prt, unsigned size , unsigned n, FILE * fp) ; | 把 ptr 所指向的 n * size 个字节输出到 fp 所指向的文件中 | 写到 fp 文件中的数据项的个数 | |
| getc | int getc (FILE * fp) | 从 fp 中指向的文件中读入一个字符 | 返回所读的字符；若文件结束或出错，返回 EOF | |
| getchar | int getchar (void) ; | 从标准输入设备读取下一个字符 | 所读字符；若文件结束或出错，返回-1 | |
| gets | char *gets(char *string); | 从标准输入设备上读取字符串 | string 为存放读入串的指针；若文件出错，则返回 NULL | |
| getw | int getw (FILE * fp) ; | 从 fp 所指向的文件读取下一个字（整数） | 输入的整数；如文件结束或出错，返回-1 | 非 ANSI 标准函数 |
| open | int open (char * filename,int mode) ; | 以 mode 指出的方式打开已存在的名为 filename 的文件 | 返回文件号（正数）；如打开失败，返回-1 | 非 ANSI 标准函数 |
| printf | int printf (char * format, args , …) ; | 按 format 指向的格式字符串所规定的格式，将输出表列 args 的值输出到标准输出设备 | 输出字符的个数；若出错，返回负数 | format 可以是一个字符串 |
| putc | int putc (int ch , FILE * fp); | 把一个字符 ch 输出到 fp 所指的文件中 | 输出的字符 ch；若出错，返回 EOF | |
| putchar | int putchar (char ch ) ; | 把一个字符 ch 输出到标准输出设备 | 输出的字符 ch；若出错，返回 EOF | |
| puts | int puts (char * str ); | 把 str 指向的字符串输出到标准输出设备，将'\0'转换为回车换行 | 返回换行符；若失败，返回 EOF | |
| putw | int putw (int w , FILE *fp); | 将一个整数 w（即一个字）写到 fp 指向的文件中 | 返回输出的整数；若出错，返回 EOF | 非 ANSI 标准函数 |

续表

| 函数名 | 函数原型 | 功　能 | 返回值 | 说　明 |
|---|---|---|---|---|
| read | int read (int fd , char * buf, unsigned count ) ; | 从文件号 fd 所指示的文件中读 count 个字节到由 buf 指示的缓冲区中 | 返回读入的字节个数；如遇文件结束返回 0，出错返回-1 | 非 ANSI 标准函数 |
| rename | int rename (char * oldname, char * newname ) ; | 把由 oldname 所指的文件名，改为由 newname 所指的文件名 | 成功返回 0；出错返回-1 | |
| rewind | Void rewind (FILE * fp) | 将 fp 指向文件的位置指针置于文件开头位置，并清除文件结束标志和错误标志 | 无 | |
| scanf | int scanf (char * format, args , …) ; | 从标准输入设备按 format 指向的格式字符串所规定的格式，输入数据给 args 所指向的单元 | 读入并赋给 args 的数据个数；遇文件结束返回 EOF，出错返回 0 | args 为指针 |
| write | int write (int fd, char *buf, unsigned count); | 从 buf 指示的缓冲区输出 count 个字符到 fd 所标志的文件中 | 返回实际输出的字节数；如出错返回-1 | 非 ANSI 标准函数 |

**4. 动态存储分配函数**

ANSI 标准建议 4 个有关的动态存储分配的函数，在"stdlib.h"头文件中包含相关的信息，但有些 C 编译要求用"malloc.h"，读者在使用时应查阅有关手册。

ANSI 标准要求动态分配系统返回 void 指针。void 指针具有一般性，它们可以指向任何类型的数据。但目前有的 C 编译所提供的这类函数返回 char 指针。无论以上两种情况的哪一种，都需要用强制类型转换的方法把 void 或 char 指针转换成所需的类型。

| 函数名 | 函数和形参类型 | 功　能 | 返回值 |
|---|---|---|---|
| calloc | void * calloc (unsigned n , unsign size ) | 分配 n 个数据项的内存连续空间，每个数据项的大小为 size | 分配内存单元的起始地址；如不成功，返回 0 |
| free | void free (void * p) ; | 释放 p 所指的内存区 | 无 |
| malloc | void * malloc (unsigned size) ; | 分配 size 字节的存储区 | 所分配的内存区地址；如内存不够，返回 0 |
| realloc | void * realloc (void * p .unsigned size ) ; | 将 f 所指出的已分配内存区的大小改为 sine，size 可以比原来分配的空间大或小 | 返回指向该内存区的指针 |

# 附录5　VC++集成开发环境

## 附 5.1　Visual C++6.0 概述

Visual C++是 Microsoft 公司提供的在 Windows 环境下，进行应用程序开发的可视化与面向对象程序设计软件开发工具。它以标准的 C++为基础,并在此基础上增加了许多特性。Visual C++6.0 是 Microsoft 公司于 1998 年推出的最新版本,它继承了以前版本的灵活、方便、性能优越等优点的同时,给 C++带来了更高水平的生产效率。

## 附 5.2　Visual C++6.0 安装

安装 Visual C++6.0 要求 CPU 为 Pentium 166MHz、内存为 64MB 以上系列，至少需硬盘空间为 1GB，操作系统为 Windows95/98/2000 或 WindowsNT。由于计算机的配置越来越高，一般的机器都能支持 Visual C++6.0 的运行。

## 附 5.3　Visual C++6.0 界面环境介绍

在 Visual Studio 安装程序完成后，从 Windows【开始】菜单中，选择【程序】中的 Microsoft Visual Studio 6.0 菜单中的 Microsoft Visual C++ 6.0 菜单项，就可启动 Visual C++6.0 开发环境，显示 Visual C++ 6.0 开发环境窗口。如附图 5-1 所示。

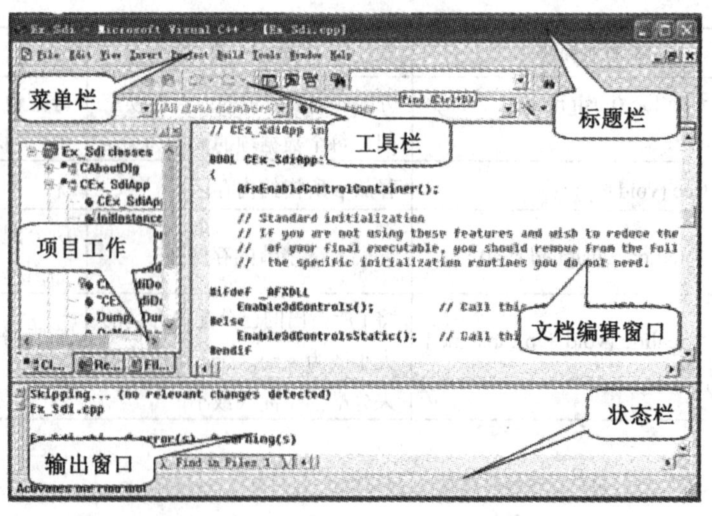


附图 5-1　Visual C++ 6.0 开发环境窗口

（1）标题栏。显示当前项目的名称和当前编辑文档的名称。

（2）菜单栏。用户通过选取各个菜单项执行常用操作。

（3）工具栏。工具栏中的工具按钮可以完成常用操作命令，它实现的功能与菜单相同，比菜单操作快捷。

（4）项目工作区窗口（Workspace）。列出当前应用程序中所有类、资源和项目源文件。

（5）文档编辑窗口。用户可以编辑源程序代码，同时显示各种程序的源代码文件。

（6）输出窗口（Output）。它显示编译、链接和调试的相关信息。如果进入程序调试(Debug)状态，主窗口中还将出现一些调试窗口。

（7）状态栏。状态栏用于显示文本信息，包括对菜单、工具栏的解释提示以及 Caps Lock、Num Lock 和 Scroll Lock 键的状态等。

## 附 5.4　MSDN 帮助系统

Microsoft Visual studio 提供了 MSDN Library(Microsoft developer network Library)组件。

MSDN 帮助系统是作为一个应用程序单独运行的，它是一个 HTML 格式的帮助文件，容量超过 1.2GB,包含各种函数及应用程序的源代码等内容。

它不仅可以浏览 HTML 的帮助文件，还可在帮助系统中进行搜索，能够搜索到有关 MFC、SDK 函数库、运行库、Windows API 函数等有关资料，包括成员函数的参数说明及具体示例。

按 F1 键或单击 Help 菜单下的 Contents 命令或 Search 工具栏按钮可进入 MSDN 帮助系统。帮助文件按文件分类搜索，通过“活动子集”下拉列表框，用户可以缩小搜索范围。当需要查看某个函数（或类）的帮助说明时，用光标选中要查看的字符串，然后按 F1 键即可进入 MSDN 的索引页面。

窗口左窗格中有四个页面：Contents、Index、Search 和 Favorites(收藏)，每个页面提供不同的浏览方式，供用户选择。

## 附 5.5　使用 MFC　AppWizard 生成应用程序框架

Windows 程序比 DOS 程序庞大,即使生成一个 Windows 应用程序框架窗口,也要编写比较复杂的程序代码。而同一类型的框架窗口的代码是相同的，为了减少代码重复编写。Visual C++6.0 提供了应用程序向导编程工具——MFC AppWizard（应用程序向导），它可以引导用户创建各种不同类型的应用程序框架。

即使不添加任何代码，只要完成默认的程序初始化功能，就能创建所需要的应用程序框架，这就是 MFC AppWizard（应用程序向导）的功能。

MFC AppWizard 向导提供了一系列对话框，用户选择要创建的工程项目，以定制工程。例如创建的程序类型是单文档、多文档应用程序，还是基于对话框应用程序等。

### 附 5.5.1　应用程序向导的框架类型

附表 5-1 是 Visual C++ 6.0 可以创建的应用程序向导的框架类型。

附表 5-1　　**MFC AppWizard 创建的应用程序向导的框架类型**

| | |
|---|---|
| ATL COM MFC AppWizard | 创建 ATL 应用程序 |
| ClusterResource Type Wizard | 创建服务器的项目 |
| Custom AppWizard | 创建定制的应用程序向导 |
| Database Project | 创建数据库项目 |
| DevStudio Add-in Wizard | 创建 ActiveX 组件或自动化宏 |
| Extended Stored Proc Wizard | 创建在 SQL 服务器下外部存储程序 |
| ISAPI Extension Wizard | 创建网页浏览程序 |
| MakeFile | 创建自己项目的开发环境的应用程序 |
| MFC ActiveX ControlWizard | 创建 ActiveX Control 应用程序 |
| MFC AppWizard(dll) | 创建 MFC 动态链接库 |
| MFC AppWizard(exe) | 创建 MFC 的应用程序，这是常用的向导 |
| Utility Project | 创建简单、实用的应用程序 |
| Win32 Application | 创建 Win32 应用程序，可不使用 MFC，采用 SDK 方法编程 |
| Win32 Console Application | 创建 DOS 下的 Win32 控制台应用程序，采用 C++/C 编程 |
| Win32 Dynamic-Link Library | 创建 Win32 动态链接库 |
| Win32 Static Library | 创建 Win32 静态链接库 |

## 附 5.5.2　创建一个控制台应用程序

所谓控制台应用程序是那些需要与传统 DOS 操作系统保持某种程序的兼容，同时又不需要为用户提供完善界面的程序。也就是说，在 Windows 环境下运行的 DOS 程序。如编辑 C++源代码程序。

在 Visual C++ 6.0 中，用 MFC AppWizard 创建一个控制台应用程序的步骤如下：

**1. 启动 Visual C++ 6.0**

单击【开始】菜单中的【程序】，选中【Microsoft Visual Studio 6.0】中的【Microsoft Visual C++ 6.0】菜单项。

**2. 创建一个控制台应用程序**

（1）选择【File】菜单中【New】命令，弹出【New】对话框，在此对话框中选择【Project】标签，显示应用程序项目的类型，在【Project】列表框中，选择 Win32 Console Application，在【Project Name】文本框中输入新建的工程项目名称 ConApp。在 Location（位置）文本框中直接键入文件夹名称 ConApp 和相应的保存文件路径，也可以单击右侧浏览按钮（...），可对默认路径进行修改。如附图 5-2 所示。单击【OK】按钮。

（2）在弹出的 Win32 Console Application-Step 1 of 1 对话框中选择 A　"Hello,World!" application 选项。然后单击 Finish 按钮，如附图 5-3 所示。

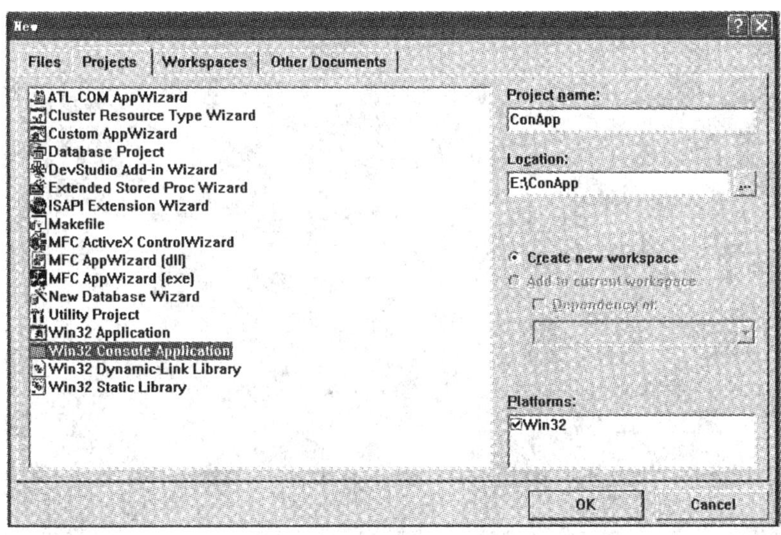


附图 5-2　New 对话框

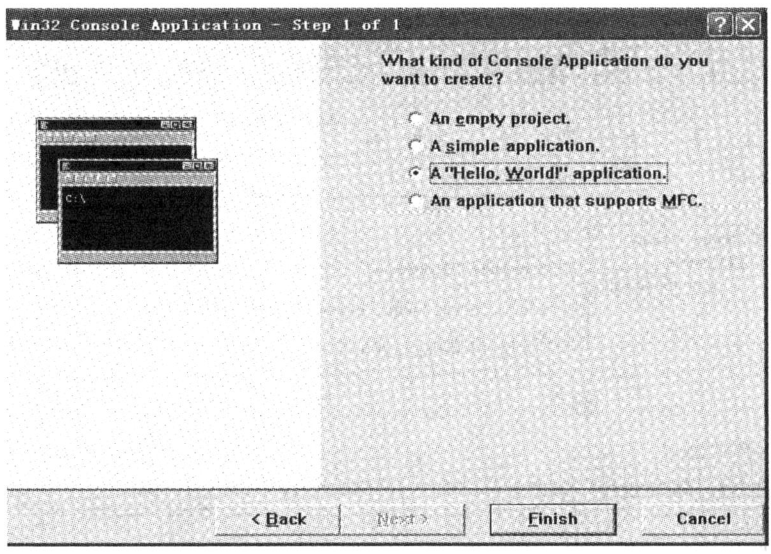


附图 5-3　Win32 Console Application 类型选择

（3）在 New Project Information 对话框中单击【OK】按钮，系统自动创建此应用程序。

（4）单击 Build 菜单，选择 Build ConApp.exe 菜单项或按 F7 键编译、链接生成.exe 文件.在输出窗口中显示的内容为：

ConApp. exe - 0 error(s), 0 warning(s)表示没有错误。单击 Build 菜单，选择 Execute ConApp.exe 菜单项或按 Ctrl+F5 运行程序。运行结果如附图 5-4 所示，结果是仿真 DOS 平台，显示内容为“Hello World!”。

（5）如果要添加代码。单击项目工作区窗口中的 ClassView 页面，将“+”号展开，双击 main 函数，修改 main 函数体中的内容，将“Hello World!”改为“Visual C++ 6.0!”，结果如附图 5-5 所示。

附图 5-4　Hello World!

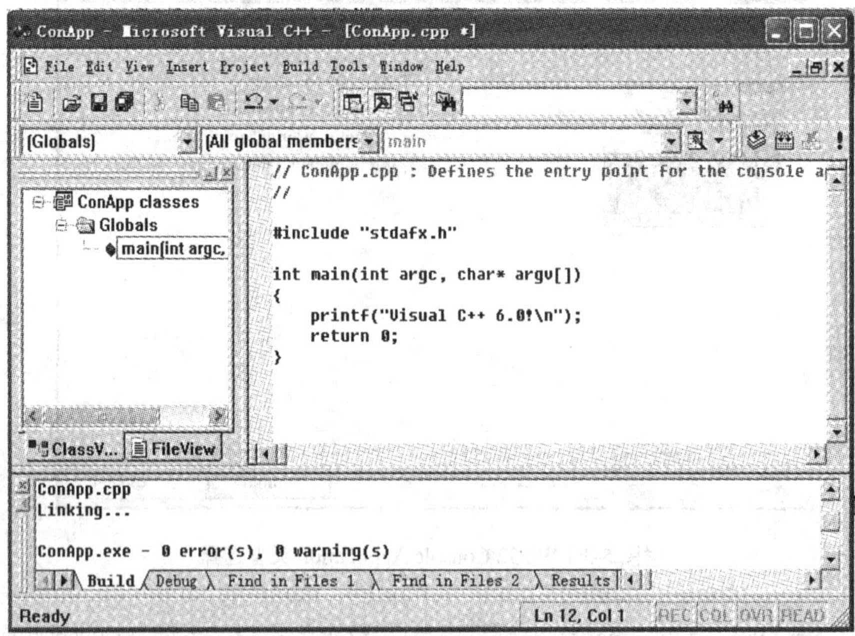


附图 5-5　修改代码

（6）单击工具栏的按钮 或按 F7 键编译、链接生成.exe 文件，然后单击工具栏的按钮 或按 Ctrl+F5 运行程序，结果如附图 5-6 所示。

**3. 添加一个程序源代码**

（1）关闭原来的项目，单击 File 菜单的 Close Workspace 选项。

（2）单击工具栏的按钮 新建一个文档窗口，在此窗口中输入如附图 5-7 所示的代码。

附图 5-6　修改运行结果

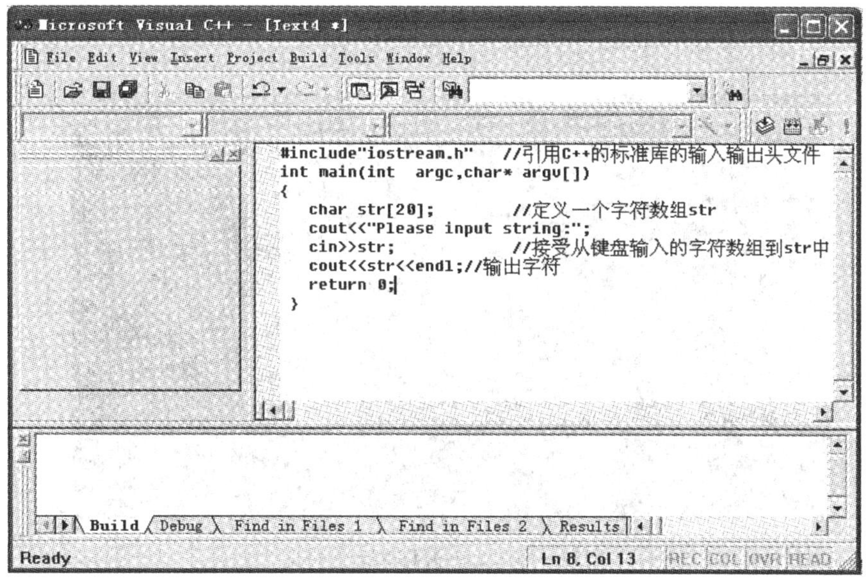


附图 5-7　C++源程序代码

（3）选择 File 菜单中 Save 选项或按 Ctrl+S 键，弹出另存为对话框，在此对话框中选择保存文件的位置，输入文件名称 first.cpp，.cpp 为 C++源程序文件的扩展名不能省略。保存后，Visual C++ 6.0 文本编辑器具有语法颜色功能，窗口中代码颜色发生改变。

（4）单击 Build 菜单中 Compile first.cpp 选项或按 按钮，出现如附图 5-8 所示对话框询问是否使用默认的项目空间，单击【是】按钮。系统进行编译、链接生成可执行文件，出现如附图 5-9 所示结果。程序没有错误，按 Ctrl+F5 键运行程序，如附图 5-10 所示，从键盘输入字符“VisualC++6.0”，结果会显示出来。

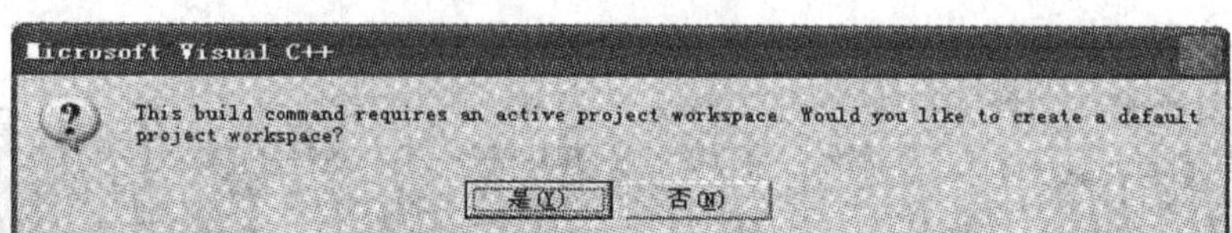


附图 5-8　设置项目空间

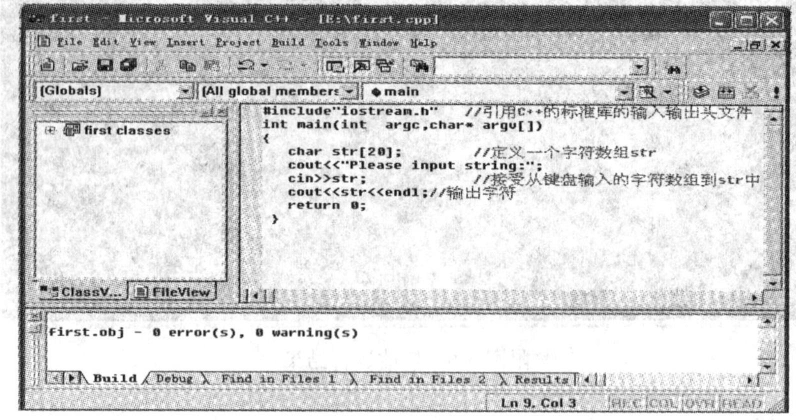


附图 5-9　生成可执行文件

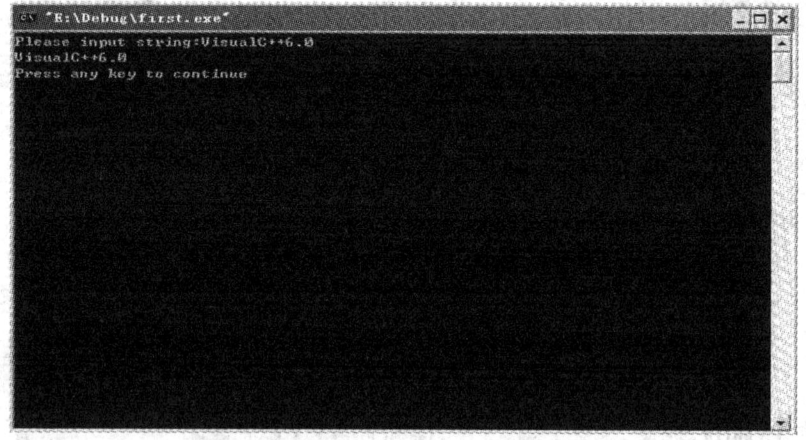


附图 5-10　C++源程序运行结果

# 附 5.6　菜　单

菜单栏是开发环境界面中的重要组成部分，菜单栏由若干个菜单项组成，每个菜单又由多个菜单项或子菜单组成。在进行程序设计时，部分操作是通过菜单命令来完成的。本节只对主要的菜单栏进行简要介绍。

## 附 5.6.1　File 菜单

File 菜单主要包括对文件和项目进行操作的有关命令，如“新建”、“打开”、“保存”、“关闭”等。File 菜单中各项命令如附图 5-11 所示，File 菜单中各项命令功能如附表 5-2 所示。

附表 5-2　　**File 菜单的命令功能**

| 菜单命令 | 功 能 描 述 |
| --- | --- |
| New… | 创建新的项目或文件 |
| Open… | 打开已有的文件 |
| Close | 关闭当前文件 |
| Open Workspace… | 打开项目工作区文件（.dsw 文件） |
| Save Workspace… | 保存项目工作区文件（.dsw 文件） |
| Close Workspace... | 关闭项目工作区文件（.dsw 文件） |
| Save | 保存当前文件 |
| Save As… | 将当前文件以新的文件名保存 |
| Save All | 保存所有文件 |
| Page Setup… | 设置文件的打印格式 |
| Print… | 打印当前文件或选定的部分内容 |
| Recent Files | 显示最近打开的文件名 |
| Recent Workspaces | 显示最近打开的项目工作区名 |
| Exit | 退出 Visual C++6.0 开发环境 |

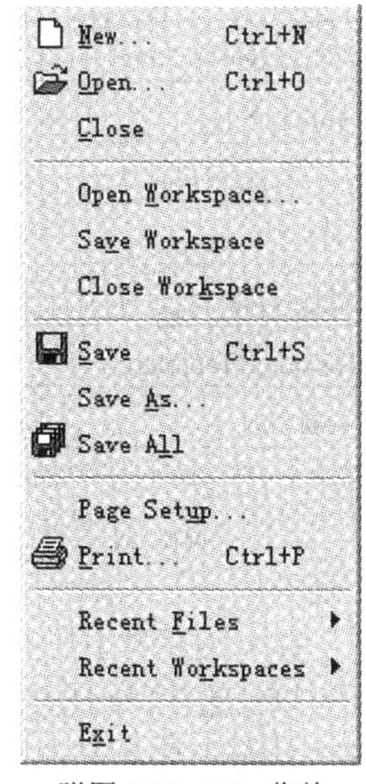


附图 5-11　File 菜单

File 菜单包括对文件进行操作的相关选项。

（1）New 对话框中 File 页面。

如果要创建某种类型的文件，只要打开 File 菜单，选择 New 菜单项，在 New 对话框中选择 File 页面，选中某种类型文件，如要编辑 C++源程序文件选择 C++ Source File，输入文件名及保存位置，如附图 5-12 所示，单击【OK】按钮即可。Visual C++ 6.0 中可以创建的文件类型如附表 5-3 所示。

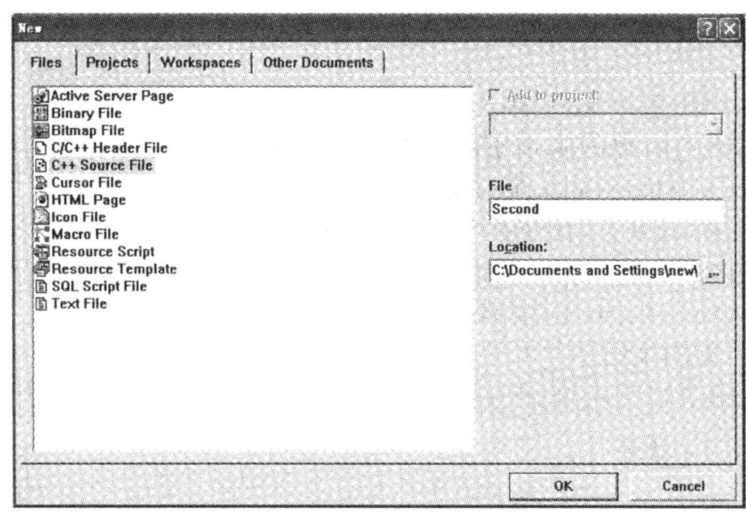


附图 5-12　New 菜单中的 File 选项

附表 5-3　　**Visual C++6.0 可以创建的文件类**

| 文件类型 | 说　明 | 文件类型 | 说　明 |
|---|---|---|---|
| Active Server Page | 创建 ASP 活动服务器文件 | Binary File | 创建二进制文件 |
| Bitmap File | 创建位图文件 | C/C++Header File | 创建 C/C++头文件 |
| C++ Source File | 创建 C++源文件 | Cursor File | 创建光标文件 |
| HTML Page | 创建 HTML 超文本链接文件 | Icon File | 创建图标文件 |
| Macro File | 创建宏文件 | Resource Script | 创建资源脚本文件 |
| Resource Template | 创建资源模板文件 | SQL Script File | 创建 SQL 脚本文件 |
| Text File | 创建文本文件 | | |

（2）New 对话框中 Project 页面。

New 对话框中的 Project 页面可以创建各种新的项目文件，其方法与创建新文件相同，在 New 对话框中选择 Projects 页面如附图 5-13 所示，选择一种项目文件类型，输入项目文件的名称、保存位置，其他都选择默认值，新项目会添加到当前工作区中。若要添加新项目到已打开的项目工作区中，可选中 Add to current workspace 单选按钮；如果要使新项目成为已有项目的子项目，可选中 Dependency of 复选框并指定项目名。Visual C++6.0 可以创建的项目类型如附表 5-1 所示。

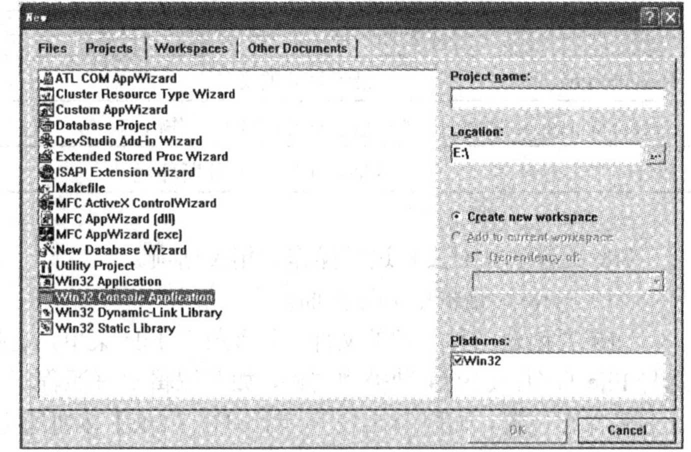

附图 5-13　Project 选项

（3）New 对话框中 Workspaces 页面。

New 对话框中的 Workpaces 页面可以创建新工作区。

（4）New 对话框中 Other Document 页面。

Other Document 可以创建新的文档，主要有如下类型：

Microsoft Excel 工作表和图表；

Microsoft PowerPoint 演示文稿；

Microsoft Word 文档。

如果要将新文档添加到已有项目中，可选中 Add to project 复选框，然后选择项目名。

### 附 5.6.2　Edit 菜单

Edit 菜单主要用于与文件编辑操作有关的命令，如进行文件复制、粘贴、删除、查找/替换、设置断点与调试等。Edit 菜单中的功能如附表 5-4 所示,各项命令如附图 5-14 所示。

附表 5-4　　**Edit 菜单功能**

| 菜单命令 | 功　能 |
|---|---|
| Undo | 撤销最近一次操作 |
| Redo | 恢复被撤销的操作 |
| Cut | 将选定内容剪切并移至剪贴板 |
| Copy | 将选定内容复制到剪贴板 |
| Paste | 将剪贴板内容粘贴到当前光标处 |
| Delete | 删除当前选定的内容 |
| Select All | 选定当前活动窗口中的全部内容 |
| Find | 在当前文件中查找指定的字符串 |
| Find in Files | 在多个文件中查找指定的字符串 |
| Replace | 新字符串替换指定的字符串 |
| Go to | 将光标移到指定位置 |
| Bookmark | 设置书签和书签导航 |
| Advanced | 实现高级编辑操作 |
| Breakpoints | 设置断点 |
| List Members | 列出有效成员名 |
| Type Info | 显示指定变量或函数的语法 |
| Parameter Info | 显示指定函数的参数格式 |
| Complete Word | 自动完成一条语句 |

附图 5-14　Edit 菜单

## 附 5.6.3　View 菜单

View 菜单中的命令主要用来改变窗口的显示方式，激活指定的窗口、检查源代码时所用的各个窗口。如激活 ClassWizard 类的向导和 Debug Windows 调试窗口等。View 菜单功能如附表 5-5 所示。其各项命令如附图 5-15 所示。

附表 5-5　　**View 菜单功能**

| 菜单命令 | 功　能 |
|---|---|
| Class Wizard... | 启动 MFC ClassWizard 类向导，编辑应用程序类 |
| Resource Symbols | 启动资源标识符 ID 编辑器，显示和编辑资源文件中的各种符号 |
| Resource Includes | 启动资源头文件管理器，修改资源包含文件 |
| Full Screen | 全屏方式显示窗口 |
| Workspace | 显示工作区窗口 |
| Output | 显示输出窗口 |
| Debug Windows | 显示调试信息 |
| Refresh | 刷新当前活动窗口内容 |
| Properites | 编辑当前选定对象的属性 |

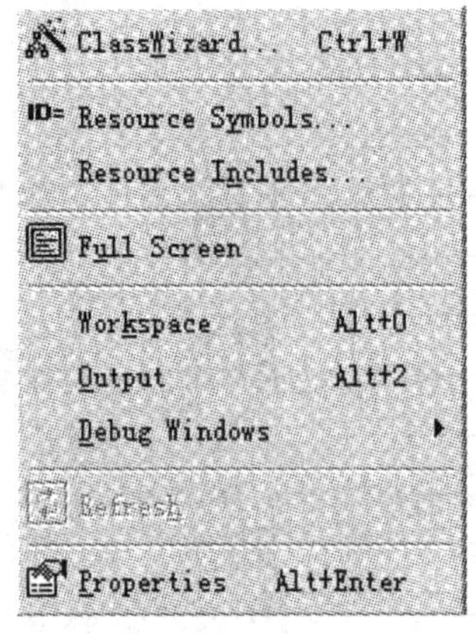


附图 5-15 View 菜单

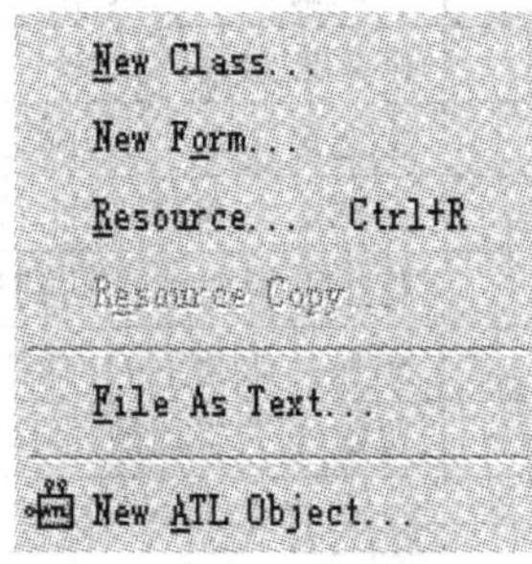


附图 5-16 Insert 菜单

## 附 5.6.4 Insert 菜单

Insert 菜单主要用于项目、文件及各种资源的创建和添加。如向项目中添加新类、创建新的表单、创建新的资源、增加 ATL 对象等。Insert 菜单功能如附表 5-6 所示。其各项命令如附图 5-16 所示。

附表 5-6 **Insert 菜单功能**

| 菜单命令 | 功　能 | 菜单命令 | 功　能 |
|---|---|---|---|
| New Class… | 添加一个新类 | Resource Copy… | 复制已有资源 |
| New Form… | 添加一个新表单类 | File As Text | 把一个文件插入当前光标处 |
| Resource… | 插入新资源 | New ATL Object… | 插入一个新的 ATL 对象 |

## 附 5.6.5 Project 菜单

Project 菜单主要用于与项目管理有关的操作命令。如对项目进行文件的添加、插入和编辑工作等。Project 菜单功能如附表 5-7 所示。其各项命令如附图 5-17 所示。

附表 5-7 **Project 菜单功能**

| 菜单命令 | 功　能 |
|---|---|
| Set Active Project | 激活指定项目 |
| Add To Project | 将外部文件或组件添加到当前项目中 |
| Dependencies | 查看当前项目的层次关系 |
| Settings... | 设置项目的资源、链接、调试方式等 |
| Export Makefile | 生成可编译的（.MAK）文件 |
| Insert Project into Workspace | 插入一个项目到项目工作区中 |

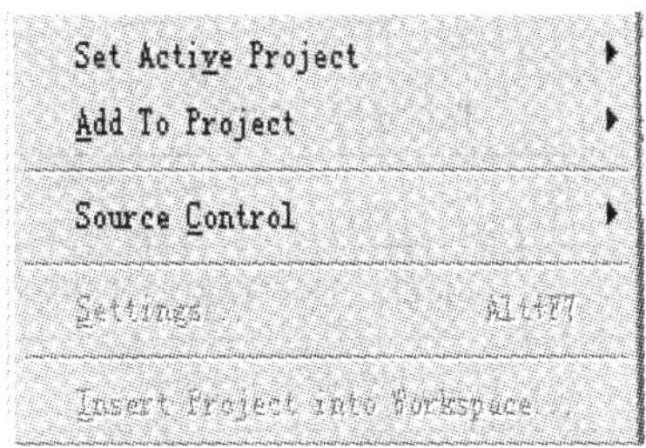


附图 5-17 Project 菜单

## 附 5.6.6 Build 菜单

Build 菜单主要用于编译、链接和调试应用程序。如 Compile 菜单编译当前文件，Build 菜单对当前文件进行编译和链接，Rebuild All 菜单是对所有文件进行编译和链接，Start Debug 菜单用于启动调试器运行等。Debug 菜单只有在调试程序时才可见，如执行中断的程序、强行中断正在执行的被调试程序、启动调试器和被调试程序等。Build 菜单功能如附表 5-8 所示。其各项命令如附图 5-18 所示。

附表 5-8 **Build 菜单功能**

| 菜单命令 | 功　能 |
|---|---|
| Compile | 编译当前源代码文件 |
| Build | 编译、链接当前项目文件 |
| Rebuild All | 重新编译所有的源文件 |
| Batch Build… | 一次生成多个项目 |
| Clean | 删除项目的中间文件和输出文件 |
| Start Debug | 启动调试器的操作 |
| Debug Remote Connection… | 设置远程调试链接 |
| Execute | 执行应用程序 |
| Set Active Configuration… | 设置当前活动项目的配置 |
| Configuration … | 编辑项目配置 |
| Profile… | 启动剖析器，高效运行程序 |

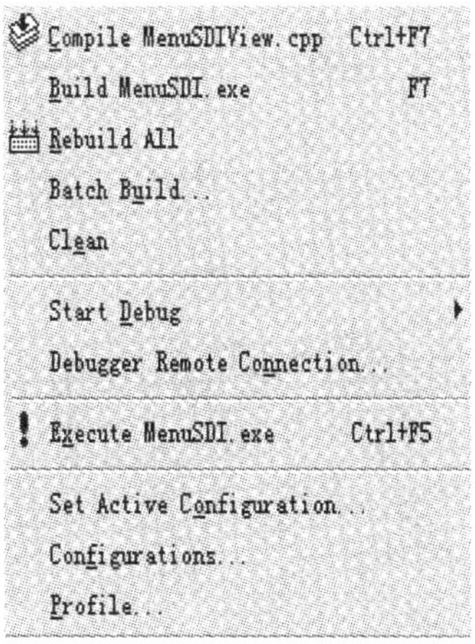

附图 5-18 Build 菜单

## 附 5.6.7 Tools 菜单

Tools 菜单主要用于选择或定制集成开发环境中的一些实用工具。如定制工具栏与菜单、激活常用工具的显示、关闭和修改命令的快捷键。Tools 菜单功能如附表 5-9 所示。其各项命令如附图 5-19 所示。

附表 5-9 **Tools 菜单功能**

| 菜单命令 | 功　　能 |
|---|---|
| Source Brower | 浏览、查询有关源代码信息 |
| Register Control | 启动寄存器控制器 |
| Rrror Lookup | 启动错误查找器 |
| ActiveX Control Test Container | 打开 ActiveX 控件测试容器 |
| OLE/COM Object Viewer | 打开 OLE/COM 对象查看器 |
| Spy++ | 查看所有活动窗口和控件的关系图及所有消息 |
| MFC Tracer | 启动跟踪器 |
| Customize | 定制开发环境界面中的菜单及工具栏 |
| Options | 开发环境设置 |
| Macro… | 宏操作 |
| Record Quick Macro | 录制新宏 |
| Play Quick Macro | 运行新录制的宏 |

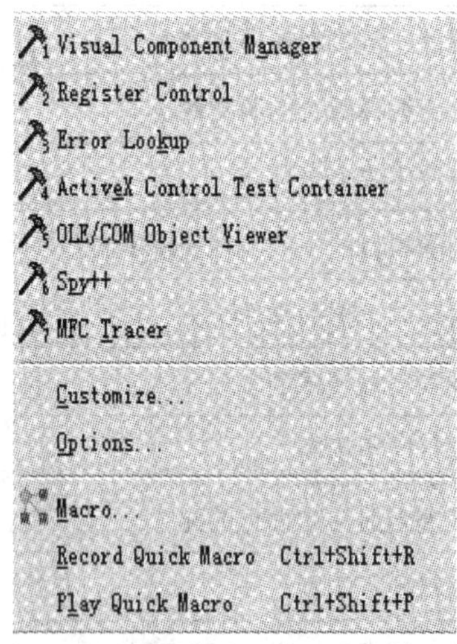


附图 5-19　Tools 菜单

## 附 5.6.8　Window 菜单

Window 菜单主要用于排列开发环境的各个窗口，如打开或者关闭窗口、切分窗口等。Window 菜单功能如附表 5-10 所示。其各项命令如附图 5-20 所示。

附表 5-10 **Window 菜单命令功能**

| 菜单命令 | 功 能 |
| --- | --- |
| New Window | 为当前文档显示打开另一个窗口 |
| Split | 拆分窗口 |
| Docking View | 打开或关闭窗口的停泊特征 |
| Close | 关闭当前窗口 |
| Close All | 关闭所有打开的窗口 |
| Next | 激活下一个窗口 |
| Previous | 激活上一个窗口 |
| Cascade | 层叠当前所有打开的窗口 |
| Tile Horizontally | 当前所有打开窗口依次纵向排列 |
| Tile Vertically | 当前所有打开窗口依次横向排列 |
| Window… | 管理所有打开的窗口 |

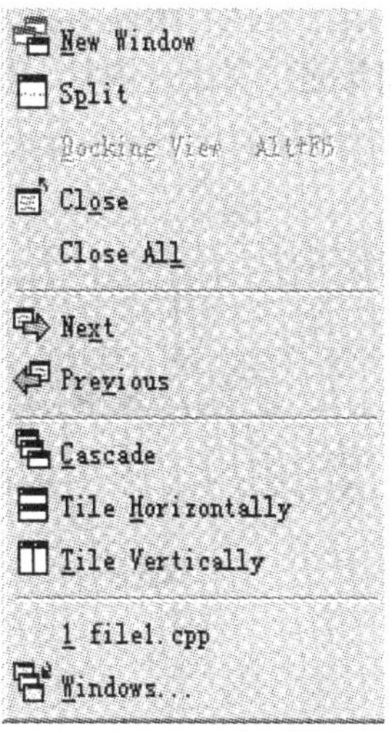


附图 5-20 Window 菜单

## 附 5.6.9 Help 菜单

Help 菜单提供大量的帮助信息。启动 MSDN 可提供详细的帮助信息。Help 菜单功能如附表 5-11 所示。其各项命令如附图 5-21 所示。

附表 5-11 **Help 菜单命令功能**

| 菜单命令 | 功 能 |
| --- | --- |
| Contents | 按文件分类显示帮助信息 |
| Search | 按搜索方式显示帮助信息 |
| Index | 按索引方式显示帮助信息 |
| Use Extension Help | 若选中,按 F1 键或其他帮助命令显示 |
| Keyboard Map… | 显示键盘命令 |
| Tip of the Day | 显示"每天一贴"对话框 |
| Technical Support | 用微软技术支持方式获得帮助 |
| Microsoft on the Web | 微软网站 |
| About Visual C++ | 显示版本注册信息 |

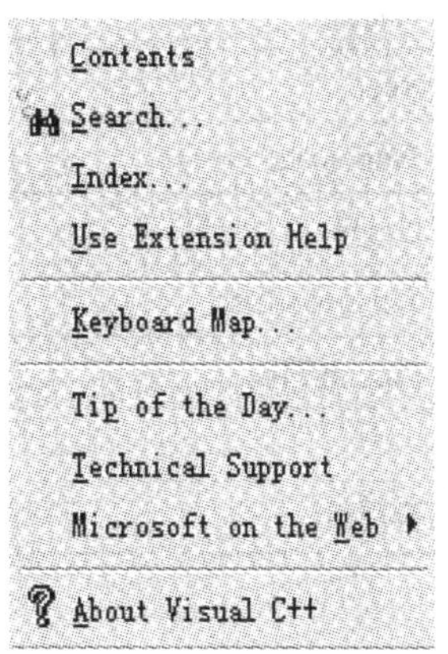


附图 5-21 Help 菜单

# 附 5.7　工具栏

## 附 5.7.1　Standard 标准工具栏

标准工具栏（附图 5-22 所示）中的工具栏按钮主要包括有关文件、编辑操作的常用命令。如新建、保存、恢复、查找等。附表 5-12 列出了各种命令按钮及功能。

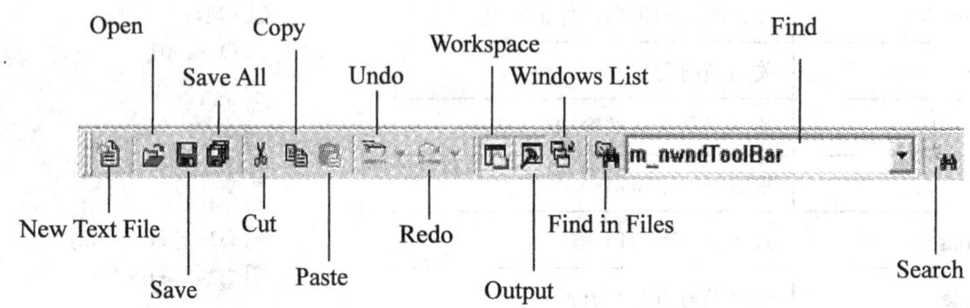


附图 5-22　Standard 工具栏

附表 5-12　　　　标准工具栏命令按钮功能

| 菜单命令 | 功　　能 |
| --- | --- |
| New Text File | 创建新的文本文件 |
| Open | 打开已存在的文件 |
| Save | 保存文件 |
| Save All | 保存所有打开的文件 |
| Cut | 将选定内容剪切掉,并移至剪贴板中 |
| Copy | 将选定内容复制到剪贴板 |
| Paste | 将剪贴板中的内容粘贴到当前位置 |
| Undo | 撤销上一次编辑操作 |
| Redo | 恢复被撤销的编辑操作 |
| Workspace | 显示或隐藏项目工作区窗口 |
| Output | 显示或隐藏输出窗口 |
| Windows List | 显示当前已打开的窗口 |
| Find in Files | 在多个文件中查找指定的字符串 |
| Find | 在当前文件中查找指定的字符串 |
| Search | 打开 MSDN 帮助的索引窗口 |

## 附 5.7.2　Build MiniBar 工具栏

Build MiniBar 工具栏提供了常用的编译、链接、运行和调试操作命令。如附图 5-23 所示，附表 5-13 列出了各命令按钮的功能。

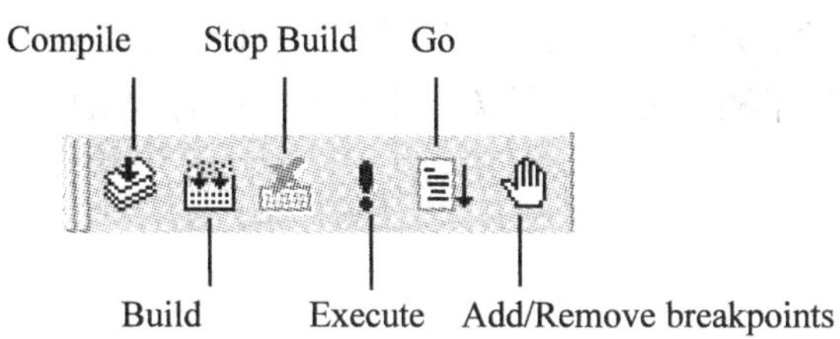

附图 5-23　Build MiniBar 工具栏

附表 5-13　　**Build MiniBar 工具栏命令按钮的功能**

| 命令按钮 | 功　能 |
| --- | --- |
| Compile | 编译当前源代码文件 |
| Build | 编译链接并生成可执行的.EXE 文件 |
| Stop Build | 终止编译链接 |
| Execute | 执行应用程序 |
| Go | 开始调试执行程序 |
| Add/Remove breakpoints | 插入或取消断点 |

## 附 5.7.3　WizardBar

类向导工具栏在 Windows 程序的编写和调试过程中可以方便地选择类的有关信息。如附图 5-24 所示。附表 5-14 列出了各种命令按钮及功能。

附图 5-24　WizardBar 工具栏

附表 5-14　　**WizardBar 工具栏命令按钮的功能**

| 命令按钮 | 功　能 |
| --- | --- |
| WizardBar C++ Class | 类的列表框，选择激活类 |
| WizardBar C++ Filter | 选择相应类的资源标识 |
| WizardBar C++ Members | 类的成员函数列表 |
| WizardBar C++ Actions | 执行 Members 选择的命令项 |

Actions 控件含有一个按钮和一个下拉菜单。单击【Actions】控件按钮可以将光标移到

指定类成员函数相应的源文件的声明和定义的位置处。单击【Actions】按钮旁的向下箭头时，会弹出一个快键菜单，该菜单中粗体显示的是【Actions】按钮的默认操作项。该菜单中的命令选项取决于当前状态。

## 附 5.8　项目工作区窗口

### 附 5.8.1　Class View 窗口

Class View 显示项目中所有的类信息。单击【ClassView】标签，如附图 5-25 所示。单击类名左边“+”或双击图标，项目中的所有类名将被显示；双击类名前图标，则直接打开并显示类定义的头文件处；单击类名前的“+”，则会显示该类的成员变量和成员函数；双击成员函数前图标，可直接打开并显示相应函数体的源代码。若鼠标右击类名成员，从弹出式菜单中可添加、删除成员变量或成员函数。

注意一些图标所表示含义，使用紫色方块表示公有成员函数；蓝绿色图标表示成员变量；图标旁有一钥匙表示保护类型成员函数；图标旁有一个挂锁图标表示私有类型成员函数。

### 附 5.8.2　Resource View 窗口

Resource View 包含了 Windows 中各种资源的层次列表，有对话框、按钮、菜单、工具栏、图标、位图、加速键等，另外还有资源的 ID。单击【Resource View】标签，如附图 5-26 所示。

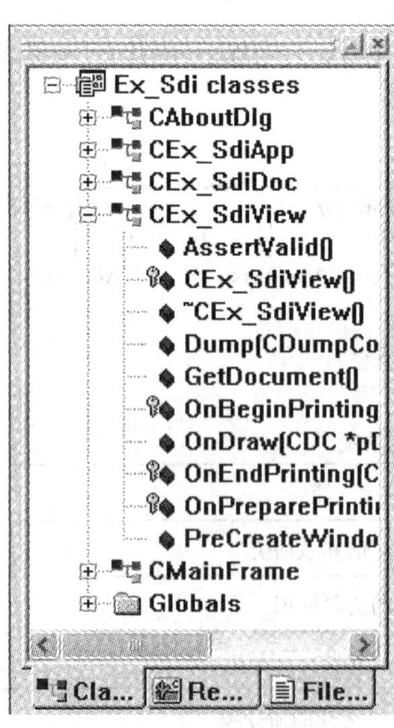


附图 5-25　ClassView 选项卡

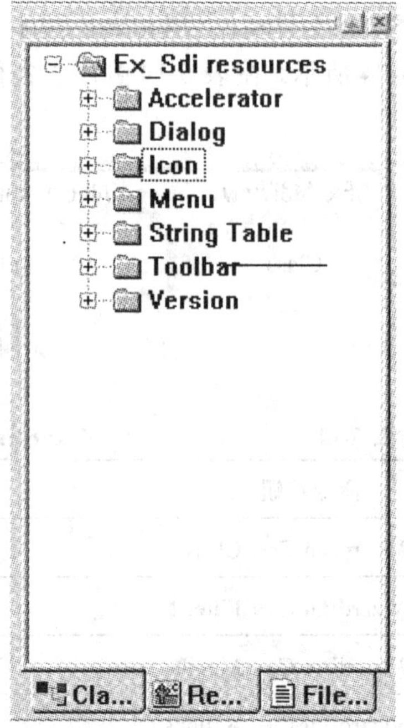


附图 5-26　Resource View 选项卡

## 附 5.8.3　File View 窗口

File View 可将项目中源代码文件分类显示，如实现文件（Source Files）、头文件（Header Files）、资源文件（Resource Files）等。单击“Resource View”标签，如附图 5-27 所示。项目中的文件如下：

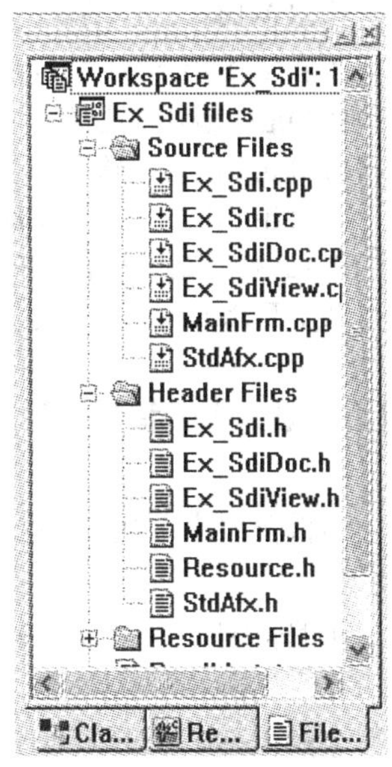


附图 5-27　FileView 选项卡

（1）头文件（*.h）——包含类的定义、函数的说明、其他头文件、符号常量以及宏的定义等。

（2）源文件（*.cpp）——程序代码的具体实现。

（3）工作区文件（*.dsw）——包含当前工作区所包含的项目的信息。

（4）项目文件（*.dsp）——包含当前项目的设置、所包含的文件等信息。

（5）资源文件（*.rc）——包含各种资源的定义。

注意：上面 5 种文件是不能删除的，否则工程不能正常工作。

（6）ClassWizard（*.clw）——信息文件。

（7）(*.aps）——二进制文件，支持 ResourceView，删除后会自动生成。

（8）浏览信息文件（*.ncb）——二进制文件，保存一些浏览信息，用来支持 ClassView。

（9）工作空间配置文件（*.opt）——二进制文件，保存工作空间的配置，删除后会自动生成。

（10）程序创建日志（*.plg）——记载项目创建的日志，以及编译链接信息。

（11）源程序信息浏览文件（*.bsc）——记载整个项目所有源程序的浏览信息。

一般使用项目的默认设置生成有关文件，用户可添加新的目录项。其方法是：在添加目录项的位置处单击鼠标右键弹出快捷菜单，并选择“New Folder”，出现如附图 5-28 所示的对话框,输入目录项名称和相应的文件扩展名，单击【OK】按钮即可。

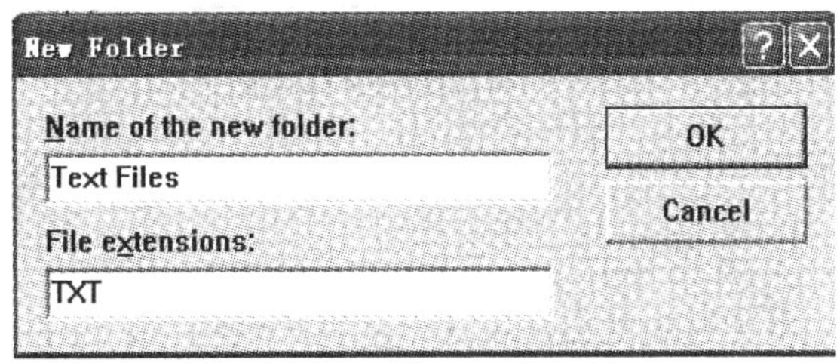


附图 5-28　“New Folder”对话框

## 附 5.9　输出窗口

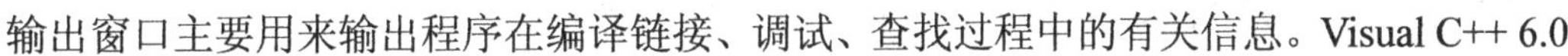

输出窗口主要用来输出程序在编译链接、调试、查找过程中的有关信息。Visual C++ 6.0

主界面的输出窗口如附图 5-1 所示。

输出窗口一般包含六个标签页，其基本功能如下。

Build：输出编译执行的消息。

Debug：输出调试信息；

Find in File 1：输出主菜单 Edit 中菜单项 Find in Files…的执行结果。

Find in File 2：执行 Members 选择的命令项。

Results：输出主菜单 Build 中菜单项 Profile…的执行结果。

SQL Debugging：显示 SQL 语句的调试结果。

## 附 5.10 编辑窗口

编辑窗口主要用来编辑文件的源代码。在 Visual C++ 6.0 主界面的编辑窗口如附图 5-1 所示。

在编辑窗口中可以设置文本、注释、书签、关键字、操作符、数字等的背景和颜色，设置的方法是：

选择 Tools 菜单中的 Options…选项，弹出 Options 对话框，如附图 5-29 所示。选择 Format 标签页，可对文本、注释、书签、关键字、操作符、数字等的背景和颜色进行定制。

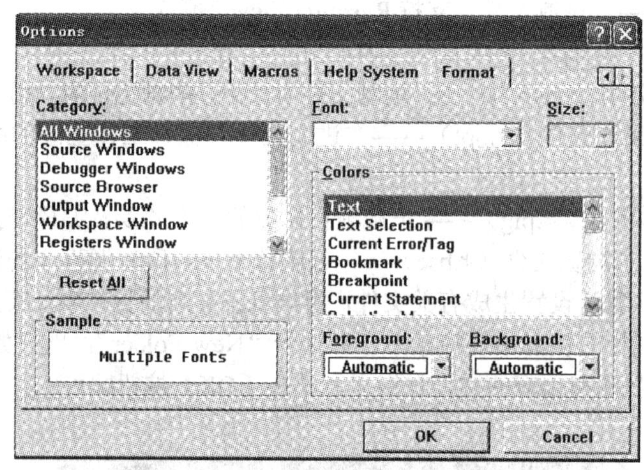


附图 5-29　Options 对话框

### 附 5.10.1 调试器

在软件开发过程中，不可避免地会出现这样或那样的错误，为了验证程序的合理性与正确性，调试程序是编程过程中非常重要的一个环节。下面以一个简单应用程序的调试为例说明其调试过程。

创建一个控制台应用程序：

（1）选择【File】菜单中【New】命令，弹出【New】对话框。在此对话框中选择【Project】标签，显示应用程序项目的类型。在【Project】列表框中，选择 Win32 Console Application，在【Project Name】文本框中输入新建的工程项目名称 Area。在 Location（位置）文本框中

直接键入文件夹名称 Area 和相应的保存文件路径，也可以单击右侧浏览按钮（...），可对默认路径进行修改。单击【OK】。

（2）在弹出的 Win32 Console Application-Step 1 of 1 对话框中选择 An empty project 选项，然后单击【Finish】按钮。

（3）选择【File】菜单中【New】命令，弹出【New】对话框，在此对话框中选择【Files】标签，选中 C++ Source File，在 File 文本框中输入文件名 Area，如附图 5-30 所示。单击【OK】。

（4）在出现的编辑窗口中输入如下代码：

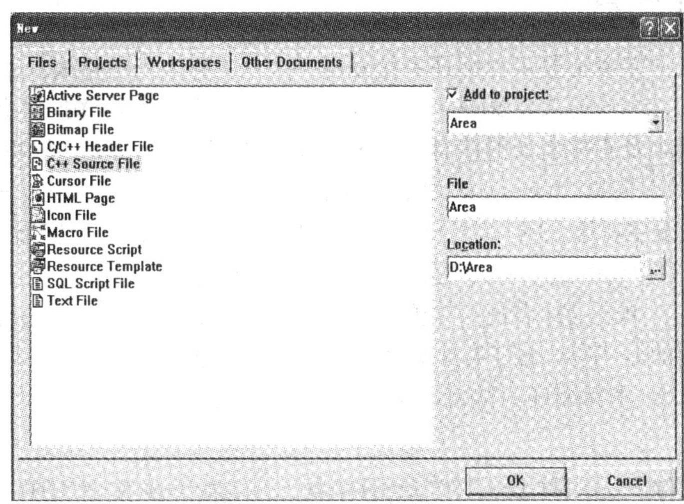


附图 5-30　New 对话框

```
#include "stdio.h"
#define   PI   3.1416
void main()
{
  int shape;
    double radius=5,a=3,b=4,area;
  printf("图形的形状?(1 为圆形,2 为长方形):");
  scanf("%d",&shape);
  switch(shape)
  {
  case 1:
       printf("圆的半径为%f",radius);
       area=PI*radius*radiu;
       printf("面积为:%f",area);
       break;
  case 2:
       printf("长方形的长为%d",a);
       printf("长方形的宽为%d",b);
```

```
        area=a*b;
        printf("面积为%f",area);
        break;
    default:
        printf("不是合法的输入值!");
    }
}
```

### 附 5.10.2　修正语法错误

有些错误在编译链接阶段可由编译系统发现并指出，称为语法错误。如数据类型或参数类型及个数不匹配，标识符未定义或不合法等。这些错误在程序编译后，会在 Output 窗口中列出所有的错误项及有关错误的信息。对 area.cpp 文件进行编译，在输出窗口中会出现如附图 5-31 所示的错误信息，“area.exe - 1 error(s), 0 warning(s)”。其含义是：radiu 是一个未定义的标识符，错误发生在第 23 行。在 printft 窗口中双击错误项或将光标移到该错误提示处，按 Enter 键，光标很快就跳到错误产生的源代码位置，同时在状态栏上显示出错内容。也可以在某个错误项上，单击鼠标右键，在弹出的快捷菜单中选择“Go To/Error/Tag”命令。如要显示下一行错误的源代码，按 F4 键即可。找到 printf 函数处，发现语句末尾差一个字符“;”，将“;”加上，重新编译、链接，生成可执行文件。

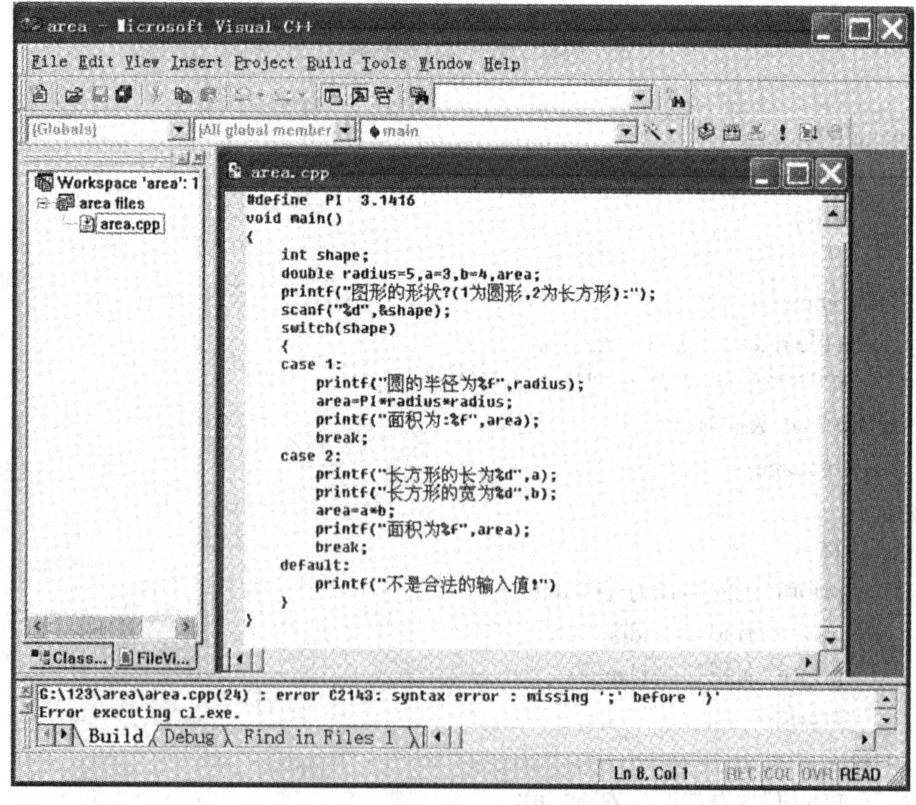


附图 5-31　编译错误

修改完语法错误、生成可执行程序后，在 Output 窗口出现类似“area.exe - 0 error(s), 0 warning(s)”的字样。表示程序编译没有错误，这并不意味着程序运行没有错误。有时发现程序运行结果与预期的结果不一致，有时甚至在运行时出现中止或死机，这些错误在编译时是不会显示出来的，只有在运行后才会出现，这种错误称为运行时错误。

## 附 5.10.3　设置断点

VC++6.0 提供了调试工具，对程序运行过程中发生的错误，设置断点分步查找和分析。断点实际上是程序运行时的暂停点，程序运行到断点处便暂停，以便查看程序的执行流程和有关变量的值。断点分为位置断点和逻辑条件断点。

**1. 位置断点**

位置断点指示程序运行中断的代码行号。设置断点基本的方法如下：

（1）把光标移到需要设置断点的位置，按快捷键 F9。

（2）在需要设置断点的位置，单击鼠标右键，在弹出的快捷菜单中选择“Insert/Remove Breakpoint”命令。

（3）在 Build 工具栏上单击按钮。

在编辑窗口左侧(即该行左边)出现一个红色的圆点，表示已经在这一语句行设置了断点。如附图 5-32 所示。

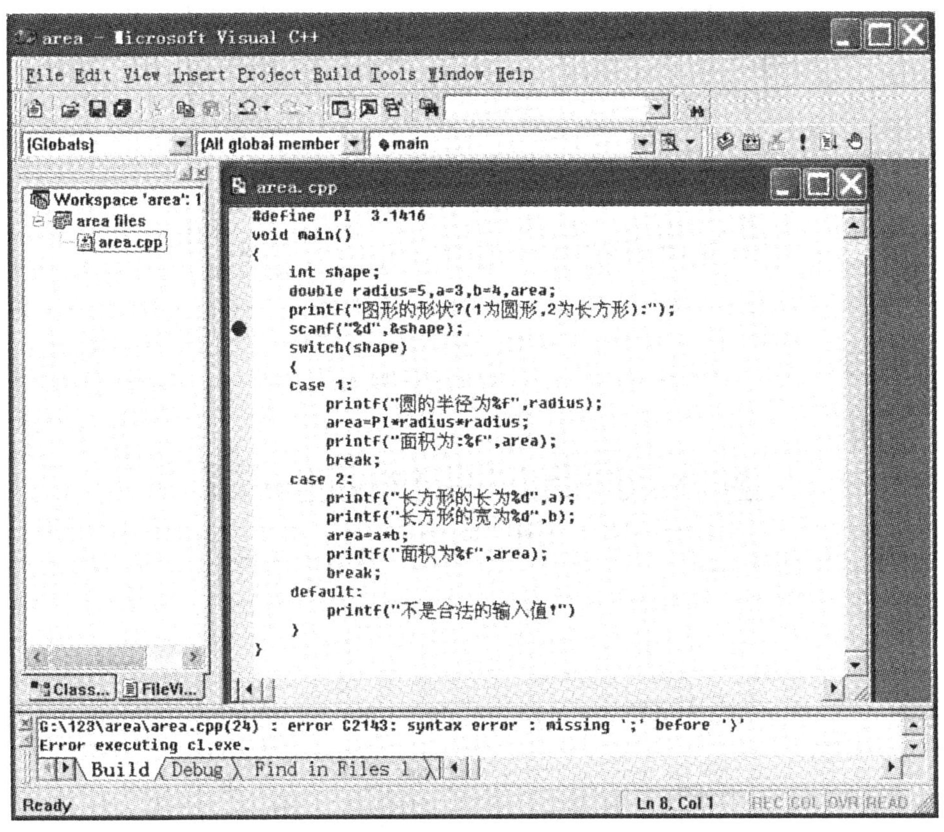


附图 5-32　设置断点

需要说明的是：若在断点所在的代码行中使用上述的快捷方式操作，则相应的位置断点会被清除。若此时使用快捷方式进行操作，选择“Disable Breakpoint”命令，该断点会被禁用，相应的断点标志由原来的红色的实心圆变成空心圆。

**2. 逻辑条件断点**

在调试程序过程中，若需要满足一定条件停下来，就需要设置逻辑条件断点。将光标移到某行，选择“Edit”菜单中的Breakpoints…命令(或按快捷键Alt+F9)，弹出如附图5-33所示Breakpoints对话框。它包含3个页面：Location，Data和Message，下面分别加以介绍。

① Location页面（位置断点）。在符合某一逻辑条件具体位置设置断点，在Break at编辑框中输入断点名称（如代码行号或某函数名称等），或者单击【Break at】文本框右边的小三角形按钮，在弹出的快捷菜单中选择【Line 7】,将7行设置为断点，单击【Condition】按钮，弹出如附图5-34所示Breakpoint Condition对话框，输入程序运行中断所需要的条件表达式。注意：逻辑表达式是在断点语句中出现的变量的值，如在sum=sum+i;语句处设置断点，可在断点条件对话框的第1个文本框中输入sum>50，程序运行，当条件满足时，断点才生效。在第2个对话框中输入观察数组元素的个数，在第3个对话框中输入程序，在断点中止之前忽略次数。单击【OK】按钮，就设置了一个逻辑条件断点。

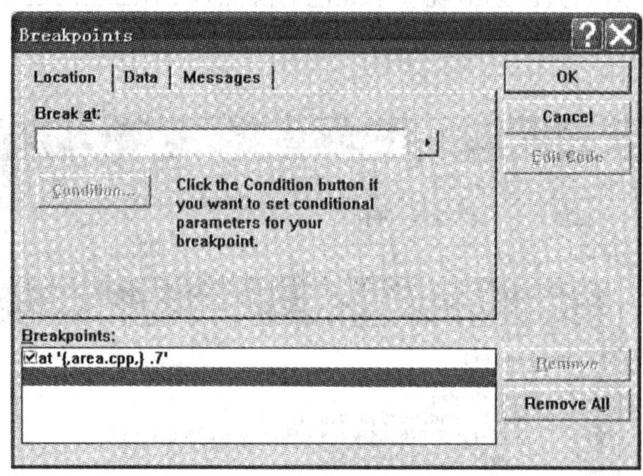


附图5-33　Breakpoints对话框Data页面

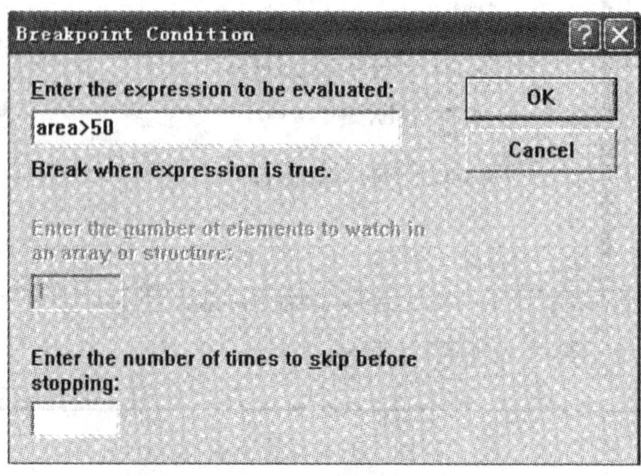


附图5-34　Breakpoint Condition对话框

② Data 页面（数据断点）。在条件表达式的值发生变化或为真时，程序在该断点处中断执行。还可以单击编辑框右侧的三角形按钮的 Advanced…对话框进行更为详细的设置。如附图 5-33 所示 Breakpoints 对话框。

③ Message(消息断点)。设置与 Windows 消息有关的断点，在特定行为发生时中断程序执行。在 Break at WndProc 中输入 Windows 函数名，在 Set one breakpoint for each message to watch 中输入对应的消息，在窗口接收到此消息时中止程序的执行。如附图 5-35 所示。

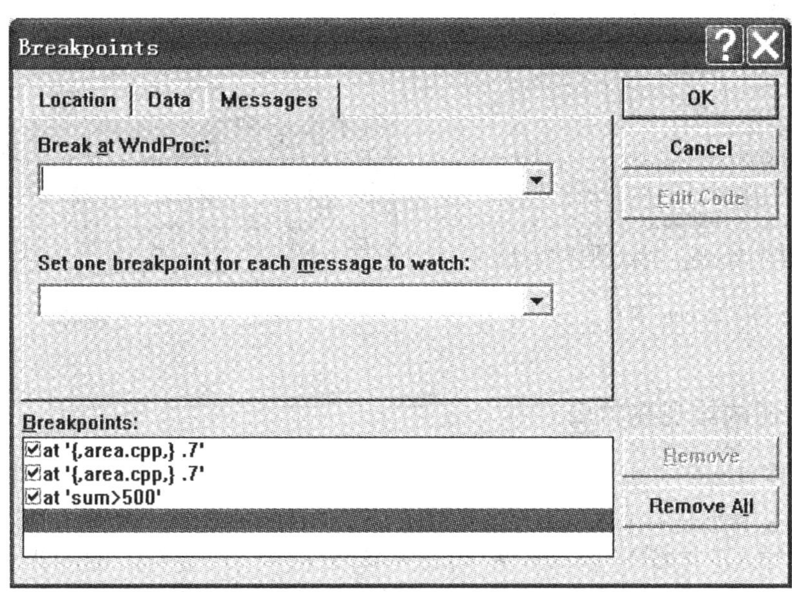


附图 5-35　Breakpoints 对话框 Message 标签页

### 附 5.10.4　启动调试器（Debug）

除了使用断点外，还可以使用 Debug 菜单上的 Break 选项随时中断程序执行。为了控制程序运行，可以启动 Debug(调试器) 如附图 5-36 所示。启动方法是选择【Build】菜单中【Start Debug】子菜单的【Go】或按下快捷键 F5。原来的【Build】菜单就变成【Debug】菜单，如附图 5-37 所示。有一个小箭头指向即将执行的程序代码，单步执行的命令有 4 个：Step Over 命令、Step Into 命令、Step Out 命令和 Run to Cursor 命令。

①Step Over 命令。它是执行当前箭头指向代码的下一条代码。不进入函数体，而是执行函数体内的所有代码，并继续单步执行函数调用后的第一条语句。

②Step Into 命令。如果当前箭头指向的代码是一个函数的调用，则进入该函数体进行单步执行。

③Setup Out 命令。如果当前箭头指向的代码是一个函数的调用，不进入函数体内，而是直接执行下一行代码。

④Run to Cursor 命令。它使程序运行到光标所在的行处。

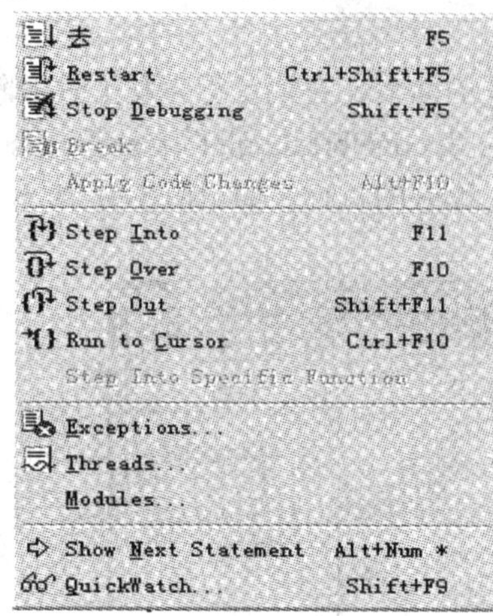


附图 5-36 Debug 菜单

附图 5-37 Debug 调试器

## 附 5.10.5 调试器观察窗口

**1. Witch 窗口**

在 Debug 调试状态下，为了查看变量或表达式的值，在 Watch 窗口(如附图 5-38 所示)Name 栏中输入变量名称，按回车键，可看到 Value 栏中出现变量值。如果没有看到 Watch 窗口，选择【View】菜单中的【Debug Windows】子菜单【Watch】可打开。有 4 个标签 Watch1, Watch2, Watch3, Watch4。可以将同一个窗口中的相关变量放在一个标签页中，以便监视窗口变量。若用户要查看变量或表达式的类型，可在变量栏中单击右键，从弹出的快捷菜单中选择“Properties”即可。

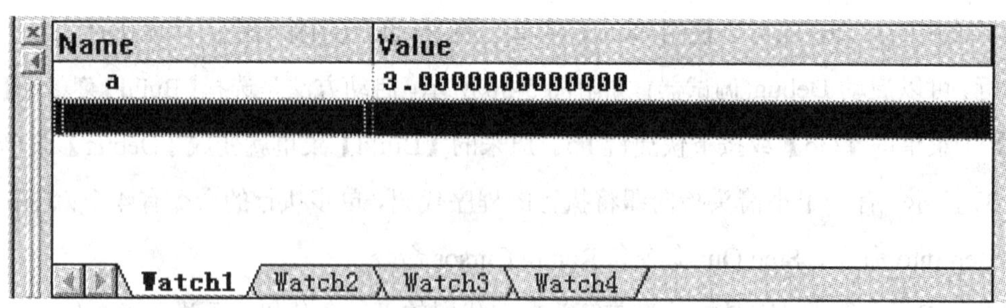


附图 5-38 Watch 窗口

**2. QuickWatch 窗口**

QuickWatch 窗口用于快速查看及修改变量和表达式的值，或将变量和表达式添加到观察窗口。在 Debug 调试状态下，选择【Debug】菜单中的子菜单【QuickWatch】，弹出 QuickWatch 窗口，如附图 5-39 所示。在 Express 编辑框中输入变量名或表达式，按 Enter 键或单击【Recalculate】，在 Current value 列表中显示出相应的值。如果要添加一个新的变量或表达式

的值，则单击【AddWatch】，在 Current value 列表中显示出相应的值。

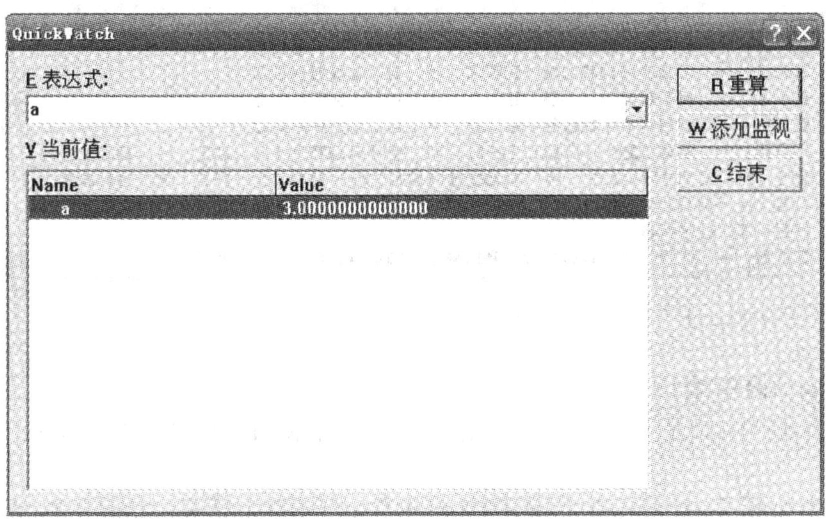


附图 5-39 QuickWatch 窗口

### 3. Variables 窗口

在 Debug 调试状态下，Variables 窗口快速显示当前函数中的变量，如果没有看到 Variables 窗口，选择【View】菜单中的【Debug Windows】子菜单【Variables】可打开。有三个标签页：Auto(自动)、Locals（局部)、This（当前)。如附图 5-40 所示。

Auto 标签页显示当前行或前一行语句中所使用的变量。当跳出或执行该函数时，还返回该函数的返回值。

Locals 标签页显示当前函数中的局部变量。

This 标签页显示由 This 指针所指向的对象。

可使用 Variables 窗口中的 Context 框查看变量的范围，在 Variables 窗口中查看和修改变量数值的方法与在 Watch 窗口相类似。

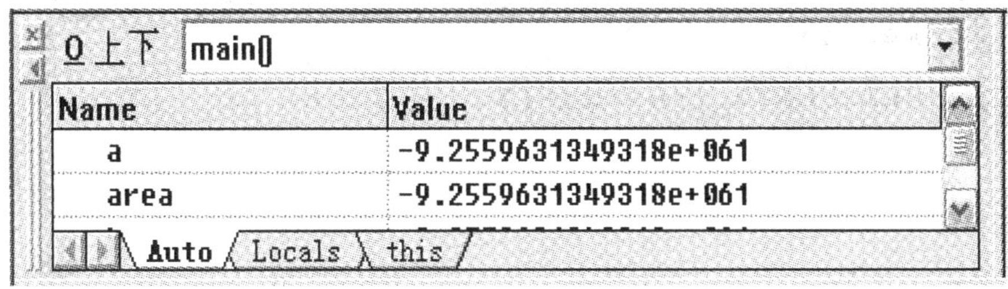


附图 5-40 Variables 窗口

### 4. Registers(寄存器)窗口

在 Debug 调试状态下，Register(寄存器)窗口显示寄存器中当前值，如附图 5-41 所示。

```
Registers
EAX = CCCCCCCC EBX = 7FFD7000
ECX = 00000000 EDX = 00440DE0
ESI = 00000000 EDI = 0012FF80
EIP = 00401068 ESP = 0012FF0C
EBP = 0012FF80 EFL = 00000216 CS = 001B
DS = 0023 ES = 0023 SS = 0023 FS = 003B
GS = 0000 OV=0 UP=0 EI=1 PL=0 ZR=0 AC=1
PE=1 CY=0
ST0 = +0.000000000000000000e+0000
```

附图 5-41　Register 窗口

**5. Memory(内存)窗口**

Memory(内存)窗口是用来查看所调试内存中内容的窗口，如附图 5-42 所示。

```
Memory
地址: 0x00000000
00000000  ?? ?? ?? ?? ?? ?? ??  ???????
00000007  ?? ?? ?? ?? ?? ?? ??  ???????
0000000E  ?? ?? ?? ?? ?? ?? ??  ???????
00000015  ?? ?? ?? ?? ?? ?? ??  ???????
0000001C  ?? ?? ?? ?? ?? ?? ??  ???????
00000023  ?? ?? ?? ?? ?? ?? ??  ???????
0000002A  ?? ?? ?? ?? ?? ?? ??  ???????
```

附图 5-42　Memory 窗口

**6. Call Stack(调用堆栈)窗口**

Call Stack(调用堆栈)窗口是用来查看调用堆栈的窗口，如附图 5-43 所示。

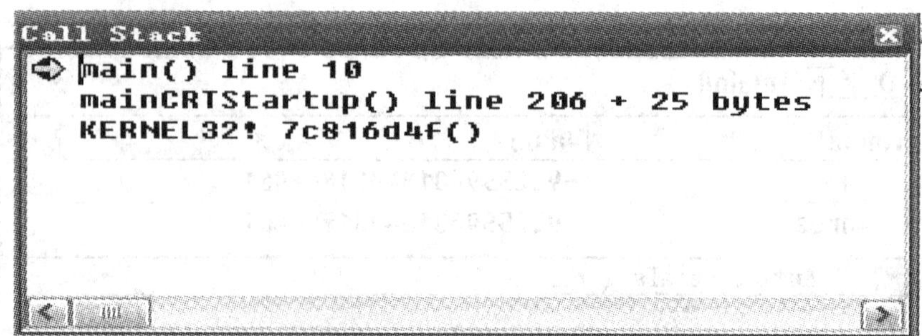


附图 5-43　Call Stack 窗口

**7. Disassembly（反汇编）窗口**

Disassembly(反汇编)窗口显示汇编语言的代码，如附图 5-44 所示。

```
Disassembly
10:        cout<<"图形的形状?(1为圆形,2为长方形):";
00401068   push        offset string "\xcd\xbc\xd0\xce\xb5\xc4\xd0\xce\xd7\xb4?(1\xce\xaa\xd4\xb2\x
0040106D   mov         ecx,offset cout (0042fe00)
00401072   call        ostream::operator<< (00401930)
11:        cin>>shape;
00401077   lea         eax,[ebp-4]
0040107A   push        eax
0040107B   mov         ecx,offset cin (0042fdb0)
00401080   call        istream::operator>> (004014e0)
12:        switch(shape)
13:        {
00401085   mov         ecx,dword ptr [ebp-4]
```

附图 5-44　Disassembly 窗口

# 参考文献

1. 常玉龙，葛本年．Turbo C 2.0 大全[M]．北京：北京航空航天大学出版社，1996.
2. 谭浩强. C 语言程序设计[M]．北京：清华大学出版社，2000.
3. 廖雷. C 语言程序设计[M]．北京：高等教育出版社，2000.
4. 杨路明. C 语言程序设计教程[M]．北京：北京邮电大学出版社，2005.
5. 荣政等. C 语言程序设计[M]．西安：西安电子科技大学出版社，2006.
6. 郑军红. C 语言程序设计教程[M]．武汉：武汉大学出版社，2004.
7. 郑军红. C 程序设计[M]．武汉：武汉大学出版社，2005.
8. 郑军红. Visual C++面向对象程序设计教程[M]．武汉：武汉大学出版社，2007.
9. 彭玉华. Visual C++面向对象程序设计实验教程[M]．武汉：武汉大学出版社，2007.